Theodor L.W. Bischoff

Entwicklungsgeschichte des Hunde-Eies

bremen university press

Theodor L.W. Bischoff

Entwicklungsgeschichte des Hunde-Eies

ISBN/EAN: 9783955620448

Auflage: 1

Erscheinungsjahr: 2013

Erscheinungsort: Bremen, Deutschland

bremen
university
press

Latent plerumque veluti in alta nocte prima naturae stamina
et subtilitate sua non minus ingenii quam oculorum aciem eludunt.

Harvey, Exercitationes de generatione animalium. Exercit. XIV.

Einleitung.

Der Hund gehört zu denjenigen Säugethieren, deren Eier und Embryonen schon von den frühesten Zeiten an Gegenstand vielfacher Beobachtungen und Untersuchungen der Anatomen und Naturforscher gewesen sind. Vesalius, Columbus, Follopia, Eustachius, Albinus, Arantius, Fabricius ab Aquapendente, Needham u. A. stellten ihre Untersuchungen über die Eihäute und Placenta zum grofsen Theile an Hunde-eiern an. Unter den Neueren waren es vorzüglich Cuvier (Mém. du Muséum. T. III. pag. 98.) und Dutrochet (Mém. de la soc. méd. d'émulat. Ann. VIII. 1817. p. 760.), welche zu gleichem Zwecke auch den Hund berücksichtigten, gleichwie auch Bojanus (Observat. anat. de fetu canino 24 dierum ejusque velamentis. Nov. Acta nat. curios. T. X. P. I. p. 139.) vorzugsweise die Bildung der Eihäute im Auge hatte. Alle hatten immer nur Eier und Embryonen späterer Zeiten zum Gegenstande ihrer Untersuchungen, waren dagegen nicht auf die erste Entwicklung und Bildung weder des Eies des Hundes noch eines anderen Säugethieres gerichtet.

Unter Denjenigen, welche letzteren Zweck verfolgten, haben dagegen die Herren Prevost und Dumas ihre berühmten Untersuchungen: De la génération des Mammiféres, et des premiers indices du développement de l'Embryon. (Annales des Sc. nat. T. III. 1824. p. 113.) vorzüglich an Hunden angestellt, und wichtige Beiträge zu dieser dunkeln und schwierigen Materie geliefert. Ihnen folgte vorzüglich v. Baer, dessen erste Arbeiten

De ovi mammalium et hominis genesi Epistola etc. Lipsiae, 1827, und Heusinger's Zeitschrift für organische Physik. Bd. II. S. 125 ebenfalls vorzüglich den Hund betrafen, und durch die Entdeckung und entschiedene Nachweisung des Eierstockeies zuerst die Möglichkeit einer vollständigen Entwicklungsgeschichte eines Säugethieres begründeten. Auch in dem zweiten Bande seiner Entwicklungsgeschichte der Thiere, Königsberg 1837, findet sich das Ei und der Embryo des Hundes berücksichtigt. Auch Hr. Coste hat in seiner Embryogénie comparée, Paris 1837, p. 395, eine Ovologie du Chien gegeben, von welcher er indessen selbst sagt, dass dieselbe: moins complète que celle de la brébis et du lapin sei. Hierauf hat der Verf. nachfolgender Blätter bei der Naturforscherversammlung zu Freiburg im Jahre 1838 und in der ersten Auflage von R. Wagner's Lehrbuch der Physiologie, 1838, mehrere der wichtigsten Resultate seiner Untersuchungen über die erste Entwicklung des Hundeeies mitgetheilt, wodurch er seine Ansprüche auf Priorität gegen später erschienene Arbeiten auch in Rücksicht auf den Inhalt nachfolgender Blätter für gesichert hält. Endlich hat auch Hausmann »Ueber die Zeugung und Entstehung des wahren weiblichen Eies bei den Säugethieren und dem Menschen, Hannover, 1840, p. 69« die Entwicklung des Hundes verfolgt, so weit dies von Jemandem, welcher die Existenz des unbefruchteten Eies im Eierstocke läugnet, möglich war.

Wenn man indessen die Arbeit der Herren Prevost, Dumas und Coste und vor Allen die des Hrn v. Baer ausnimmt, so muss man gestehen, dass über die ersten Zeiten, namentlich während des Durchganges der Eier durch den Eileiter, in welchem allein v. Baer einmal Eier sah, noch das gröfste Dunkel herrschte. Ich darf mich auf das Bewusstsein und Urtheil jedes Naturforschers und Arztes beziehen, dass man bis vor wenigen Jahren die erste Entwicklungsgeschichte nicht nur des Hunde-, sondern auch jedes Säugethiereies, für ein ungelöstes, ja wohl selbst ganz unauflösliches Räthsel hielt, welches dem menschlichen Forschungsgeiste wahrscheinlich für immer verborgen sei. Hierüber haben uns nun sowohl die Arbeiten des Hrn. Dr. M. Barry über Embryologie in den Philosophical Transactions for the years 1839, 40 u. 41, als auch die von mir gelieferte Schrift: Entwicklungsgeschichte des Kanincheneies, Braunschweig, 1842, welche das Glück hatte, von der königl. Akademie der Wissenschaften in Berlin mit einem Preise gekrönt zu werden, eines Anderen belehrt. Es ist Hrn. Dr. Barry geglückt, das Ei des Kaninchens auf allen Stufen seiner ersten Entwicklung bis zum Auftreten des Embryo im Eileiter und in den ersten

Zeiten im Uterus in einer sehr grofsen Zahl zu verfolgen. Der Verf. glaubt nun zwar sowohl durch seine schon im Jahre 1838 gemachten öffentlichen Mittheilungen die Priorität und Selbstständigkeit seiner Beobachtungen gesichert, als in genannter Entwicklungsgeschichte des Kanincheneies ausführlich und gewissenhaft nachgewiesen zu haben, dass Hr. Dr. Barry sehr vielen Täuschungen und Irrthümern unterworfen gewesen ist. Dennoch sind die Arbeiten desselben von grofser Bedeutung für die erste Entwicklungszeit und manche bis dahin ganz unbekannte Punkte. Meine Entwicklungsgeschichte des Kanincheneies verfolgt dasselbe von dem Augenblicke der Begattung an bis zur Entwicklung aller wesentlichen Theile des Eies und des Embryo in einer Reihenfolge und Vollständigkeit, die bisher noch von Niemandem erreicht worden ist.

Meine Arbeiten in diesem Gebiete, die mich nun schon über 10 Jahre beschäftigen, gingen ursprünglich von dem Hunde aus. Ich ging später zu dem Kaninchen über, weil mir hier ein gröfseres Material zu Gebote stand, und war dadurch im Stande, die Entwicklungsgeschichte des letzteren früher zu liefern. Ich liefs unterdessen den Hund nicht aus dem Auge, und bin nun, wie ich glaube, im Stande, die Entwicklungsgeschichte desselben nicht nur ebenso vollständig, sondern namentlich was den Embryo betrifft, noch vollständiger zu geben, als die vom Kaninchen. Der Glaube, dass die Literatur keines Landes bis jetzt eine gleich vollständige Entwicklungsgeschichte eines Säugethieres aufzuweisen hat, und dass dadurch ein Fortschritt in der Wissenschaft gegeben wird, liefs mich lebhaft wünschen, auch diese Monographie durch den Druck veröffentlichen zu können. Allein die bedeutenden durch die Untersuchungen, durch die Zeichnungen und deren Lithographirungen herbeigeführten Kosten, für welche durch eine solche Publication kein Ersatz zu hoffen war, machten diese bis jetzt unmöglich, und schon seit $1\frac{1}{2}$ Jahren lag das Manuscript unbenutzt in meiner Schublade.

Da wurde mir das Glück zu Theil, dass mir die hochgeehrte Senkenberg'sche naturforschende Gesellschaft in Frankfurt am Main in ihrer Sitzung vom 5ten und 7ten April dieses Jahres in Anerkennung, namentlich meines Werkes »über die Enwicklungsgeschichte des Kanincheneies« den Sömmering'schen Preis, bestehend in einer silbernen Preisdenkmünze und dreihundert Gulden zuertheilte. Diese ganz unerwartete, ebenso ehrenvolle als höchst dankenswerthe, meinen Arbeiten gewährte Unterstützung glaubte ich nun nicht besser benützen zu können, als indem ich die Herausgabe dieser Monographie über das Hundeei zu verwirklichen suchte, wozu sich unter den nun möglichen Bedingungen jetzt auch der Verleger, Hr. **Vieweg**, mit grofser Uneigennützigkeit bereit erklärte.

Möchten daher nun die hochverehrten Männer der Senkenberg'schen Gesellschaft in den nachfolgenden Blättern den besten Dank für die meinen Arbeiten ertheilte Anerkennung erblicken; möge das gelehrte Publicum diese Schrift ebenso wohlwollend aufnehmen wie die früheren und dieselbe so zu einer immer sicherern Basis fernerer Forschung werden.

Erstes Kapitel.

Von dem unbefruchteten Hunde-Ei.

Die Eierstöcke des Hundes liegen auf beiden Seiten dicht an den oberen Enden der Hörner des Uterus, durch ein kurzes Band, als Fortsetzung des Mesometriums, an dem Rücken befestigt. Sie liegen hier ganz in einer fast immer reichlich mit Fett versehenen Kapsel eingeschlossen, welche von dem Bauchfelle gebildet wird und als eine Fortsetzung des serösen Ueberzuges der Eileiter angesehen werden kann. Diese Kapsel ist beinah völlig geschlossen, mit Ausnahme einer schmalen, länglichen Oeffnung an der hinteren oder oberen Seite, gerade da, wo sich der Eileiter mit seinen Fimbrien an den Eierstock ansetzt, durch welche die Höhle der Kapsel mit der Bauchhöhle in Verbindung steht. Aber auch diese Spalte ist durch die Aneinanderlage der Theile so geschlossen, dass sich eine ansehnliche Menge von Flüssigkeit in der Kapsel ansammeln kann, wie zur Zeit der Brunst und im Anfange der Trächtigkeit, und diese doch nicht ausfliefst. Der Eierstock selbst wird von dieser Kapsel ganz bedeckt, so dass man ihn, besonders wegen des vorhandenen Fettes, erst nach Eröffnung der Kapsel sehen kann. Der Eileiter läuft in Windungen um den Eierstock innerhalb der Wandungen dieser Kapsel herum, so dass auch er nicht sogleich gesehen und erkannt werden, sondern nur mit einiger Mühe, Sorgfalt und Zeitaufwand herauspräparirt werden kann.

Es hat mich aber nur lächeln machen können, wenn jüngst Hr. Raciborski in Paris (L'Experience Nr. 331, 1842 und De la Puberté et de l'age critique chez la femme etc. Paris 1844, pag. 381, Note) die Meinung äufsert, die Anordnung des Eileiters des Hundes sei bis zu seiner Entdeckung derselben überhaupt und auch mir unbekannt gewesen, man habe die Hörner des Uterus mit den Eileitern verwechselt u. dgl. m. Hr. Raciborski muss in der vergl. Anatomie dieser Theile nicht weit gekommen sein. Dank unserer deutschen Bildung in dieser Disciplin kann ich sagen, dass mich die erste Eröffnung einer Hündin als Student nicht mehr in diesen Irrthum geführt hat. Die Länge des Eileiters ist nach der Gröfse der Hündin verschieden. Bei sehr grofsen fand ich ihn über 5 P. .Z lang, bei kleinen 3. Wenn Hr. Raciborski seine Länge auf 45—50 Millim = 1,75 — 1,8333 P. Z. angiebt, so hat er die Windungen desselben eben nicht genau auspräparirt.

Betrachtet man den Eierstock einer weder trächtigen noch brünstigen Hündin an seiner Oberfläche, so erkennt man an demselben eine größere oder geringere Zahl etwas hervorstehender wasserheller Bläschen, die Graaf'schen Bläschen oder Follikel, jedoch fast immer weniger deutlich und zahlreich als bei anderen Säugethieren, z. B. Kaninchen, Kühen, Schaafen, Schweinen etc. In der That ist die Zahl derselben indessen nicht kleiner als bei den meisten dieser genannten Thiere. Sie sind gewöhnlich so klein, dass man sie nur, wenn man Stückchen der Oberfläche des Eierstockes unter die Loupe oder das Mikroskop bringt, erkennen kann. Betrachtet man aber die mit unbewaffnetem Auge erkennbaren, und gerade die kleineren, recht genau, so kann man meistentheils in jedem ein gegen die helle Beschaffenheit des übrigen Bläschens abstechendes weifses Pünktchen, das Eichen, erkennen. Dieses hat schon v. Baer in seiner Epistola p. 12 angegeben, und es wundert mich, wie Hr. Coste diese Angabe in seiner Embryogénie comparée p. 397 hat bezweifeln können. Es ist dieses Erkennen des Eichens im Graaf'schen Bläschen im Eierstocke übrigens nicht blofs beim Hunde, sondern auch bei anderen Thieren möglich, obgleich immer eine durchsichtige Beschaffenheit der Decken und besonders auch der Flüssigkeit des Graaf'schen Bläschens erforderlich ist.

Das Graaf'sche Bläschen ist beim Hunde wie bei allen anderen Säugethieren gebaut. Es besteht aus einer gefäfsreichen Hülle, die sich in mehrere zarte Schichten zerlegen lässt, deren mikroskopisches Element die Bindegewebfaser ist. An der inneren Fläche dieser Theca befindet sich eine hautartige Zellenlage, v. Baer's Membrana granulosa. Sie lässt sich im Zusammenhange recht wohl aus der Theca herausbringen, und dadurch als Haut darstellen. Ihr Element erscheint bei schwacher Vergröfserung als ein Körnchen; bei starker, und unter Anwendung von Essigsäure, kann man erkennen, dass dasselbe eine Zelle mit einem Kerne und einem punktförmigen Inhalte ist (Fig. 1, B); ungefähr 0,0005 P. Z. im Durchmesser.

An einer Stelle dieser Membrana granulosa, meist an der freien, der Oberfläche des Eierstockes entsprechenden Seite des Graaf'schen Bläschens, befindet sich nun jenes oben schon erwähnte weifse Pünktchen, das Eichen. Dasselbe ist in die Membrana granulosa eingebettet und zu diesem Zwecke von den Zellen derselben (Fig. 1. A. c) umgeben und eingehüllt. Bei einer Hündin, deren Eier ganz reif waren, überzeugte ich mich vor Kurzem, dass die Eier in einer kleinen kegelförmigen Masse von Zellen der Membrana granulosa eingebettet waren, welche nach Innen in den Follikel wie ein kleiner Zapfen hineinragte. (Vgl. mein Mémoire in den Ann. des sc. nat. 1844. Tom. II. Pl. II. Fig. 13.) In der Ebene, in welcher die Membrana granulosa das runde Eichen umfasst, liegen diese Zellen dichter, und es wird dadurch von ihnen ein Ring um das Eichen gebildet, der gerade bei dem reifen Hundeei sich sehr scharf und deutlich durch seine gröfsere Dunkelheit bei durchfallendem Lichte markirt (Fig. 1. A. b) v. Baer hat denselben, freilich nicht ganz passend, Discus proligerus genannt, welche Bezeichnung wir indessen als allgemein bekannt (Andere nennen ihn Discus oophorus), beibehalten wollen. Die Zellen haften in ihm und ebenso auf der Oberfläche des Eichens fester aneinander, so dass, wenn auch bei Eröffnung des Follikels die Membrana granulosa zerstört wird, das Eichen dennoch von den Zellen des Discus proligerus umgeben und theilweise durch sie verdeckt bleibt, wie ich dieses in Fig. 1. A dargestellt habe. Dadurch wird der Durchmesser dieses ganzen, das Eichen ausmachenden Pünktchens vermehrt (ich habe denselben meisten 0,0085 — 0,0090 Pariser Zoll gefunden), und das Auffinden des Eichens als eines weifsen Pünktchens bedeutend erleichtert. —

Das Eichen selbst ist nun bekanntlich zuerst von Hrn. Carl Ernst v. Baer im Jahre 1827, und zwar gerade bei dem Hunde entdeckt worden. Die Ehre dieser seit Jahrhunderten vergebens gesuchten Entdeckung, deren Folgen für das Thatsächliche und die Theorie der Entwicklungsgeschichte der Säugethiere unermesslich sind, kann weder von irgend einem Anderen in Anspruch genommen, noch dadurch verkleinert werden, dass Hr. v. Baer nicht sogleich alle Verhältnisse dieses so kleinen und wichtigen Eichens richtig erkannte. Vergebens hat in Deutschland Hr. Plagge (Meckel's Archiv, 1829, p. 193) sich diese Entdeckung zuschreiben wollen; er hat nur dadurch bewiesen, dass selbst nach erfolgter Entdeckung der Gegenstand ihm unbekannt war. Ebenso vergebens wird man in Frankreich die Herren Prevost und Dumas als Entdecker nennen, wenn es gleich gewiss ist, dass sie ebenfalls bei Hunden zweimal ein Eierstockeichen sahen. (Ann. des sc. nat. T. III. p. 135.) Denn sie haben diese zufällige Beobachtung selbst nicht gehörig gewürdigt, noch ihr irgend eine Folge gegeben; vielmehr ist und war es der Hauptmangel ihrer sonst vortrefflichen Untersuchungen, dass sie das Eierstockeichen nicht kannten. Auch wird wohl kein unterrichteter Naturforscher mehr an der Existenz dieses Eichens zweifeln, wenn gleich Hr. Magendie diese Frage in seiner Physiologie. Bd. II. noch für nicht hinreichend aufgeklärt halten musste; und in Deutschland selbst in neuester Zeit noch einige Zweifler (Willbrand, „Physiologie" und Hausmann, „Erzeugung des wahren weiblichen Eies") als Läugner auftraten. Wir müssen es für eine Kleinigkeit erklären, jeden Zweifler und Läugner sogleich thatsächlich zu überführen. Die näheren Verhältnisse und genaue Beschaffenheit dieses Eichens sind freilich erst nach und nach durch mehrere Beobachter ermittelt worden, und in der That ebenso schwierig als von der gröfsten Wichtigkeit, ganz genau festzustellen. Ich werde Diejenigen, die hierzu vorzüglich beigetragen, nennen, wenn ich jetzt zur Beschreibung dieses Eichens übergehe. —

Zunächst ist es die geringe Gröfse, welche uns an dem Hunde- und Säugethiereie überhaupt auffällt, und auf welche vor Allem Jeder gefasst sein muss, welcher dasselbe aufsuchen und untersuchen will. Ich habe den Durchmesser des reifen Eies ohne seinen Discus bei dem Hunde gewöhnlich 0,0068 — 0,0070 P. Z. oder $\frac{1}{13} - \frac{1}{12}$ P. L. oder $\frac{1}{6} - \frac{19}{100}$ Millim. gefunden. Der Eierstock enthält aber immer auch noch viel kleinere Eichen bis herunter zu $\frac{1}{50}$ P. L. und noch weniger.

Dieses Eichen stellt immer eine kleine Kugel dar, nie eine biconvexe Linse, wie Hausmann (die Zeugung etc. p. 25) behauptet, wovon man sich leicht überzeugen kann, wenn man dasselbe in einem Tropfen Wasser auf dem Objectträger rollen lässt, während man es unter dem Mikroskope beobachtet.

Der erste Blick auf das Eichen (Fig. 2) unter dem Mikroskope unterscheidet sodann an demselben eine dunkle Kugel, welche von einem hellen durchsichtigen Ringe umgeben ist. — Die dunkle Kugel ist der Dotter, welcher bei dem Hunde aus einer dichten Anhäufung kleiner dunkler Körnchen, der Dotterkörnchen, besteht, die vielleicht auch kleine Bläschen sind, sich aber selbst bei den stärksten Vergröfserungen nicht bestimmter als solche erkennen lassen. Je reifer das Ei ist, je gröfser ist ihre Zahl und desto dunkler sieht der Dotter aus. Bei auffallendem Lichte erscheint er rein weifs. An dem Dotter des Hundeeies lässt sich nie eine kuglige Gruppirung dieser Dotterkörnchen, wie zuweilen bei dem Kaninchen und der Kuh, erkennen; noch weniger eine bestimmte Zellenbildung. Immer füllt die Dottermaasse das Innere des hellen Ringes vollkommen aus und stellt daher selbst auch eine Kugel dar, während dieses bei dem Menschen, dem Schweine und einigen anderen Thieren nicht immer der Fall ist, sondern der Dotter oft eine kleinere Kugel, oft eine biconvexe oder biconcave oder plane Scheibe bildet, zwischen der und dem hellen ihn umschliefsenden Ringe sich ein gröfserer oder kleinerer mit einer durchsichtigen Flüssigkeit erfüllter Raum findet.

Der helle den Dotter umgebende Ring bietet zwei Contouren, eine äufsere und eine innere, dar, und ist bei dem Hunde gegen 0,0006 — 0,0008 P. Z. dick. Ueber seine Natur sind die Beobachter keinesweges einig. v. Baer erklärte sie für eine dicke, durchsichtige Membran, deren innere und äufsere Fläche man unter dem Mikroskope im Durchschnitte als zwei concentrische Kreislinien, welche durch die Dicke der Membran von einander getrennt sind, erblickt. Er nannte sie Zona pellucida, auch Membrana corticalis. Wharton Jones (British and foreign med. Review. Nro. XXXII. 1844. §. 7.) glaubt, dass ich v. Baer diese Ansicht mit Unrecht zuschreibe. Es ist zwar nicht leicht, v. Baer's Meinung mit Entschiedenheit zu ermitteln, wenn ich aber Epistola p. 13 u. p. 11 und manche Stellen in dem Commentar in Heusinger's Zeitschrift, z. B. p. 157 unten und p. 177 lese, so halte ich meine Ansicht für gerechtfertigt und finde wenigstens nirgends einen Beweis für die von Wharton Jones v. Baer zugeschriebene Meinung. Jedenfalls haben sich für jene Ansicht erklärt Coste (Recherches sur la générat. des Mammifères p. 27 und Embryogénie p. 79.), Wharton Jones (Lond. and Edinb. philos. Mag. VII. 1835. p. 209.), Bernhard und Valentin (Symbolae ad ovi mammalium historiam ante praegnationem Vratislav. 'p. 17.), Barry (Philosoph. Transact. for the year 1838. T II. p. 316), R. Wagner (Lehrbuch der Physiologie S. 36) und Henle (Allgem. Anatomie S. 966). Dagegen hält Krause (Müller's Archiv. 1836, p. 27.) beide Contouren für besondere Membranen, zwischen denen sich Eiweifs befinde, und Valentin hielt später das Ganze für eine Schichte Eiweifs (Repertorium III. p. 190) Ich muss mich nach sehr vielen und genauen Untersuchungen dieser wichtigen Frage ganz entschieden für die Ansicht v. Baer's erklären, von deren Richtigkeit mich die mannichfachste Behandlung des Eies, Spalten desselben mit einer freien Nadel unter der Loupe, Zerquetschen unter dem Compressorium etc auf das Bestimmteste überzeugt hat. Gegen die Annahme, dass diese Zona pellucida eine Schicht Eiweifs sei oder enthalte, spricht aufserdem auf das Entschiedenste die Analogie, welche nachweiset, dass das Ei keines einzigen Thieres schon in seiner ursprünglichen Bildungsstätte Eiweifs umgebildet besitzt, sondern letzteres immer eine secundäre Umlagerung um das Ei nach seiner Lösung von seiner primären Bildungsstätte ist. Endlich habe ich auch noch nachgewiesen, dass das Ei des Kaninchens, welches dieselbe Zona besitzt, erst im Beginne seiner Entwicklung im Eileiter von einer Schichte Eiweifs umgeben wird, die Zona daher unmöglich schon als solches betrachtet werden kann. Dagegen entspricht dieselbe in allen Verhältnissen der Dotterhaut anderer Eier. Sie besteht aus einem homogenen Gewebe ohne Gefäfse, Fasern, Zellen, und mit Recht hat ihr deshalb auch Hr. Coste den Namen Membrane vitelline gegeben. Ihre verhältnissmäfsige Dicke und Elasticität verleiht dem kleinen Eichen eine gewisse Festigkeit, so dass man dasselbe leichter und sicherer behandeln kann, als es sonst ein so kleiner Körper ertragen würde.

Wenn wir der Zona aber den Namen und Charakter der Dotterhaut beilegen, so schliefst dieses die Behauptung ein, dass der Dotter aufser ihr keine weitere Hülle besitzt. Hierbei stofsen wir aber abermals auf einen Streitpunkt, welcher von Wichtigkeit ist, und mit Sicherheit erledigt sein muss, wenn die folgenden Erscheinungen der ersten Entwicklung des Eies richtig verstanden und beurtheilt werden sollen. Ich habe daher demselben in meiner Entwicklungsgeschichte des Kanincheneies eine ausführliche Erörterung gewidmet, und mich mit v. Baer, Wharton Jones und Coste auf das Entschiedenste gegen die von Valentin, Krause, Barry, Bruns, H. Meyer und Reichert angenommene besondere Dotterhaut erklärt. Wharton Jones l. c. §. 12. schreibt, gegen meine Aussage, v. Baer die Annahme einer besondern Dotterhaut zu. Die deutlichste Stelle für meine Angabe findet sich im Commentar p. 177. Dagegen habe ich allerdings mit Unrecht früher Wharton Jones unter Diejenigen gezählt, welche eine besondere Dotterhaut annehmen. Er hat sie stets bestritten. Ihre Annahme ist besonders durch die Fälle veranlasst worden, in welchen der Dotter das Innere der Zona nicht ganz ausfüllt. Dann glaubt man zu seiner Begrenzung durchaus eine besondere Hülle annehmen zu müssen. Allein gerade in diesen Fällen habe ich mich sicher überzeugt, dass sich keine solche findet, sondern dass die Dotterkörnchen nur durch ein Bindemittel zu einer Kugel zusammengehalten und geklebt werden, wie etwa eine Brot- oder Wachskugel auch nur durch die Adhäsion ihrer Elemente unter einander zusammengehalten wird. Unmittelbar beobachtet kann eine solche den Dotter umgebende Hülle nie werden, und nur allein Krause schreibt ihr selbst eine bestimmte Dicke von $1/400$ P. L. bei der Katze zu. Allein auch durch jede andere Behandlung des Dotters, nach Eröffnung der Zona mit einer feinen Nadel, mittelst des Compressoriums, oder durch chemische Agentien, kann man sich von dem Mangel einer solchen Hülle überzeugen. Bei dem Hunde habe ich überdem, wie ich schon oben bemerkte, bis jetzt noch nie ein Ei gesehen, bei welchem nicht der Dotter das Innere der Zona vollkommen ausfüllte, er also der Innenfläche derselben unmittelbar und dicht anliegt, so dass hier selbst die Annahme einer solchen besonderen Hülle durch nichts veranlasst wird. —

Von gröfster Wichtigkeit ist nun ferner ein kleines mikroskopisches Bläschen oder eine Zelle, welche sich in dem Innern des Dotters eines jeden Eierstockeies eingeschlossen findet. Ein solches wurde zuerst von Purkinje in dem Vogeleie, und sodann von ihm und v. Baer in den Eiern aller eierlegenden Thiere nachgewiesen, und mit Recht hat man dasselbe daher nach seinem Entdecker das Purkinje'sche Bläschen genannt. v. Baer konnte ein solches in dem von ihm entdeckten Säugethiereie nicht finden, und daher rührt seine verfehlte Interpretation sowohl des ganzen Eichens, als seiner einzelner Theile. Er gerieth in Zweifel, ob nicht das ganze Eichen dem Purkinje'schen Bläschen anderer Eier entspreche. Indessen kann man nachweisen, dass v. Baer dennoch das Keimbläschen gesehen, obgleich nicht als solches erkannt hat. In dem Commentare zu seiner Epistola in Heusinger's Zeitschrift für organische Physik. Bd. II. S. 138. sagt er nämlich: „Das Eichen (des Hundes) besteht aus einer dunklen, grofskörnigen, kugelförmigen Masse, welche solide scheint, bei der genauesten Untersuchung indessen eine kleine Höhlung erkennen lässt." Gerade so erscheint nun aber das Keimbläschen, wenn es überhaupt in dem ungeöffneten Eie erkennbar ist, und nicht viel genauer beschrieb und bildete Hr. Coste dasselbe ab (Recherches etc. p. 28, Fig. 2. b.), welcher übrigens allgemein als erster Entdecker desselben bei dem Kanineheneie betrachtet wird, und sich auch in der That zuerst bestimmt für dessen allgemeine Existenz in dem Säugethiereie aussprach. Dennoch ist es gewiss, dass Hr. Wharton Jones dasselbe gleichzeitig und unabhängig, aufserdem aber noch viel bestimmter und sicherer als Hr. Coste entdeckte und beschrieb, da er dasselbe durch Eröffnen des Eies isolirt für sich darstellte. Lond. and Edinb. philos. Mag. 1835. Vol. VII. p. 209.

Dieses Purkinje'sche Bläschen (Fig. 3. a) auch Keimbläschen oder Keimzelle genannt, fand ich bei dem Hunde ziemlich constant 0,0015 P. Z. $= ^1\!/_{50}$ P. L. grofs. Es ist wasserhell und äusferst zart, obgleich nicht so vergänglich als Hr. Coste dieses früher behauptet hat. Ich habe es oft noch 48, 62 und mehr Stunden nach dem Tode des Thieres aus den Eiern dargestellt. Da der Dotter des Hundes sehr dicht und dunkel ist, so kann man dasselbe gewöhnlich nicht bei einfacher mikroskopischer Untersuchung des Eichens erkennen, sondern man muss entweder einen gelinden Druck auf das Eichen anwenden, wo es denn oft als ein heller Fleck in dem dunkeln Dotter undeutlich zum Vorscheine kommt, oder man sprengt das Eichen vorsichtig mittelst des Compressoriums, oder noch besser öffnet man dasselbe unter einer starken Loupe mit einer feinen Nadel. Dann fliefsen die Dotterkörnchen in der Regel aus der Zona heraus und mit ihnen das Keimbläschen, wie ich dieses Fig. 3. dargestellt habe, und man kann es nun isolirt für sich genau untersuchen. Rücksichtlich seiner Lage im Dotter ist zu bemerken, dass es bei unreifen Eiern mehr im Centrum derselben, bei reifen an der Peripherie liegt. Dasselbe fehlt nie, wenn es auch nicht immer gelingt, es darzustellen, und muss ich Hrn Coste bestimmt widersprechen, wenn derselbe neuerdings (L'Institut. 1842.) aus dessen öfterem Fehlen dessen geringere Wichtigkeit für die Entwicklung hat nachweisen wollen. Ueber seine Bedeutung und Bestimmung werde ich indessen erst weiter unten mich auszusprechen Gelegenheit finden.

Wenn man das isolirte Keimbläschen unter einem guten Mikroskope bei starker Vergröfserung genau betrachtet, so findet man an demselben an einer Stelle seiner innern Fläche einen kleinen Flecken, ungefähr 0,0004 P. Z. $= \frac{1}{200}$ P. L. $= \frac{1}{91}$ Millim. grofs. Dieser Fleck wurde von R. Wagner (Müller's Archiv. 1835, S. 378.) und Wharton Jones (l. c.) entdeckt, und Keimfleck oder Keimkern, Macula s. Nucleus germinativus genannt. Auch er findet sich allgemein in dem Keimbläschen aller Thiere; ist aber oft mehrfach vorhanden, und gerade dann stellt öfter jeder deutlich ein Bläschen dar. Ich habe diese Verhältnisse in meiner Entwicklungsgeschichte des Kanincheneies ausführlich besprochen. Dr. Barry hat die Behauptung aufgestellt (Philos. Transact. 1840, p. 546 u. 590.), dass der Keimfleck auch bei Säugethieren ein Bläschen oder eine Zelle, und selbst schon wieder mit Schichten kleinerer Zellen, und diese wieder mit Keimen zu noch jüngeren Zellen angefüllt sei. C. Vogt, welcher die mehrfachen Keimflecke des Keimbläschens des Eies von Alytes obstetricans und der Palée bestimmt für Zellen erklärt, stellt ebenfalls die Vermuthung auf, dass auch der einfache Keimfleck anderer Thiere vielleicht ein Aggregat sehr kleiner Zellen sei (Untersuchungen über die Entwicklung der Geburtshelferkröte. Solothurn 1841, S. 12.). Dieser Ansicht ist neuerdings auch Kölliker beigetreten, indem er überhaupt alle Kerne für Bläschen erklärt (Schleiden's und Nägeli's Zeitschrift 1845, S. 46.). Ein Feind aller nicht auf unzweifelhafte Beobachtungen gegründeten Interpretationen und Verallgemeinerungen, muss ich mich gegen diese Ansicht erklären. Auch bei einer 1300maligen Vergröfserung eines guten Instrumentes von Oberhäuser, kann ich an dem Keimflecke des Keimbläschens des Hundeeies wie anderer Säugethiereier nur eine schwach granulirte Beschaffenheit erkennen, und muss denselben daher ein Körnchen und nicht ein Bläschen nennen, selbst wenn es sogar richtig ist, dass Kerne zuweilen Bläschen sind, oder richtiger gesagt, Bläschen zuweilen die Rolle von Kernen spielen, wovon später noch die Rede sein wird.

Nach dieser Beschaffenheit des unbefruchteten Eierstockeies des Hundes, welche mit der des Eies aller anderen Säugethiere wesentlich übereinstimmt, finde ich nun, dass dasselbe auch überhaupt mit den Eiern aller Thiere an ihrer ursprünglichen Bildungsstätte aus denselben Theilen zusammengesetzt ist. Alle bestehen aus einem Dotter und einer diesen umschliefsenden Dotterhaut; in dem Dotter befindet sich das Keimbläschen mit dem Keimfleck. Nur seine relative Gröfse sowie seine Bildungs- und Einlagerungsstätte in dem Eierstocke, seine Theca und Stroma, wie sie v. Baer genannt, sind eigenthümlich. Während der Dotter der eierlegenden Thiere aufser dem Materiale zur ersten Anlage des Embryo meistens auch noch das Material zu dessen weiterer Ausbildung und Entwicklung während des ganzen Fötuslebens enthält, bildet der Dotter des Säugethiereies nur das Material zur ersten Embryonalanlage. Das zu seiner weitern Entwicklung Nöthige wird während dieser Zeit fortwährend von der Mutter geliefert. Daher konnte das Säugethiereichen so klein sein im Verhältniss zu der Gröfse des sich aus ihm entwickelnden Embryo. Die Einlagerung und Bildung dieses Eichens in dem Graaf'schen Bläschen und wiederum dieses in dem Eierstock bezieht sich unzweifelhaft eben auf seine äufserste Kleinheit und seinen Uebergang in den Eileiter bei seiner Loslösung vom Eierstock. Nur in dem Vehikel einer Flüssigkeit konnte ein so kleiner Körper hinreichenden Schutz und Sicherung finden. —

Ueber die histogenetische Bedeutung des Eies habe ich mich, gestützt auf neue Beobachtungen über seine Entwicklung, ausführlich in meiner Entwicklungsgeschichte des Kanincheneies S. 16. ausgesprochen. Ich kann nicht mit Hrn. Schwann (Mikroskopische Untersuchungen über die Uebereinstimmung in der Structur und dem Wachsthume der Thiere und Pflanzen. Berlin 1839, p 46 u. 258.) das Ei für eine primäre Zelle und das Keimbläschen für deren Kern halten. Sondern das Keimbläschen ist in der That eine primäre Zelle, sein Fleck deren Kern und der zuerst gebildete Theil des Eies. Der Dotter und die Dotterhaut sind secundäre spätere Bildungen, welche sich um diese Zelle entwickeln und ablagern. Hierin stimme ich auch mit den Herren Valentin und Henle überein.

Zweites Kapitel.

Ueber die Befruchtung und Lostrennung des Hunde-Eies vom Eierstock.

Es ist bekannt, dass bis vor Kurzem über die wichtigsten Fragen in Betreff der Befruchtung bei Säugethieren noch die gröfsten Zweifel herrschten. Man wusste nicht, ob die Bildung und Lösung der Eier von der Begattung abhängig seien oder nicht, ob der männliche Saamen dabei irgend eine materielle, und welche Rolle spiele, ob derselbe bis zum Eierstock vordringe und das Ei hier befruchte, oder ob beide sich erst in dem Uterus oder Eileiter begegneten, ob die Befruchtung im Augenblicke der Begattung oder erst später erfolge, welche Veränderungen dabei vielleicht das Ei erfahre, — alle diese Fragen wurden für und gegen beantwortet, da es an sicheren Thatsachen zu ihrer sichern Beantwortung fehlte. Die Analogie bei den eierlegenden Thieren und namentlich bei äufserlicher Befruchtung, die Versuche von Spallanzani, Prevost und Dumas mit künstlicher Befruchtung, die Versuche von Nuck, Haighton, Grafsmeyer und Blundel mit Unterbindung der Eileiter, des Uterus und der Scheide, die mikroskopischen Beobachtungen von Leuwenhoek, Haller, Prevost und Dumas über den Saamen in den weiblichen Genitalien nach der Begattung, waren zwar wichtige Beiträge zu einer richtigen Beantwortung derselben, allein theils wurden dieselben nicht gehörig beachtet und verstanden, theils liefsen sie dem Zweifel immer noch zu viel Spielraum über. Gerade die genauesten dieser Untersuchungen, die Versuche von Haighton und die von Prevost und Dumas, waren geeignet, beiderlei Meinungen zuzulassen, so sehr sich auch der vorurtheilsfreie Beurtheiler durch sie gegen alle mystischen Voraussetzungen gestimmt finden musste. Es war in der That unmöglich, über alle hier einschlagenden Fragen in's Reine zu kommen, so lange man das Eichen im Eierstocke selbst nicht kannte; und, seit man es kennt, hat Niemand demselben eine hinreichend sorgfältige und glückliche Aufmerksamkeit gewidmet.

Ich glaube für Jeden, welcher nicht absichtlich lieber im Dunkeln bleiben, als hell sehen will (und deren giebt es leider auch unter den Naturforschern), in meinen früheren Schriften und in dem Folgenden alles Material zur entscheidenden Beantwortung dieser

Fragen gegeben zu haben und geben zu können, bis zu der Grenze, an welcher unser durch Beobachtung und Erfahrung geleitetes Streben überhaupt aufhört, und die unseren Sinnen nicht mehr zugänglichen Wirkungen beginnen. —

Ich habe mich zuerst bemüht, in Beziehung auf den männlichen Saamen und seine Rolle von dem ersten Momente der Begattuug an in's Reine zu kommen. Wir sind hierzu jetzt, wo wir die Eigenschaften und Beschaffenheit desselben durch die Arbeiten ausgezeichneter Männer, wie Prevost und Dumas, R. Wagner, Lallemand, Kölliker und Andere, kennen, vollkommen vorbereitet, und die in demselben beweglichen Elemente, die sogenannten Saamenthierchen oder Spermatozoen, geben bei guten Instrumenten und zureichender Vorsicht ein völlig sicheres Mittel an die Hand, denselben an allen Orten seines Vorkommens mit Leichtigkeit nachzuweisen. Ich will nur noch zum Voraus bemerken, dass ich dieselben nicht für Thiere, sondern nur für bewegliche Elemente, gleich den schwingenden Cilien an der Oberfläche so vieler Thiere und Organe zu halten vermag, und für sie die Benennung Spermatozoiden, welche Hr. Duvernoy (Dictionnaire univ. d'hist. nat. T. I. p. 526. Note.) vorgeschlagen hat, am passendsten finde.

Obgleich ich es immer für wichtig hielt, zu ermitteln, bis wohin der Saamen sogleich bei der Begattung gelangt, so bin ich doch erst spät dazu gekommen, für diese Frage ein Thier zu erhalten und zu opfern. Leuwenhoek untersuchte ein Kaninchen sogleich nach dem dreimal vollzogenen Coitus. Er fand die Spermatozoiden in den Anfang des Uterus eingedrungen, nicht aber bis in die Spitze desselben (Opp. omn. I. p. 166.). Haller und Kuhlemann (Observationes circa negotium generationis. Lips. 1754, p. 17.) untersuchten Schaafe zuerst ⁵/₄ Stunden nach der Begattung und wollen den Saamen nur in der Scheide, nicht aber im Uterus gesehen haben, obgleich leider nicht angegeben wird, ob sie sich des Mikroskopes zur Auffindung desselben bedient haben. Hausmann (l. c. p. 49.) untersuchte eine Stute 2 Minuten nach der Bedeckung und fand den Saamen nahe am Muttermunde und in der Scheide. Dieselbe Stute war aber auch schon mehrere Tage vorher bedeckt worden. Bei einer Hündin, die während der Begattung getödtet wurde, fand er den Saamen in der ganzen Gebärmutter und in der Scheide. Bei einer andern Hündin, 12 Minuten nach der vollendeten Begattung, fand er nirgends Saamen, weil er sich nicht des Mikroskopes bediente. Er meint, er sei schon resorbirt gewesen!!! (p. 78.). Bei einem Schweine fand derselbe, 35 Minuten nach der Begattung, den Saamen in dem Uterus (p. 87.). Bei einem Schaafe, wo das Mikroskop angewendet wurde, fand er, 1½ Stunden nach der Begattung, keinen Saamen in dem Körper der Gebärmutter, wohl aber in dem untern Ende des Mutterhalses und in der Scheide (p. 94.). Bei einem andern Schaafe, welches sogleich nach der Begattung getödtet wurde, fand er nirgends Spermatozoiden. Er meint, sie seien wahrscheinlich schon abgestorben gewesen, da sie vermuthlich von ebenso weichlicher Natur seien als die Schaafe selbst!!! (p. 50.)

Am 11ten Juni 1843, Mittags 1⅝ Uhr, liefs sich eine Hündin zum erstenmale belegen, welche seit mehreren Wochen in meinem Besitze war, und unter Aufsicht an der Kette gelegen hatte. Unmittelbar nach der Begattung schnitt ich derselben den linken

Eierstock, Eileiter und Uterus aus. Der ganze Uterus, bis herauf in die höchste Spitze, enthielt Saamen und Spermatozoiden, die sich mit der gröfsten Lebhaftigkeit bewegten. In dem Eileiter war dagen auch bei der genauesten Durchsuchung keine Spur derselben zu finden. Dagegen enthielt dieser bereits die aus dem Eierstock ausgetretenen und gegen zwei Zoll in ihm nach abwärts gerückten fünf Eier. Ein, zwei und drei Tage nach dem ersten Coitus untersuchte Leuwenhoek die Genitalien von Hündinnen und Kaninchen und fand die Spermatozoiden bis in die Spitze des Uterus vorgedrungen. Die Eileiter untersuchte er nicht, denn es ist zu bemerken, dass er oft den Uterus Tuba nennt. Opp. omn. I. p. 152, 158, 169 etc.

Die Herren Prevost und Dumas untersuchten Hündinnen zuerst 24 Stunden nach der Begattung (l. c. p. 119.). Sie fanden den Saamen in grofser Menge in dem Uterus, nicht aber in der Scheide, den Eileitern und der den Eierstock umspülenden und in dem Sacke des Peritonäums, welcher denselben umgiebt, enthaltenen Flüssigkeit. Ebenso verhielt es sich nach zwei Tagen. Nach dreien und vieren sahen sie eine geringe Zahl von Spermatozoiden auch in den Eileitern, indessen auch jetzt und später niemals in der genannten Flüssigkeit. Sie sind daher auch der Ansicht, und sprechen sie enschieden aus (l. c. p. 134.), dass der Saamen nie bis zum Eierstocke gelangt, und die Befruchtung daher auch nie hier, sondern erst in den Eileitern oder den Hörnern des Uterus erfolgt. In neuerer Zeit fand dagegen R. Wagner bei einer Hündin, 48 Stunden nach der Begattung, in dem Uterus, den Eileitern und zwischen deren Fimbrien, also auf dem Eierstocke, Spermatozoiden in grofser Menge (Lehrbuch der Physiologie S. 48.). Die Eier sollen in diesem Falle noch nicht ausgetreten gewesen sein.

Am 15ten September 1839 untersuchte ich eine Hündin 4—5 Stunden nach der ersten Begattung. Beide Hörner des Uterus waren herauf bis in die Spitzen mit Spermatozoiden angefüllt; allein die Eileiter enthielten keine Spur derselben. Die Eier waren noch nicht ausgetreten.

Am 2. Mai 1840 untersuchte ich eine andere Hündin, 18½ Stunden nach der ersten Begattung. Der Uterus und die Scheide enthielten sehr viele Spermatozoiden; desgleichen auch die Eileiter, aber etwa nur bis 3 Linien weit von dem Ost. uterinum. Die Eier waren schon ausgetreten und 2½" weit in den Eileiter herabgerückt.

Genau ebenso verhielt es sich bei einer andern Hündin, die ich am 31sten November 1841, ebenfalls 18½ Stunden nach der ersten Begattung, untersuchte; bei ihr waren aber die Graaf'schen Bläschen des Eierstockes noch geschlossen.

Am 22sten Juni 1838 untersuchte ich, Mittags um 2½ Uhr, eine zum erstenmale hitzige Hündin, welche sich Abends vorher, um 7 Uhr, zum erstenmale und desselben Tages, um 2 Uhr, zum zweitenmale hatte belegen lassen, also 19½ Stunden nach der ersten Begattung. Ich fand bei ihr in der Scheide, im Uterus, in den Eileitern, endlich in der den Eierstock umspülenden Flüssigkeit zahlreiche und sich lebhaft bewegende Spermatozoiden. Die angeschwollenen Graaf'schen Bläschen enthielten noch die Eier.

Die Hündin, deren linken Uterus ich am 11ten Juni 1843 unmittelbar nach dem Coitus untersucht hatte, liefs ich des andern Tages 10 Uhr, also 20 Stunden nach dem Coitus tödten. Ich fand auf der rechten Seite im Uterus, und bis gegen 3''' vom Ost. uterinum auch im Eileiter lebhaft sich bewegende Spermatozoiden. Die Eier waren unterdessen auf dieser Seite bis über die Mitte in dem Eileiter nach abwärts gerückt.

Am 3ten Januar 1840 untersuchte ich eine Hündin, welche seit 24 Stunden zum erstenmale belegt war. Ich fand bei ihr in der den Eierstock umspülenden Flüssigkeit einen Spermatozoiden, welcher sich nicht mehr bewegte. Die Eier waren so eben ausgetreten und eins noch auf dem Eierstocke. — Am 1sten April 1839 fand ich bei einer Hündin, von welcher ich die Zeit der ersten Begattung nicht kannte, wo die Eier auch schon ausgetreten und über die Mitte des Eileiters hinausgerückt waren, in der in der Peritonäaltasche des Eierstockes enthaltenen Flüssigkeit einen sich nicht mehr bewegenden Spermatozoiden.

Am 6ten März 1842 untersuchte ich eine Hündin, deren erste Begattungszeit ich nicht kannte. Auf der linken Seite fanden sich drei Eier ausgetreten und über die Mitte des Eileiters hinaus; ich achtete aber auf dieser Seite nicht auf die Spermatozoiden. Auf der rechten Seite war der Eierstock ganz klein, kein Ei war ausgetreten, kein gelber Körper entwickelt, aber sowohl der Uterus als Eileiter und endlich die Tasche des Eierstockes enthielten zahlreiche Spermatozoiden.

Noch in sehr vielen anderen Fällen sah ich die Spermatozoiden, meist noch lebhaft sich bewegend, in den Eileitern, in späteren Zeiten nach der Begattung, wo die Eier noch im Eileiter waren, wo ich aber entweder die Zeit der ersten Begattung nicht zuverlässig genau kannte, oder leider nicht genau darauf geachtet habe, bis zu welcher Stelle ich den Saamen vorgedrungen fand, eben weil die Eier schon ausgetreten waren.

Regelmäfsig habe ich aber immer auf den Eiern, welche schon bis in das untere Drittheil des Eileiters herabgetreten waren, die zuweilen sich noch lebhaft bewegenden, zuweilen auch schon unbeweglichen Spermatozoiden gesehen. Dasselbe war der Fall mit Eiern, die eben in den Uterus eingetreten waren, obgleich dann sehr bald die Spermatozoiden verschwinden, sowie sich auch nie eine Hündin mehr belegen lässt, wenn die Eier am Ende des Eileiters angelangt sind. —

Aus diesen zahlreichen Erfahrungen ziehe ich vorerst folgende Schlüsse:

1. Der Saamen dringt bei Hunden schon gleich bei der ersten Begattung durch den Muttermund in den Uterus, bis herauf in die äufsersten Spitzen seiner Hörner.

2. Der Saamen dringt in den darauf folgenden Stunden auch in den Eileiter ein, und kann bis auf den Eierstock gelangen.

3. Der Saamen gelangt jedenfalls mit den Eiern in eine materielle Berührung, und die Befruchtung wird vermittelt durch eine materielle Wechselwirkung zwischen Saamen und Ei.

4. Die Befruchtung erfolgt keinenfalls im Momente der Begattung, sondern erst später. Wann? werde ich weiter unten berühren.

Ich habe in meinen beiden mehrmals schon genannten Schriften mitgetheilt, dass ich auch bei Kaninchen den Saamen durch Uterus und Eileiter bis auf den Eierstock verfolgt, und ebenso die Eier im Eileiter immer mit Spermatozoiden bedeckt fand. Dort habe ich auch mitgetheilt, dass Dr. Barry erstere Beobachtung auch gemacht. Ich darf aber die Priorität derselben für mich in Anspruch nehmen, da ich schon im Juni 1838 die Spermatozoiden auf dem Eierstocke sah, und diese Entdeckung im Herbste 1838 bei der Versammlung deutscher Naturforscher in Freiburg öffentlich bekannt machte, wie der Bericht über jene Versammlung bezeugt. —

Ich habe ferner in den genannten Schriften auch meine Ansicht über die Rolle, welche der Saamen und die Spermatozoiden bei der Befruchtung spielen, ausführlich ausgesprochen. Ich will davon hier nur so viel erwähnen, dass ich nach meinen sorgfältigsten Beobachtungen dieses Punktes die Ansicht der Herren Prevost und Dumas, sowie Lallemand und Barry, nicht theilen kann, dass der Spermatozoide in das Ei gelangt, und, wie Erstere glauben, die Grundlage zu dem Embryo oder dessen Centralnervensystem sei. Ich habe nie eine Oeffnung oder Spalte an der Zona pellucida bemerkt, durch welche ein Spermatozoide eindringen könnte. Ich habe nie im Inneren eines Eies einen solchen auffinden können, obgleich dieses gerade bei dem kleinen Säugethiereie und seiner geringen Dottermasse wegen am leichtesten möglich sein würde, namentlich wenn man das Ei sorgfältig unter dem Mikroskope mit dem Compressorium zerpresst. Dagegen werde ich weiter unten im Stande sein, genau anzugeben, auf welche Weise sich das Centralnervensystem bildet, wobei von einem Spermatozoiden keine Rede sein kann. Dr. Barry (Procedings of the Royal Society. Dec. 8. 1842. und Philos. Mag. 1843, May, 415.) hat in der neuesten Zeit zwei Beobachtungen mitgetheilt, als deren Zeugen er Hr. Owen und andere Naturforscher nennt, in welchen er bei Kaninchen in den Eiern im Eileiter Spermatozoiden gesehen haben will. Ich bin so kühn, dieses für eine Täuschung zu erklären. Ich habe in meiner Entwicklungsgeschichte des Kaninchens angegeben und abgebildet, dass das Ei des Kaninchens im Eileiter immer mit Spermatozoiden bedeckt ist. Ich habe sie oft noch sich lebhaft bewegend gesehen und vielen meiner Zuhörer gezeigt. Es verhält sich, wie ich oben angegeben, bei den Hunden im unteren Drittheil des Eileiters ebenso. Ich bin nun überzeugt, dass Herr Barry die auf dem Ei befindlichen Spermatozoiden für darin befindlich gehalten hat. Uebrigens habe ich S. 32 der genannten Schrift gesagt, dass ich ebenfalls die Säugethiereier im Eileiter für die geeignetesten Objecte zur Entscheidung der Frage halte, und zweimal beim Zerquetschen der Eier Spermatozoiden im Inneren zu sehen glaubte. Allein ich habe zugleich auch diese Beobachtung für Täuschung erklärt.

Ich muss mich ferner auch gegen die besonders bei den Säugethieren verführerische Ansicht erklären, dass der Spermatozoide der Träger des Saamens, und dieses seine wesentliche Bestimmung sei. Allerdings glaube auch ich, dass durch seine Bewegungen hauptsächlich der Saamen in den Eileiter, zum Eierstocke, zum Eie gelangt. Allein es ist unmöglich, dieses für die wesentliche Bestimmung des Spermatozoiden zu halten, wenn man die vielen Formen äußerlicher Befruchtung beachtet, in welchen diese Träger des Saamens ganz unnöthig wären. Ich habe mich daher der Ansicht von Valisneri, Bory St. Vincent, Valentin u. A. angeschlossen, welche den Zweck der Spermatozoiden darin erblicken, durch ihre Bewegungen die leicht veränderliche Mischung des Saamens zu erhalten; daher nur der Saamen fruchtbar ist, in welchem sie, und zwar sich bewegend, vorhanden sind.

Die Wirkung des Saamens auf das Ei halte ich dann zunächst für eine chemische. Dass der aufgelöste Theil des Saamens mit Leichtigkeit durch die $^1/_{100}{'''}$ dicke Zona in das Innere des Eies eindringen kann, begreift Jeder, der die Permeabilität thierischer Membranen für Flüssigkeiten und die ihnen aufgelösten Materien nur einigermafsen kennt. Wir werden nun ferner sehen, das Keimbläschen im Eie löst sich bei und nach der Loslösung des Eies vom Eierstocke auf und vermischt also seinen Inhalt mit dem Dotter. Es ist möglich, dass auf diesen Bestandtheil auch zunächst der Saamen wirkt. Wir werden ferner sehen, die ersten Erscheinungen der wirklich stattfindenden Entwicklung des Eies sind Bildung von Zellen, der Elementarform aller organischen Gewebe. Die Vermischung des Saamens mit dem Inhalte des Keimbläschens giebt möglicher Weise die Bedingung zur Zellenbildung ab. So weit, glaube ich, darf der Naturforscher für jetzt in das Geheimniss der Befruchtung und der Rolle des Saamens dabei eindringen. Die Zeugung wird dadurch zu keinem Acte chemischer Mischung gemacht. Wir könnten diese künstlich nachmachen. Es werden dennoch keine Zellen entstehen und sich aus diesen kein Organismus aufbauen! — Hr. Lallemand ist der Meinung, es sei unmöglich, dass die Saamen-Flüssigkeit das befruchtende Princip enthalten könne, da eine Flüssigkeit nie eine Form bestimmen und übertragen könne, wie wir einen solchen Einfluss bei der Zeugung dennoch bestimmt von dem Vater ausgehen sähen. Darum hält er den Spermatozoiden für das Befruchtende. Ich möchte indessen umgekehrt sagen, alles Feste geht aus dem Flüssigen hervor, und in diesem müssen auch schon die Ursachen der Form des Festen liegen. Zudem sind solche Fragen für jetzt noch ganz unlösbar. So lange das Wie nicht nachgewiesen werden kann, ist die Entscheidung für das Eine oder Andere eine rein subjective Ueberzeugung. —

Ich muss nun endlich noch die Frage beantworten, welche Kräfte das Eindringen des Saamens in den Eileiter und das Weiterrücken in demselben bedingen. Ich glaube in dieser Beziehung muss erstens auf die Bewegungen des Uterus und Eileiters Rücksicht genommen werden. Diese sind an diesen Theilen während der Brunst sehr entwickelt und schon oft von anderen Beobachtern, sowie auch von mir, gesehen worden. Durch sie kann der Saamen in die Eileiter eingetrieben und in diesen fortbewegt werden. Da indessen solche Bewegungen vielleicht nicht überall vorkommen, z. B. beim Menschen und dessen Uterus nicht, so halte ich zweitens eben die Bewegungen der Spermatozoiden für das Hauptagens. Sie streben freilich nicht mit Willkür und mit einer bestimmten Tendenz in den Eileiter hinein. Allein von den Millionen, welche sich in dem Uterus nach allen Richtungen hin auf das Lebhafteste bewegen, gerathen einige auch auf den rechten Weg in den Eileiter und in diesem weiter zum Eie. Immer ist ihre Zahl im Eileiter, wie auch die Herren Prevost uud Dumas bemerkten, gegen die im Uterus gering. Die größte Zahl verfehlt den Weg. Dass ihre Bewegungen lebhaft und kräftig genug sind, einen solchen Weg einzuschlagen und auch den Eierstock, wenn es nöthig, in der gegebenen Zeit zu erreichen, beweiset eine Beobachtung von Henle in seiner allgem. Anatomie, S. 954. Er sah, dass Spermatozoiden oft einen Krystall, der zehnmal größer ist als sie selbst, mit Leichtigkeit fortstofsen, und berechnete ihre Geschwindigkeit, wenn sie sich geradeaus bewegen, auf 1 Zoll in $7\frac{1}{2}$ Minuten. Da haben sie Zeit genug, um die Länge des Eileiters zu durchwandern, bis das Ei befruchtet werden muss. Zudem sah ich die Bewegungen der Spermatozoiden nirgends so lebhaft, als innerhalb der weiblichen Genitalien.

Dagegen kann ich auf die Wimperbewegungen des Epitheliums der Schleimhaut des Eileiters zur Weiterförderung des Saamens nichts geben, da ich die Richtung der Schwingungen der Cilien immer in umgekehrter Richtung vom Eierstocke gegen den Uterus hin erfolgen sah. —

Nächst der Rolle, welche der Saamen bei der Befruchtung spielt, sind nun ferner die Veränderungen zu untersuchen, welche sich dabei in dem Eierstocke, Graaf'schen Bläschen und Eie ereignen.

Hier nun ist es zunächst eine längst bekannte Thatsache, dass zur Zeit der Brunst der Eierstock blutreicher erscheint und eine gewisse Zahl der Graaf'schen Bläschen stärker anzuschwellen und sich bedeutend zu vergröfsern anfangen, wodurch dieselben ausgedehnt und an ihrer freien Seite verdünnt werden. Diese Veränderung scheint sich bei Hündinnen nach und nach in Zeit von 5 — 8 Tagen zu entwickeln, während welcher Zeit die Männchen ihnen schon nachstellen, aber nicht zugelassen werden. Die äufseren Genitalien schwellen an und es wird Blut aus denselben ausgesondert, dessen Absonderungsquelle die Scheide, der Muttermund und Mutterhals sein muss, da ich diese blutige Absonderung auch bei einer Hündin beobachtete, deren beide Hörner des Uterus ich exstirpirt hatte. Die Hündinnen sind während dieser Zeit mehrere Tage traurig und kränklich, erst wenn die blutige Absonderung und die Anschwellung der Genitalien nachlässt, werden sie wieder munter und lassen nun den Hund zu.

Die Gröfse, welche die Graaf'sche Bläschen erreichen, ist bei verschiedenen Hunden verschieden, nicht leicht über eine starke Erbse. Oft ragen sie dabei ansehnlich über die Oberfläche des Eierstockes hervor, zuweilen aber auch nicht, man bemerkt sie nur bei genauerer Untersuchung, was ich ausdrücklich bemerke, damit man sich nicht durch den Mangel solcher blasigen Hervorragungen täuschen lässt.

Untersucht man die Graaf'schen Bläschen in der letzten Zeit vor ihrem Aufbruche genauer, so findet man sie, wie gesagt, an der freien Seite des Eierstockes, sowie den Ueberzug, den sie von der Tunica propria des Eierstockes erhalten, sehr und zwar zuletzt bis zum äufsersten an der hervorragendsten Stelle verdünnt. An ihrem entgegengesetzten Umfange dagegen, mit welchem sie in das Stroma des Eierstockes eingesenkt sind, verhalten sie sich ganz anders; man könnte sie hier verdickt nennen. Präparirt man nämlich ein solches, noch nicht geplatztes Graaf'sches Bläschen vorsichtig aus dem Eierstocke heraus, sokann man sich überzeugen, dass von seinem ganzen hinteren Umfange nach innen in dasselbe hineinspringende zarte Zöttchen und Fältchen sich entwickelt haben. Dieselben bestehen gröfstentheils aus ziemlich grofsen, aus dunkeln Molecülen zusammengesetzten, unregelmäfsig rundlichen zusammengehäuften Massen, von denen ich zweifle, dass sie Zellen sind. Hr. R. Wagner will in ihnen einen hellen Kern gesehen haben, den ich nicht bemerkte. Später enthält der gelbe Körper deutliche kernhaltige, oft auch schon zu Fasern ausgezogene Zellen und zahlreiche Blutgefäfse. Sie sind den Granulationen eines geöffneten Abscesses zu vergleichen und bilden in ihrer fortschreitenden Entwicklung den sogenannten gelben Körper. Ich sah diese Bildung am 5ten März 1842 und am 23sten December 1843 bei zwei hitzigen Hündinnen, welche sich noch nicht belegen liefsen, an mehreren sehrangeschwollenen Graaf'schen Bläschen beider Seiten. Desgleichen bei einer andern am 15ten September 1839 seit fünf Stunden zum erstenmale belegten Hündin; ebenso bei einer andern am 31. November 1841, 18½ Stunden, und bei einer vierten am 22sten Juni 1838, 20 Stunden nach der ersten Begattung, bei welchen sämmtlich die Graaf'schen Bläschen noch nicht geplatzt waren und noch ihre Eier enthielten. Bei einer fünften Hündin, die seit 24 Stunden belegt war, waren die Eier so eben aus den Graaf'schen Bläschen ausgetreten, und ich fand eins derselben frei auf dem Eierstocke zwischen den Fimbrien. Jene Wucherungen im Inneren der Graaf'schen Bläschen waren aber auch hier schon bedeutend ausgebildet.

Ich kann demnach bestimmt versichern,

1) dass die Bildung des gelben Körpers bei dem Hunde schon anfängt, ehe die Graaf'schen Bläschen geplatzt und die Eier ausgetreten sind.

2) Dass dieselben durch eine von der Innenfläche der Graaf'schen Bläschen ausgehende Wucherung gebildet werden, und

3) dass diese Entwicklung im Inneren und vom Grunde der Bläschen nächst der Absonderung einer gröfseren Menge von Flüssigkeit sicher auch mit dazu beiträgt, sie auszudehnen und an ihren freien Seiten, wo diese Wucherung sich nicht ausbildet, bis zum endlichen Aufbrechen zu verdünnen.

Die in dem Graaf'schen Bläschen enthaltene Flüssigkeit wird zu dieser Zeit dichter, gallertartiger und scheint auch nach dem erfolgten Aufbruche nicht gänzlich sich zu entleeren, da ich wenigstens mehrere Male nach dem eben vor Kurzem erfolgten Austritte der Eier, in den von den oben erwähnten Wucherungen noch nicht ganz erfüllten Bläschen, eine wasserhelle, dem humor vitreus des Auges an Consistenz fast gleiche Flüssigkeit fand. Auch dieser Punkt verdient Beachtung, da er erweislich mehrere Beobachter zu dem Irrthume verleitet hat, dass die Bläschen noch nicht geöffnet und die von ihnen nicht gekannten Eier noch in denselben enthalten seien.

Die Oeffnung nämlich, durch welche die Eier aus dem Graaf'schen Bläschen austreten, ist aufserordentlich klein, und es ist daher nicht zu verwundern, dass dieselbe von früheren Beobachtern übersehen wurde, welche nun, weil sie zugleich das Eichen nicht in dem Eileiter fanden, die Graaf'schen Bläschen noch für uneröffnet hielten, ein Irrthum, in welchen alle früheren Beobachter, selbst v. Baer nicht ausgenommen, verfallen sind, wie ich noch weiterhin genauer nachweisen werde.

Endlich ist zu bemerken, dass zwar in der Regel die Zahl der stärker anschwellenden Graaf'schen Bläschen der Zahl der später vorhandenen Eier entspricht. Indessen ist es sehr beachtenswerth und sicher ausgemacht, dass dieses nicht immer der Fall ist. Es können nämlich erstens mehr Eier vorhanden sein, indem einer der Follikel zwei Eier enthält, ein Fall, welchen ich bei einer Hündin, 18½ Stunden nach der ersten Begattung, am 31. November 1841 wirklich beobachtete. Hier zeigte der rechte Eierstock vier stark angeschwollene Bläschen, und in einem derselben fand ich zwei Eier mit allen Zeichen der Reife und Vorbereitung für den diesmaligen Austritt, die um so gewisser aus demselben Graaf'schen Bläschen herrührten, da sie in einer und derselben Membrana granulosa dicht neben einander eingebettet waren. Allein es kommt auch nicht so selten vor, dass eins der angeschwollenen Bläschen sich dieses Mal nicht eröffnet und sich wieder zurückbildet. Dieses kann ich deshalb ganz gewiss aussagen, weil es sicher ist, dass alle Eichen, welche bei der jedesmaligen Befruchtung austreten sollen, immer zugleich oder wenigstens in ganz kurzen Zwischenzeiten austreten. Dieses widerspricht früheren Annahmen von Prevost und Dumas, sowie auch v. Baer's sehr, welche glaubten, dass zwischen dem Austritte der einzelnen Eier Zwischenzeiten von mehreren Tagen verstreichen könnten. Allein ich habe sowohl bei Kaninchen als bei Hunden, und ebenso Dr. Barry bei ersteren, die Eier im Eileiter immer ganz dicht bei einander und auf fast gleichen Stufen der Entwicklung gefunden, und schliefse daraus auf einen gleichzeitigen Austritt aus dem Eierstocke. Mehrere Male fand ich aber, wenn die Eier schon weit in dem Eileiter nach abwärts oder selbst in den Uterus gelangt waren, ein oder das andere Graaf'sche Bläschen an einem Eierstocke noch angeschwollen, von welchem ich daher überzeugt bin, dass es dieses Mal nicht geplatzt sein, sondern sich wieder zurückgebildet haben würde. Dieser Umstand ist ebenfalls von Wichtigkeit, weil auch er zu Irrthümern veranlassen kann und Irrthümer früherer Beobachter erklärt, von welchen später die Rede sein wird. Endlich geschieht es auch nicht so gar selten, das eins oder das andere Ei abortirt, wovon ich mich gerade bei Hündinnen auch mehrere Male zu überzeugen Gelegenheit hatte. Natürlich findet man auch dann weniger Eier, als gelbe Körper im Eierstocke.

Auch dem Eichen habe ich endlich in dieser Zeit die gröfste Aufmerksamkeit gewidmet und folgende zum Theil charakteristische Eigenschaften seiner vollkommenen Reife an demselben beobachtet. Zunächst überzeugt man sich leicht, sowohl durch Vergleichung, als auch durch Messungen, dass die reifsten Eier immer die gröfsten sind; ich fand z. B. bei jener schon genannten Hündin, 18½ Stunden nach der Begattung, die Durchmesser eines Eies im Discus 0,0083 P. Z., in der Zona 0,0070; die Dicke der Zona 0,0007 — 0,0008 P. Z. Sodann ist es sogleich auffallend, dass der Dotter solcher ganz reifer Eier am dichtesten ist, und dieselben daher bei durchfallendem Lichte bei Hunden ganz dunkel, fast schwarz aussehen; auch giebt sich dieses daran zu erkennen, dass, wenn man ein solches Ei in einem Tropfen Wasser mit einer Nadel öffnet, die Dotterkörner sich nicht so leicht in dem Wasser verbreiten und aus einander fliefsen, sondern mehr an einander haften, als dieses bei nicht ganz reifen Eiern der Fall ist. Sehr bemerkenswerth ist ferner eine Veränderung, welche die Zellen des Discus proligerus um das Ei herum zu dieser Zeit erfahren. Sie erschienen dann nämlich nicht mehr rund, sondern keulenförmig, nach einer Seite hin in eine feine Faser ausgezogen, mit deren Spitze sie auf der Zona pellucida aufsitzen (Fig. 4.). Auch haben sie eine mehr gallertartige Beschaffenheit, und in dem stumpfen Ende zeichnet sich jetzt der Kern mit Kernkörperchen meist sehr scharf aus. Das ganze Ei erhält dadurch ein sehr eigenthümliches, charakteristisches, strahliges Ansehen, welches ich nie anders als bei ganz reifen zum Austritt bestimmten Eiern gesehen habe. Es bezeichnet diese Veränderung der Zellen des Discus einen Fortschritt in ihrer Entwicklung zu Fasern, wie solche von Schwann und Anderen auch in vielen anderen Fällen nachgewiesen worden ist, und es scheint mir derselbe eine Theilnahme der Zellen um das Ei herum an den Veränderungen zu sein, welche die übrigen Zellen in der Membrana granulosa zur Bildung des gelben Körpers eingehen. Dieser Fortschritt ist übrigens, wie wir später sehen werden, nur ein vorübergehender.

An der Zona pellucida habe ich an Eiern dieses Stadiums keine Veränderungen weiter bemerken können, als dass sie jetzt überhaupt den stärksten Durchmesser hat. Nie habe ich auch bei Hunden eine Oeffnung oder Spalte in derselben bemerken können, wie Dr. Barry dieses beim Kaninchenei gesehen haben will. Ich halte auch hier eine solche Beobachtung, wegen der das Ei dicht besetzenden Zellen des Discus, für unmöglich, und nach deren Entfernung durch Maceration oder mittelst einer Nadel für durchaus unsicher; bei der elastischen Beschaffenheit der Zona aber auch für sehr unwahrscheinlich, da sich das Ei sogleich ganz öffnen würde.

So genau als möglich suchte ich mich an Eiern dieses Stadiums immer von dem Verhalten des Keimbläschens in dem Dotter zu überzeugen. Was ich hier beobachtete, ist Folgendes. Bei einer brünstigen Hündin, die sich aber noch nicht belegen lassen, fand ich am 5ten März 1842 in den alle Zeichen der Reife an sich tragenden Eichen mehrerer angeschwollener Graaf'scher Bläschen das Keimbläschen noch unverändert. Bei einem derselben war es mir unmöglich, trotz aller Aufmerksamkeit, den Keimfleck in dem Bläschen zu erkennen. Bei einer andern brünstigen Hündin, die ebenfalls noch nicht belegt worden, fand ich am 23. December 1843 das Keimbläschen ebenfalls noch vorhanden. Bei einer seit 5 Stunden zum ersten Male belegten Hündin suchte ich am 15ten September 1839 in vier ganz reifen Eiern aus vier angeschwollenen Graaf'schen Bläschen vergebens nach einem Keimbläschen. Bei einer Hündin, die sich vor 18½ Stunden zum ersten Male hatte belegen lassen, zeigten sich an dem rechten Eierstocke vier, an dem linken zwei sehr stark angeschwollene Graaf'sche Bläschen. In allen fand ich das vollkommen entwickelte Eichen, ja in einem der rechten Seite deren zwei. Bei den meisten derselben bemerkte ich, dass die Dotterkörnchen an einer Stelle von der inneren Fläche der Zona etwas zurückgewichen waren, und nachdem ich mehrere mit einer feinen Nadel von den Zellen ihres Discus proligerus gereinigt und unter das Compressorium gebracht hatte, bemerkte ich hier an dieser Stelle bei ganz gelindem Drucke ganz deutlich ein aus der dunkeln Dottermasse an einem Segmente hervorragendes helles Bläschen, dem Keimbläschen durchaus ähnlich (Fig. 5.). Bei verstärktem Drucke platzte die Zona, der Dotter trat langsam aus und mit ihm jenes Bläschen (Fig. 6.), welches sich nun ganz deutlich als das Keimbläschen auswies Es maſs in einem Eie 0,0015 P. Z., war vollkommen durchsichtig, wasserhell und enthielt in seinem Inneren nur den Keimfleck 0,00043 P. Z. grofs. Derselbe war nicht ganz rund, sah wie ein abgeplattetes Bläschen aus, und zeigte bei einer bestimmten Stellung des Mikroskopes in seiner Mitte einen hellen Ring. Eine weitere Zusammensetzung desselben konnte ich aber, auch bei 530facher Vergröfserung, nicht entdecken. Aufserdem bemerkte ich noch an dem Keimbläschen zwei unregelmäſsige, kleine, ganz blasse Fleckchen, von welchen ich aber nicht ermitteln konnte, ob sie im Inneren des Keimbläschens oder nur äufserlich und zufällig sich an demselben befanden.

Auch bei der Hündin, bei welcher ich 20 Stunden nach der Begattung, am 22sten Juni 1838, die Spermatozoiden auf dem Eierstocke fand, erkannte ich bei mehreren der sechs aus ausgeschwollenen Graaf'schen Bläschen entnommenen Eier beim Drucke das Keimbläschen an einer Seite in dem Dotter eingebettet, auch trat es beim Zerplatzen des Eies mit dem Dotter aus; damals aber habe ich keinen Keimfleck mehr in ihm gesehen.

Nach diesen Beobachtungen seheint es daher, dass das Keimbläschen sich meistens noch bis zum Austritte der Eier aus dem Eierstocke in den Eiern findet, zuweilen indessen auch schon verschwunden ist, wenn man nicht annehmen will, dass in denjenigen Fällen, wo ich es nicht mehr gefunden, nur die Beobachtung desselben missglückte. Dieses ist zwar bei einem so zarten Gegenstande leicht möglich, mir aber, ich darf es bei der erlangten Fertigkeit und vielen Uebung sagen, kaum wahrscheinlich. Die Beschaffenheit des Keimbläschens und Keimfleckes bleibt ferner, so lange es besteht, unverändert, und ich muss daher auch für den Hund den Angaben des Dr. Barry widersprechen, welcher dasselbe zu dieser Zeit vergröfsert und mit Zellen zweiter, dritter etc. Ordnung angefüllt gesehen haben will. Im Gegentheil könnte es aus zwei der angeführten Beobachtungen wahrscheinlich werden, dass der Keimfleck vor dem Keimbläschen verschwindet. Dagegen ist es gewiss, dass das Keimbläschen zu dieser Zeit ganz an die Oberfläche des Dotters an die innere Peripherie der Zona pellucida rückt, und daher wenigstens leicht speciell die Wirkung des eindringenden Saamens erfahren kann.

Es bleibt nun endlich noch zu bestimmen übrig, zu welcher Zeit und in welcher Beziehung zu der Begattung die Eier den Eierstock bei der Hündin verlassen, und wann und wo die Befruchtung erfolgt. Die Angaben der Herren Prevost und Dumas in dieser Hinsicht erscheinen sehr unsicher. Unter den Conclusions ihres Mémoir sagen sie freilich (l. c. p. 134): „Dans le chien il faut deux jours au moins pour que tous les oeufs d'une portée se détachent des ovaires." In der Abhandlung selbst aber (p. 122.) geben sie erst den sechsten und siebenten Tag an, an welchem die Bläschen des Eierstockes allmälig verschwunden seien. Chez une chienne ouverte apres six jours, ils ont vu deux corps jaunes sur l'ovaire droit, un seul sur le coté gauche, et cinq vésicules de sept ou huit millimètres de diamètre, qui semblaient sur le point de s'échapper de ces organes. Selbst noch am achten Tage, wo sie die Eier bereits im Uterus und, wie sie glauben, auch im Eileiter fanden, nehmen sie an, dass noch zwei gröfsere Bläschen des Eierstockes se seraient probablement ouvertes de leur tour (l. c. p. 123.). — Auch Hr. v. Baer drückt sich in seinen verschiedenen Abhandlungen nur sehr unbestimmt über die Zeit des Austrittes der Eier aus dem Eierstocke aus. In seiner Entwicklungsgeschichte II. S. 182 sagt er, dieses geschehe bei Hunden erst nach mehreren Tagen, und fügt in einer Note hinzu, er habe einmal bei einem Hunde acht Tage nach der Befruchtung eine Kapsel noch nicht geöffnet gefunden, aber doch im Reifen begriffen. Hr. Coste folgt in seinen Angaben (Embryogénie comparée p. 399.) nur den Herren Prevost und Dumas. — R. Wagner will bei einer Hündin, 48 Stunden nach einer fruchtbaren Begattung, die zwei Graaf'schen Bläschen der rechten Seite sehr angeschwollen und eins geplatzt gesehen haben, auf der linken Seite waren zwei sehr angeschwollen (Lehrbuch der Physiologie S. 44.). Von dem Verhalten der Eichen ist leider nicht die Rede. — Hausmann (l. c. S. 71.) hat zwei Hündinnen, 48 und 60 Stunden nach der Begattung, untersucht. Seine Mittheilungen sind aber durchaus unsicher und unbrauchbar, da er die Bedeutung des Eierstockeies gänzlich verkannte, und deshalb die ganze Untersuchung fehlerhaft anstellte.

So liefern also diese bisherigen Beobachtungen durchaus nichts Zuverlässiges. Dieses ist aber auch gar nicht zu verwundern, wenn und so lange man die Eichen nicht selbst ganz genau kennt und berücksichtigt, sondern allein nach dem Ansehen der Graaf'schen Bläschen urtheilt. Denn da, wie schon erwähnt, die Masse des sogenannten gelben Körpers sich schon in dem Graaf'schen Bläschen entwickelt, ehe dasselbe sich eröffnet; da ferner die Oeffnung, zu welcher das Eichen austritt, aufserordentlich klein ist und sich meistens sehr schnell und so vollkommen schliefst, dass man keine Spur von derselben wahrnehmen kann; da endlich auch der gelbe Körper nach Austritt des Eies immer anfangs noch eine mit einer wasserhellen gallertartigen Flüssigkeit erfüllte Höhle enthält: so erschweren es diese Umstände sehr, nach der blofsen Beschaffenheit des Eierstockes ein Urtheil zu fällen, ob die Eier ausgetreten sind oder nicht, und ist hierzu schon eine öftere Erfahrung nöthig. Dagegen kann und wird das Eichen sehr leicht den erforderlichen Aufschluss geben, je nachdem man dasselbe noch in dem angeschwollenen Graaf'schen Bläschen oder in dem Eileiter findet. In ersterer Beziehung hat man sich nur noch davor zu hüten, dass man nicht irrthümlich ein Eichen aus einem benachbarten kleinen Follikel für ein aus dem eigentlich untersuchten herrührendes hält; wie dieses z. B. Hausmann öfter begegnet zu sein scheint.

Ich muss nun auch selbst gestehen, dass ich bis vor Kurzem in meinen eigenen Untersuchungen über die in Rede stehende Frage von einem falschen Gesichtspunkte ausgegangen, und darin leider durch meine früheren Erfahrungen zufälliger Weise so bestärkt worden war, dass ich erst spät auf das richtige Verhältniss aufmerksam wurde.

Es hatte sich nämlich stillschweigend auch bei mir von Anfang an die Ueberzeugung festgesetzt, welche bisher die allgemein herrschende war, dass bei Säugethieren die Eier nur in Folge eines fruchtbaren Coitus aus dem Eierstocke austreten. Nun hatte es sich getroffen, dass in meinen früheren Beobachtungen ich auch immer noch innerhalb gewisser Zeiten nach der Begattung, die Graaf'schen Bläschen in dem Eierstocke geschlossen und die Eier nicht ausgetreten gefunden hatte. Dieses war selbst in der schon oben erwähnten Beobachtung und auch bei Kaninchen bis zu dem Augenblicke der Fall gewesen, bis der Saamen auf dem Eierstocke angelangt war. Daraus war denn bei mir jene Ueberzeugung entstanden, dass immer erst einige Zeit nach dem ersten Coitus die Eier aus dem Eierstocke austreten, und zwar nach der Zeit, welche der Saamen gebraucht, um bis an den Eierstock zu gelangen. So hatte ich denn in meinen früheren Schriften die Lehre aufgestellt, dass bei dem Kaninchen 9—10 Stunden, bei dem Hunde 20—24 Stunden nach der ersten Begattung die Eier aus dem Eierstocke austreten.

Diese Angabe ist nun zwar vollkommen richtig und wahr, und beruht auf Thatsachen der Beobachtung und Erfahrung, stellt aber die Sache doch nicht aus dem richtigen Gesichtspunkte dar.

Es hätte sich schon der Analogie nach vermuthen lassen, dass auch bei den Säugethieren die Reifung und der Austritt der Eier aus dem Eierstocke nicht von der Begattung abhängig ist. Ueberall in der Thierwelt sehen wir, dass die Eier bei dem Weibchen reifen und sich ablösen, ganz unabhängig meist von dem Männchen, welches dieselben oft erst hinterdrein befruchtet. Oft sehen wir freilich, dass die Begattung und Befruchtung erfolgt, ehe die Eier aus dem Weibchen ausgetreten sind; oft kann man selbst vielleicht behaupten, die Begattung giebt die Veranlassung zur Reife und Ablösung der Eier, obgleich dieses wohl nur selten der Fall sein wird. Aber Beides steht nirgends in einem nothwendigen Causalnexus. Nur die Entwicklungsfähigkeit des Eies ist ganz genau an die Einwirkung des Saamens gebunden, diese muss auch fast überall innerhalb gewisser Zeiten erfolgen; allein die Reifung und Ablösung des Eies steht in keiner solcher Abhängigkeit von der männlichen Einwirkung, sie hängen allein von der Entwicklung des weiblichen Individuums ab.

Genau ebenso ist nun auch das Verhältniss bei den Säugethieren und unzweifelhaft auch bei dem Menschen. Die Reifung und Ablösung des Eies von dem Eierstock ist ganz unabhängig von dem männlichen Individuum allein an die Entwicklung des weiblichen Organismus, und die periodisch wiederkehrende erhöhte Thätigkeit des Eierstockes gebunden. Zu dieser Zeit tritt nun auch der Begattungstrieb lebhafter hervor, und in den gewöhnlichen naturgemäfsen Verhältnissen erfolgt die Begattung innerhalb der Zeit, in welcher das Ei reif und entwicklungsfähig ist. Nach den vorliegenden Erfahrungen geschieht dieses ferner, wie es scheint, in der Regel dann, wenn das Ei reif und entwicklungsfähig, aber noch in dem Eierstocke eingeschlossen ist. Der Saamen hat Zeit, durch den Uterus und Eileiter bis auf den Eierstock zu gelangen und hier das Ei zu befruchten. Allein dieses ist nicht nothwendig so. Es ist auch möglich, dass die Begattung sich verzögert, oder selbst ganz unterbleibt.

Dann tritt das Ei dennoch jedenfalls aus dem Eierstocke aus. Es bleibt noch eine Zeitlang befruchtungs- und entwicklungsfähig, innerhalb welcher Zeit der Saamen es befruchten wird, wo er das Ei auch trifft. Geht aber auch diese Zeit vorüber, oder ist der Zutritt des Saamens ganz gehindert, so geht das Ei zu Grunde und löst sich auf.

Auf die richtige Erkenntniss dieses gewiss Jedem ganz einfach und ungezwungen erscheinenden und mit anderen bekannten Thatsachen übereinstimmenden Verhältnisses bin ich erst durch Umwege gelangt, obgleich sie gerade mit den beim Menschen gesammelten Erfahrungen am meisten übereinstimmt, und zu ihrer Erklärung am erforderlichsten ist, da hier selten die ganz normalen Verhältnisse obwalten, und sich bei der gröfseren Breite der Möglichkeit das Gesetzmäfsige derselben der Beobachtung mehr entzogen hat. —

Unter dem 17ten Juli 1843 theilte ich der Akademie der Wissenschaften zu Paris durch einen Brief an Hrn. Breschet das Resultat meiner Untersuchungen über diesen Gegenstand mit. Ich habe darauf auch alle Beweise für diese von mir gemachte Entdeckung in einer kleinen Broschüre Ende Februar vorigen Jahres veröffentlicht, und zugleich die Prioritätsfrage erörtert, welche sich zwischen Hrn. Pouchet, Raciborsky und mir entsponnen hat.

Ich glaube daher hier die ausführlichen Beweise für die Lehre, dass die Eier der Säugethiere unabhängig von der Begattung den Eierstock zur Zeit der Brunst verlassen, und dieser Austritt in keiner directen Beziehung mit der Begattung steht, übergehen zu können. Ich will nur die Beobachtungen mittheilen, welche mir dieses gerade auch für den Hund auf das Zuverlässigste bewiesen haben.

Ich habe mich nämlich einmal durch Versuche überzeugt, dass, auch wenn das Vordringen des männlichen Saamens bis zum Eierstocke und den Eiern, und die Befruchtung der letzteren dadurch gehindert wird, dennoch die Graaf'schen Bläschen sich eröffnen, die Eier austreten und gelbe Körper an den Eierstöcken sich bilden. Dieses bewiesen mir zwei Hündinnen, denen ich die Uteri mit Hinterlassung der Eierstöcke und Eileiter ausgeschnitten hatte, die nichts desto weniger dennoch nach einigen Monaten brünstig wurden, sich belegen liesfen, und bei welchen ich sodann acht Tage nachher frisch gebildete und stark entwickelte Corpora lutea fand.

Am 11ten Juni 1843 machte ich ferner eine oben schon erwähnte Beobachtung, welche die von der Begattung unabhängige Loslösung der Eier von dem Eierstocke dadurch bewies, dass ich unmittelbar nach der ersten Begattung die Eier doch schon weit in dem Eileiter fortgerückt fand. Diese Hündin war jung, kräftig und zum ersten Male brünstig. Sie lag an der Kette und wurde streng bewacht, so dass kein Hund zu ihr gelangen konnte. So entwickelten sich die Erscheinungen der Brunst vollkommen bei ihr, und endlich liefs ich sie an dem genannten Tage, Nachmittags 2 Uhr, belegen. Sogleich nach der Begattung schnitt ich den linken Eierstock, Eileiter und Uterus aus. Ich fand, wie schon erwähnt, den Saamen bis herauf in die Spitze des Uterus, aber keine Spur desselben in dem Eileiter. Dagegen enthielt derselbe zwei Zoll von dem Infundibulum 5 aus dem Eierstocke ausgetretene Eier, und der Eierstock zeigte ebenso viele, schon ziemlich stark ausgebildete gelbe Körper. Am andern Tage liefs ich, 20 Stunden nachher, die Hündin tödten, und fand nun auf der rechten Seite den Saamen in den Eileiter eingedrungen, auch hier fünf Eier in demselben, die noch weiter herabgerückt waren, allein Eier und Saamen waren noch nicht mit einander in Berührung getreten, es fanden sich keine Spermatozoiden in der Umgebung und auf den Eiern, und diese waren daher auch noch nicht befruchtet.

Man könnte hier nun vielleicht noch geneigt sein, anzunehmen, dass die Begattung dennoch den Austritt der Eier eben in dem Momente selbst, wo sie stattfand, bedingt habe. Allein aufserdem, dass dieses eine durch nichts begründete Annahme sein würde, haben mir zahlreiche Beobachtungen bewiesen, dass die Begattung überhaupt diesen Einfluss nicht äufsert. Denn ich fand häufig bei Hündinnen, die sich ein und mehrere Male begattet hatten, die Graaf'schen Bläschen noch geschlossen, und die Eier in ihnen enthalten. Die Begattung selbst hat also auf den Austritt der Eier keinen Einfluss. Aufserdem aber war dieses in dem in Rede stehenden Falle schon deshalb mehr als unwahrscheinlich, da die Eier schon zwei Zoll weit in dem Eileiter fortgerückt waren, was in der kurzen Zeit der Begattung wohl als unmöglich anerkannt werden muss.

Allein ich habe noch vollständigere Beweise für die Unabhängigkeit des Austrittes der Eier aus dem Eierstocke dadurch erlangt, dass ich bei einer brünstigen Hündin die Begattung gar nicht zuliefs, und dennoch, die Graaf'schen Bläschen eröffnet, gelbe Körper gebildet und die Eier im Eileiter fand.

Eine grofse Hündin, die schon längere Zeit in meinem Besitze war, zeigte am 18ten und 19ten December 1843 zuerst die Zeichen der Brunst. Die Vulva war sehr geschwollen und die Hunde verfolgten sie. Am 21sten schien es, als wenn sie einem derselben stillhalten wolle, allein ich gestattete die Begattung nicht und liefs die Thiere wieder trennen. Am 23sten Morgens nun schnitt ich dieser Hündin den linken Eierstock und Eileiter aus. Allein die Graaf'schen Bläschen waren noch nicht geöffnet. Vier derselben waren stark angeschwollen, enthielten aber noch die Eichen, an welchen selbst die Zellen des Discus noch nicht spindelförmig geworden waren. Ich wartete daher noch fünf Tage und liefs nun die Hündin tödten. Jetzt fanden sich an dem rechten Eierstocke vier Graaf'sche Bläschen eröffnet und die gelben Körper schon stark entwickelt. Die vier Eier fand ich 3 P. Z. = 8 Centimeter von dem Ostium abdominale in dem Eileiter, in einer ähnlichen Beschaffenheit, wie sie an dieser Stelle immer zu sein pflegen, wovon weiter unten die Rede sein wird.

Ich glaube nicht, dass es möglich ist, vollständiger als durch diese bei einem und demselben Thiere angestellte doppelte Beobachtung den ganzen Vorgang der Reifung und des Austrittes der Eier während der Brunst unabhängig von der Begattung nachzuweisen.

Endlich mache ich hier nochmals auf die oben schon mitgetheilte Beobachtung aufmerksam, wo bei einer Hündin auf der einen Seite die Eier gereift aus dem Eierstock ausgetreten und befruchtet worden waren, auf der andern Seite aber war kein Ei gereift, keins ausgetreten, und dennoch war der Saamen bis auf den Eierstock gelangt. Dieser Fall zeigt also auch von Seiten des Saamens, dass es sein Einfluss nicht ist, welcher die Eier reifen und austreten macht, und ich erachte es daher für erwiesen, dass dieser Austritt von der Begattung unabhängig, nur von der Reife der Eier und von den damit verbundenen Veränderungen im Eierstocke während der Brunst abhängig ist.

Da wir nun bis jetzt kein Mittel besitzen, uns so lange, als das Thier lebt, davon zu unterrichten, ob diese Veränderungen und Reifung schon eingetreten sind oder nicht, so ist es auch nicht möglich, die Zeit, zu welcher die Eier aus dem Eierstocke austreten, genau zu bestimmen. Es lässt sich nur sagen, dass in Beziehung auf die Begattung keine feste Regel stattfindet. Es scheint indessen, dass, wenn die Thiere sich in ihren natürlichen Verhältnissen befinden, die Begattung noch vor dem Austritte der Eier aus dem Eierstocke erfolgt, denn ich habe, wie schon erwähnt, öfters selbst nach mehrmals vollzogener Begattung die Graaf'schen Bläschen noch geschlossen und die Eier in ihnen enthalten gefunden. So am 5ten März 1839 bei einer Hündin, 4—5 Stunden nach der Begattung, während der Saamen sich in dem ganzen Uterus, nicht aber in den Eileitern befand. Am 31sten November 1841 waren bei einer andern Hündin die Graaf'schen Bläschen $18\frac{1}{2}$ Stunden nach der Begattung auch noch geschlossen, der Saamen aber schon gegen $3\frac{1}{2}$ Linien in den Eileiter eingedrungen. Am 22sten Juni 1838 waren $19\frac{1}{2}$ Stunden nach der Begattung die Graaf'schen Bläschen auch noch geschlossen und der Saamen durch die ganzen Eileiter hindurch bis auf die Eierstöcke vorgerückt.

Hindern dagegen zufällige oder absichtlich herbeigeführte Verhältnisse die Begattung, so treten die Eier auch vor derselben aus, wie in dem vorhin erwähnten Falle am 11ten Juni 1843, der sich in meinen früheren Versuchen wahrscheinlich noch öfter ereignet hat, ohne dass ich darüber in's Klare kam. Denn ich hielt die Hündinnen öfters lange Zeit eingesperrt, und ich habe mir mehrere Male in meinen Papieren bemerkt, dass ich die Eier schon im Eileiter, aber auf ihnen und um sie herum keine Spermatozoiden, sondern letztere nur im Anfange des Eileiters bemerkte. Ich glaubte dann, ich hätte sie nur übersehen, oder sie hätten sich bereits aufgelöst. Höchst wahrscheinlich waren dieses aber auch Fälle, in welchen die Eier vor der Begattung den Eierstock verlassen, und der Saamen noch nicht Zeit gehabt hatte, bis zu ihnen vorzudringen.

Hiernach muss nun die Frage beantwortet werden, wann nach der Begattung und wo die Eier befruchtet werden.

Man hatte in der neueren Zeit, namentlich in Folge der schönen Versuche von Prevost und Dumas, sich ziemlich allgemein der Ansicht angeschlossen, dass die Eier sich in Folge der Begattung vom Eierstocke lösten, in die Eileiter einträten und der Saamen entweder hier, oder selbst erst im Uterus mit ihnen in Berührung käme, daher hier auch erst die Befruchtung erfolge. Ueber die Zeit, wie lange nach der Begattung dieses erfolge, hatte man nur Vermuthungen, die sich noch dazu widersprachen, aufgestellt.

Dieser Ansicht hat sich neuerdings auch Hr. Pouchet angeschlossen. Théorie positive de la Fécondation des Mammifères, Paris 1842. Er sagt in seiner Loi IV. fondamentale: »Des obstacles physiques s'opposent, à ce que chez les Mammifères le fluide séminal puisse être mis en contact avec les ovules encore contenus dans les vesicules de Graaf«, und folgerichtig behauptet er deshalb auch in seiner Loi X. fondamentale: »Assurément il n'existe point de grossesses ovariques proprement dites.« Seine Loi I. accessoire heifst deshalb auch: »La fécondation chez les Mammifères s'opére normalement dans l'uterus« und in der Loi II. accessoire sucht er zu beweisen, dass »les grossesses abdominales et tubaires n'indiquent pas que la fécondation s'opère normalement dans l'ovaire.«

Nichts ist gewisser, als dass diese so absolut ausgesprochene Ansicht falsch ist. Nachdem schon die Herren Prevost und Dumas Spermatozoiden in den Eileitern gesehen, und daher die Befruchtung der Eier in den Eileitern schon erwiesen war, habe ich die Spermatozoiden nicht nur sehr häufig an den verschiedensten Stellen in den Eileitern, sondern, wie erwähnt, auch auf das Zuverlässigste mehrere Male zwischen den Fimbrien und auf dem Eierstocke bei Hunden und Kaninchen beobachtet, wie ich dieses schon in meinen beiden oft genannten Schriften mitgetheilt habe. Dieselbe Beobachtung ist auch darauf von Dr. Barry und R. Wagner gemacht worden. Ich habe ferner die Eier der Kaninchen im Eileiter immer mit Spermatozoiden bedeckt gesehen, und ebenso sah ich dieselben viele Male auch auf den Eiern des Hundes, besonders im unteren Ende der Eileiter, wie ich dieses im nächsten Kapitel noch genauer angeben, und auch die Abbildungen geben werde. Viele meiner Zuhörer und andere Personen sind Zeugen solcher Beobachtungen gewesen. Wenn daher Hr. Pouchet neuerdings behauptet, dass der Saamen nie bis auf den Eierstock gelange, nur ein ganz kleines Stückchen in den Eileiter eindringe, ja öfter gar nicht, und z. B. bei dem Kaninchen, dessen Eileiter 160—210 Millim. lang sei, nie höher als 5—20 Millim., ja häufig gar nicht im Eileiter gefunden werde (Comptes rendus. 1844, April, Nro. 14, p. 591.), so kann ich nur behaupten, dass Hr. Pouchet bis jetzt noch nicht die gehörige Uebung in Untersuchungen dieser Art besitzt, die sich freilich nicht in Zeit von einigen Wochen erlangen lässt.

Alle theoretischen Einwendungen werden durch diese directen Beobachtungen hinlänglich widerlegt. Ich habe aber auch gezeigt, wie gar keine Hindernisse für das Vordringen der Spermatozoiden in und durch den Eileiter hindurch vorhanden sind, sondern ihre eigenen Bewegungen und die der Eileiter hierzu vollkommen hinreichend sind. Auch die aufgesuchten Schwierigkeiten für die Befruchtung eines Eichens, selbst noch in dem Eierstocke, sind nicht vorhanden. Ich habe meine Ueberzeugung ausgesprochen, dass der aufgelöste Theil des Saamens das Befruchtende ist, so wie es genugsam bekannt ist, dass zur Befruchtung die kleinste Menge Saamen schon hinreichend ist. Es steht daher nichts im Wege, dass der Saamen auch durch die Hüllen des Eierstockes und der Graaf'schen Bläschen bis auf das hier befindliche Eichen eindringen könne, besonders wenn man nicht vergisst, dass alle diese Hüllen in diesem Augenblicke, wo das Eichen auszutreten im Begriff ist, bis auf ein Minimum verdünnt sind.

Es ist daher gewiss, dass die Eier schon im Eierstocke befruchtet werden können, womit indessen die Möglichkeit ihrer Entwicklung im Eierstocke oder die Eierstockschwangerschaften noch durchaus nicht erwiesen sind, welche ich vielmehr selbst als auf unrichtigen und ungenauen Beobachtungen ruhend betrachte.

Ich bin auch jetzt weit entfernt, zu behaupten, dass die Befruchtung der Eier immer im Eierstock erfolge. Vielmehr glaube ich jetzt, wo ich weifs, dass die Eier selbst ohne Begattung und unabhängig von dem Einflusse des Saamens austreten können, dass dieses nur sehr selten geschehen mag, indem die Eier in der Regel eher austreten werden, als der Saamen Zeit hat, durch die Eileiter hindurch bis zum Eierstocke zu gelangen. Eier und Saamen werden sich daher in der That gewöhnlich im Eileiter begegnen, und hier die Befruchtung erfolgen.

Es fragt sich aber, ob dieses auch noch im Uterus geschehen kann, ob, wenn die Begattung auch erst dann erfolgt, wenn die Eier schon durch den ganzen Eileiter hindurchgegangen sind, sie dann doch noch im Uterus befruchtet werden können? Ich glaube dieses verneinen zu müssen; denn es ist gewiss, dass wenigstens bei Kaninchen und Hunden die ersten Erscheinungen der Entwicklung der Eier, welche doch deren Befruchtung voraussetzen, schon im Eileiter stattfinden. Es beginnt, wie wir sehen werden, schon im Eileiter die Theilung des Dotters, und wenn diese auch, wie frühere Beobachtungen an Fröschen, und meine eigenen bei Schweinen, zeigen, ohne Befruchtung beginnen kann, so setzt sie sich doch nie so weit und so regelmäfsig fort, wie dieses nach erfolgter Befruchtung und immer im Eileiter der Fall ist. Ich habe bei allen Thieren, Kaninchen, Hunden und Schweinen auf das Entschiedenste gefunden, dass die Begattungslust immer gänzlich erloschen ist, wenn die Eier in dem Uterus anlangen. Man kann sicher darauf rechnen, dass, wenn eine Hündin aufhört, sich belegen zu lassen, die Eier jetzt im untersten Ende des Eileiters oder oben im Uterus sind. Bei zwei Schweinen, bei welchen ich die Eier in der Spitze des Uterus ohne vorausgegangene Begattung fand, waren alle Erscheinungen der Brunst selbst ganz vorübergegangen. (Vgl. Ann. des sc. nat. T. II. p. 134. 1844.)

Aus Allem diesem ziehe ich folgendes Resultat: Die Befruchtung hängt vor Allem von der Reife der Eier ab; wo aber diese reifen Eier befruchtet werden, von der Zeit der Begattung. Es kann diese erfolgen, wenn sich die Eier noch in dem Eierstocke befinden, geschieht aber wahrscheinlich gewöhnlich erst, nachdem sie bereits in den Eileiter eingetreten sind. In dem Uterus sind dagegen die Eier schwerlich mehr befruchtungsfähig.

Endlich wiederhole ich hier auch für den Hund meine frühere Angabe, dass alle Eier, welche dieses Mal befruchtet werden sollen, zugleich oder doch in sehr kurzen Zwischenzeiten den Eierstock verlassen. Ich habe immer alle Eier dicht bei einander im Eileiter gefunden. Sind dieselben daher schon weiter in demselben vorgerückt oder gar im Uterus, und man findet alsdann doch noch ein oder mehrere angeschwollene Graaf'sche Bläschen am Eierstocke, so sind diese dennoch nicht für die diesmalige Befruchtung bestimmt, sondern würden sich wieder zurückgebildet haben. Man hat auch dieses Verhältniss früher verkannt, und fehlerhafte Schlüsse aus demselben gezogen.

Aus dem Mitgetheilten folgt zuletzt mit vollkommener Sicherheit, dass auch bei dem Hunde, wie bei dem Kaninchen, die Befruchtung nicht mit dem Augenblicke der Begattung zusammenfällt, sondern zwischen beiden eine längere oder kürzere Zeit verstreicht, die bei Thieren verschiedener Art, und auch wohl einigermafsen bei verschiedenen Individuen, verschieden ist. Auch von dieser Seite verschwindet das Mystische der Befruchtung, welches in dem subjectiven Gefühle bei der Begattung einen Anhalt fand. Durch die Begattung werden die beiderlei Zeugungsmaterien nur in die Verhältnisse gebracht, in welchen eine Einwirkung beider auf einander möglich wird. Beide gehen diesem Ziele unabhängig von einander entgegen, und erreichen dasselbe unter den gewöhnlichen Bedingungen innerhalb einer bestimmten Zeit, welche der Saamen zu seinem Vordringen in den Eileiter und der Begegnung mit dem Ei bedarf. Diese Bedingungen sind höchst wahrscheinlich mehr physikalischer als vitaler Natur, und beide Zeugungsmaterien verfolgen auch dann noch unabhängig von einander jede ihren Weg, wenn sie einander nicht erreichen können, gerade so wie wenn hierzu die Möglichkeit gegeben ist. Die Mystik der Zeugung zieht sich in weit entlegenere Gebiete zurück, als von den mehr zufälligen Gefühlen bei der Begattung beherrscht werden. Davon hätte schon eine vergleichende Berücksichtigung der Zeugung und der Befruchtungserscheinungen, sowie die Erfolge künstlicher Befruchtung bei Insecten, Fischen, Fröschen und selbst Säugethieren abhalten können. Ich halte letztere überall für möglich, wenn es dabei nur sonst gelingt, die Integrität beider Zeugungsmaterien für sich zu erhalten.

Drittes Kapitel

Von den Veränderungen des Hunde-Eies im Eileiter.

Das Ei des Hundes ist bisher meiner Ueberzeugung nach nur von einem einzigen Beobachter in dem Eileiter gesehen worden, so wie dieses Stadium der Entwicklung der Säugethiereier bis zu meinen und Dr. Barry's neuesten Untersuchungen so gut wie unbekannt war; in welcher Beziehung ich auf meine Entwicklungsgeschichte der Säugethiere und des Menschen verweise. —

Die Herren Prevost und Dumas sagen in ihrem öfters erwähnten Mémoire p. 123, es sei ihnen geglückt, einmal bei einer Hündin, acht Tage nach der Begattung, die Eier in den Hörnern des Uterus und zugleich eins nur einige Linien von dem Pavillon in den Trompeten zu finden. Bei aller Achtung, welche ich vor der Arbeit dieser ausgezeichneten Beobachter besitze, kann ich dennoch nicht umhin, diese Beobachtung in Zweifel zu ziehen, und eine Täuschung in Betreff des in dem Eileiter befindlichen Eies zu vermuthen. Sie beschreiben die in dem Uterus befindlichen Eier als 1½ - 2 Millim. im Durchmesser haltende kleine durchsichtige Bläschen, so wie sie auch in der That zu einer gewissen Zeit im Uterus erscheinen; das noch im Eileiter befindliche Bläschen wird nicht besonders beschrieben, scheint also diesen gleich gewesen zu sein. Allein die wirklichen noch im Eileiter und gar im Anfange desselben befindlichen Eier sind von diesen im Uterus sehr bedeutend verschieden, und gleichen dagegen den Eierstockeiern so vollkommen, dass ein solcher Unterschied so genauen Beobachtern nicht nur viel zu sehr aufgefallen sein, sondern sie höchst wahrscheinlich auch bestimmter auf die Entdeckung der Eierstockeier geführt haben würde. Sodann würde ein gleichzeitiges Vorkommen von Eiern im Uterus und im Anfange der Eileiter in so verschiedener Beschaffenheit einen so verschiedenen Entwicklungsgang der einzelnen Eier bezeichnen, wie ich ihn nie unter beinah hundert Beobachtungen gefunden habe; einen Unterschied, der wenigstens acht Tage beträgt. — Wenn ferner die genannten Beobachter p. 126 sagen: »Les ovules, que l'on rencontre dans les trompes, douze jours apres la copulation etc.« so steht hier offenbar »trompes«

statt „cornes“, wie aus der ganzen Sache hervorgeht; und ich muss somit behaupten, dass die Herren Prevost und Dumas keine Eier im Eileiter gesehen haben.

Dagegen hat dieselben Hr. v. Baer, und gerade bei dem Hunde, unzweifelhaft in zwei Beobachtungen im Eileiter aufgefunden, und ihre Beschaffenheit ganz genau angegeben, vorzüglich in seiner Epistola p. 11, wo seine Worte lauten: »Canem emi in quo corpora lutea · valde hiantia, nullum ovum in utero, in tubis vero corpuscula albo-flavescentia inveni punctiformia. Illa nunc fusius describam. Medium tenet globulus sub microscopio penitus opacus, superficie non laevi et aequali sed granulosa; totus enim globulus e granulis constat dense stipatis, membrana cingente vix conspicua. Globulum circumdat, interjacente spatio pellucido arcto, peripheria quaedam, stratu tenui granulorum minimorum obtecta..... Mira est ovorum nostrorum parvitas. Quae sub microscopio metitus sum, $1/_{15}$ Lineae partem tantum diametro explebant. etc.« — Die hierzu Fig. III* bei 30maliger Vergröfserung gegebene Abbildung eines solchen Eichens lässt kaum daran zweifeln, dass der Dotter in mehrere Theile zerlegt war. Er giebt ferner in seiner Entwicklungsgeschichte II. p. 183 an, dass der Discus proligerus des Eichens sich während dessen Durchgangs durch den Eileiter auflockere und verschwinde, und das Ei sich dabei etwas vergröfsere. —

Ich habe bei 19 Hündinnen über 100 Eier in den Eileitern auf jedem Stadium ihres Aufenthaltes daselbst untersucht. Die Eier des Hundes sind daselbst verhältnissmäfsig leicht aufzufinden, wie auch schon v. Baer bemerkt hat. Da sie nämlich einen sehr dichten Dotter besitzen, und überdem bis an das Ende des Eileiters immer noch wenigstens von Ueberresten des Discus proligerus umgeben sind, so erscheinen sie als kleine auch dem unbewaffneten Auge erkennbare weifse Pünktchen, die man, wenn man sie einmal kennt, leicht zwischen den Falten der Schleimhaut des Eileiters auffinden kann. Indessen ist immer grofse Sorgfalt und Aufmerksamkeit erforderlich. Ich präparire den Eileiter vorsichtig mit Scheere und Messer aus seinem Bauchfellüberzuge heraus, so dass alle Windungen ausgeglichen sind. Dann befestige ich ihn mit Nadeln auf einer rothen oder schwarzen Wachstafel; schneide ihn hierauf mit einer feinen Scheere vorsichtig auf, und durchsuche nun bei günstiger Beleuchtung alle Falten des Eileiters, wobei es mir bis jetzt noch immer geglückt ist, alle zu erwartenden Eier aufzufinden. Ich hole sodann die Eier vorsichtig mit einer Staarnadel aus dem Eileiter heraus und bringe sie zu einer schnellen ersten Betrachtung nur mit etwas Schleim des Eileiters auf ein Glasplättchen und unter das Mikroskop Dann ist aber ein Zusatz erforderlich, zu welchem ich Serum, Humor aqueus, Eiweifs mit Wasser und etwas Kochsalz versetzt, am besten fand. Wasser verändert das Ansehen und die Beschaffenheit der Eier schnell und sehr, so dass man schon deswegen nicht unter Wasser arbeiten darf, was aber auch aufserdem nicht zweckmäfsig sein würde.

Ich will nun in dem Folgenden zuerst diejenigen Beobachtungen und dasjenige von ihnen vorzugsweise mittheilen, durch welches besonders zu beachtende Punkte und Verhältnisse erläutert werden.

I. Am 3ten Januar 1840 untersuchte ich eine Hündin, welche seit 24 Stunden zum ersten Male belegt war. Es fanden sich auf der einen Seite zwei, auf der andern drei Graaf'sche Bläschen geöffnet. Vier der ausgetretenen Eier waren bereits in den Eileiter eingetreten und in demselben schon über 1 Zoll weit fortgerückt, das fünfte fand ich durch einen glücklichen Zufall a u f dem Eierstocke zwischen den Fimbrien des Eileiters. In der in der Tasche des Peritoneums um den Eierstock befindlichen Flüssigkeit konnte ich nur einen einzigen sich nicht mehr bewegenden Spermatozoiden auffinden, welchen ich Hrn. Tiedemann zeigte. An den Follikeln, aus welchen die Eier ausgetreten waren, war die kleine Oeffnung ganz deutlich zu erkennen; auch enthielten dieselben noch eine klare fadenziehende Flüssigkeit, obgleich die den gelben Körper bildenden Granulationen in dem Hintergrunde schon stark entwickelt waren. Das noch auf dem Eierstocke befindliche Ei hatte durchaus das Ansehen eines ganz reifen, noch in dem Eierstocke eingeschlossenen Eies (wie Fig. 4.) und namentlich waren die Zellen des Discus auch an ihm in kleine Cylinderchen ausgezogen, die mit ihren Spitzen auf der Zona aufsafsen. Auch die vier in den Eileitern befindlichen Eier glichen noch vollkommen den Eierstockeiern, waren namentlich noch von dem Discus umgeben, nur war merkwürdiger Weise jene Veränderung der Zellen in Cylinderchen bei allen vieren wieder verloren gegangen, und die Zellen hatten wieder ihr rundes Ansehen, nur dass sie unregelmäfsiger begrenzt zu sein schienen (Fig. 7.). Der Dotter war in allen Eiern sehr dicht und dunkel, nicht bei allen ganz rund, sondern zeigte meistens eine Stelle, an welcher die Dottermasse ein wenig von der inneren Fläche der Zona zurückgewichen war. Bei vier dieser Eier suchte ich vergeblich nach einem etwa noch vorhandenen Keimbläschen; allein aus dem fünften trat ein solches, als ich es unter der Loupe mit einer feinen Nadel spaltete, ganz deutlich mit seinem Keimflecke heraus (Fig. 9.).

II. Bei der Hündin, bei welcher ich am 11ten Juni 1843 die Eier unmittelbar nach der ersten Begattung auf der linken Seite schon 2″ in dem Eileiter, und 20 Stunden nachher auf der andern Seite noch weiter fortgerückt, aber noch nicht mit dem Saamen in Berührung fand, verhielten sich die Eier genau so, wie in dem eben beschriebenen Falle. Sie glichen durchaus den Eierstockeiern, auch brachte ich aus einem das Keimblächen ganz frei heraus, doch konnte ich an letzterem, trotz aller angewandten Mühe und Sorgfalt, keinen Keimfleck entdecken. Bei den anderen Eiern verhinderte ein unglücklicher Zufall, dass ich sie so sorgfältig untersuchen konnte, um über das Keimbläschen Sicherheit zu erhalten. Uebrigens enthielt der linke Eileiter fünf Eier und auch der rechte fünf; von letzteren aber waren zwei ganz deutlich abortiv. Die Zona markirte sich an diesen nicht scharf und der Dotter wurde nur von einer unregelmäfsigen Masse weniger Dotterkörnchen gebildet.

III. Ganz ähnlich wie in diesem Falle verhielten sich auch die Eier bei einer Hündin, welche seit 20 Stunden belegt war, die sich aber schon fast in der Mitte der Eileiter befanden, am 2ten Juni 1840. Von fünf, welche sich auch hier vorfanden, konnte ich ebenfalls nur bei einem unter dem Compressorium ein noch in ihm enthaltenes Keimbläschen entdecken.

IV. Am 4ten März 1842 schnitt ich einer lebenden Hündin, welche seit 20 Stunden belegt sein sollte, den linken Eierstock und Eileiter aus. Die Wunde machte ich in der Seite immer durch die Sehnen der Bauchmuskeln durchschneidend, und schloss dieselbe nachher durch die Naht. Der Eierstock zeigte fünf noch nicht stark hervorragende Corpora lutea, an deren Spitze eine kleine Oeffnung, welche wasserhell aussah, zu bemerken war. Alle fünf Eier fanden sich 2″, 5‴ von dem Infundibulum dicht bei einander in dem Eileiter. Alle glichen durchaus den reifen Eierstockeiern und hatten einen Discus proligerus von runden Zellen um sich, in welchem sie 0,0078 — 0,0086 P. Z maſsen (Fig. 7.). Der Dotter füllte bei allen die Zona völlig aus, und hatte ziemlich übereinstimmend einen Durchmesser von 0,0047 P. Z. Durch äuſserst vorsichtiges Oeffnen dieser Eier mittelst einer feinen Nadel und Anwendung eines gelinden Druckes gelang es mir, aus dreien dieser Eier das Keimbläschen mit seinem Flecke darzustellen (Fig. 9.). Jenes maſs 0,0014 P. Z., dieser 0,0007, war etwas oval, blass gelblich schimmernd, granulirt. Eine Einschnürung an diesem Kerne, oder ein zweites Bläschen in dem Keimbläschen oder Dotter konnte ich nicht bemerken.

Sechs Stunden später lieſs ich die Hündin tödten und uutersuchte nun auch den Eierstock und Eileiter der rechten Seite. Hier fanden sich auch noch zwei Eier 1″, 10‴ vom Infundibulum, aber denen vom Morgen ganz gleich. Sie waren nur etwas weniges gröſser und maſsen im Discus 0,0082 und 0,0093 P. Z., in dem Dotter 0,0050 und 0,0049 P. Z. Auch aus diesen gelang es mir, ein dem Keimbläschen durchaus ähnliches Bläschen mit einem Kerne herauszubringen. Bei einem dieser Eier (Fig. 8.) war der Dotter auf eine auffallende Weise von der inneren Fläche der Zona zurückgewichen; doch konnte ich in diesem Zwischenraume nichts weiter bemerken.

V. Ganz ähnlich wie diese Eier fand ich die einer Hündin, welche ich am 3ten März 1838, genau 36 Stunden nach der ersten Begattung tödtete. Es waren ihrer fünf, welche in dem Durchmesser des Discus 0,0095 — 0,0100 P. Z., in dem des Dotters 0,0049 — 0,0059 P. Z. maſsen, doch waren bei dieser Hündin auch die reiferen Eierstockeier gröſser als gewöhnlich. Ein Keimbläschen gelang mir damals nicht in diesen Eiern zu finden, doch bemerkte ich schon damals, dass die Dotterkörnchen dieser Eier inniger an einander halten als bei Eierstockeiern. Wenn man letztere in einem Tropfen Wasser mit einer Nadel öffnet, so flieſsen die Dotterkörner meist sogleich aus und zerstreuen sich in dem Wasser. Bei Eiern dieses Stadiums aus dem Eileiter erfolgt dieses meistens nicht, sondern die Dotterkörnchen haften in Segmenten an einander und lösen sich erst allmälig bei Einwirkung des Wassers von einander, zum Beweise, dass also wohl bereits Mischungsveränderungen in dem Dotter stattfinden.

VI. Auch bei einer Hündin, die ich im April 1838 untersuchte und von der ich weiter nichts wusste, als dass sie sich noch Tages zuvor hatte belegen lassen und dann erschlagen worden war, fand ich die sechs Eier noch in der oberen Hälfte des Eileiters und in ganz ähnlicher Beschaffenheit. Auch an den Corporibus luteis war noch eine kleine Oeffnung deutlich zu bemerken. Ein Keimbläschen fand ich nicht. —

VII. Ebenso ging es mir bei einer kleinen Hündin, welche sich am 6ten März 1843 mit dem Stricke, an welchem sie festgebunden war, strangulirt hatte. Ich wusste von ihr auch nur, dass sie sich Tages zuvor noch hatte belegen lassen. Nur der linke Eierstock zeigte drei gelbe Körper und die drei Eier waren etwas über die Mitte des Eileiters herausgerückt. Auch sie hatten noch immer den Discus, in welchem zwei 0,0089 und 0,0090 P. Z., das dritte, bei welchem er schon abzunehmen angefangen, 0,0078 P. Z. maßen. Der Durchmesser des Dotters betrug 0,0050, 0,0053 und 0,0054 P. Z. Bei keinem dieser Eier bildete derselbe eine vollkommen runde Masse, sondern war überall unregelmäßig von der Innenfläche der Zona zurückgewichen, so dass er dieselbe nicht ganz ausfüllte (Fig. 10.). Bei zweien derselben glaubte ich in einem der Ausschnitte der Dotterkugel ein oder zwei blasse Körnchen oder Bläschen zu sehen, allein die Zellen des Discus hinderten eine genaue und scharfe Beobachtung. Nach vorsichtiger Eröffnung der Eier mit einer feinen Nadel und Anbringung eines sanften Druckes konnte ich weder ein solches, noch auch ein dem Keimbläschen ähnliches Bläschen in der ausfließenden Dottermasse erkennen.

VIII. Auf einem ähnlichen Stadium befanden sich auch die Eier einer Hündin in der Mitte des Eileiters, welche ich am 18ten Mai 1838 untersuchte. Auch hier waren die Eier noch den Eierstockeiern sehr ähnlich, außer dass der Dotter das Innere der Zona nicht mehr ganz anfüllte und ich kein Keimbläschen mehr finden konnte. Nur machte ich hier eine sehr auffallende Beobachtung rücksichtlich der Zeitverhältnisse. Ich kaufte diese noch junge und zum ersten Male brünstige Hündin von Leuten in meiner Nachbarschaft, wo ich bemerkt hatte, dass sie sich belegen lassen. Als ich sie erhielt, ließ sie den Hund nicht mehr zu, obgleich dieser ihr noch heftig zusetzte, gerade so wie dieses meist nach acht Tagen nach der ersten Begattung der Fall ist. Ich wollte Eier von drei Wochen haben und ließ also nun die Hündin vom 3 — 18ten Mai einsperren. Mein Erstaunen war sehr groß, als ich nach dieser langen Zeit die Corpora lutea noch wenig entwickelt, an ihrer Spitze noch eine kleine Oeffnung und die Eier erst in der Mitte der Eileiter fand. Ein Irrthum in der Beobachtung war hier nach allen obwaltenden Verhältnissen nicht denkbar. —

IX. Auch noch im Anfange des unteren Drittheiles des Eileiters fand ich bei einer Hündin, am 31. December 1837, die sich nicht mehr belegen ließ, obgleich ihr die Hunde noch nachstellten, die Eier den Eierstockeiern noch sehr ähnlich, nur etwas größer. Sie maßen, 0,0102 — 0,0109 P. Z. im Durchmesser des Discus, der Dotter 0,0052 — 0,0063 P. Z., doch maßen auch die Eierstockeier hier im Discus gegen 0,0100 P. Z. Aus einem der fünf Eier sah ich hier wieder ein dem Keimbläschen sehr ähnliches 0,0014 P. Z. messendes Bläschen austreten.

X. Bei einer Hündin, die schon seit acht Tagen brünstig war (der ersten, bei welcher ich am 10ten December 1837 fünf Eier im Eileiter auffand), fanden sich die Eier im unteren Drittheil der Eileiter, in der bis jetzt beschriebenen Beschaffenheit. Ich habe nur bemerkt, dass, als ich eins derselben unter dem Mikroskope mit einer feinen Nadel öffnete, ein wasserhelles Bläschen, aber nur halb so grofs als das Keimbläschen 0,0007 P. Z. im Durchmesser, mit einem Fleck oder Kerne, ausgetreten sei. Der Dotter zeigte sonst noch keine Veränderungen, als dass er an einer Stelle von der Zona zurückgewichen war.

X. Letzteres war auch das einzige Auffallendere, was ich bei fünf Eiern einer Hündin am 15ten Februar 1838 beobachtete, welche sich schon seit acht Tagen hatte belegen lassen und deren Eier auch im unteren Dritttheil des Eileiters waren. Bei diesen bemühte ich mich wieder vergebens, ein dem Keimbläschen gleiches oder ähnliches Bläschen im Dotter aufzufinden.

XII. u. XIII. Genau ebenso verhielt es sich endlich auch noch mit drei Eiern einer Hündin, die ich am 1sten April 1839 untersuchte, und mit den acht Eiern einer andern Hündin, am 12. Mai 1839, die während der Zeit der Brunst erschossen worden war. Sie befanden sich in dem unteren Dritttheil des Eileiters; immer waren sie noch von den kaum verminderten, sondern nur mehr unter einander verschmolzenen Zellen des Discus proligerus umgeben, und das einzige Auffallende an ihnen, dass der Dotter die Zona nicht mehr ganz ausfüllte und ich kein Keimbläschen mehr in ihnen entdecken konnte.

XIV. Am 4ten October 1841 untersuchte ich eine Hündin, von der ich nicht wusste, wenn sie zuerst belegt worden, die sich indessen Tages zuvor noch hatte belegen lassen. An dem rechten Eierstocke zeigten sich drei, an dem linken zwei ansehnlich grofse Corpora lutea, ohne eine Spur einer Oeffnung an ihnen, und aufserdem fand sich am linken Eierstocke noch ein sehr angeschwollenes, aber nicht geöffnetes Graaf'sches Bläschen. Alle fünf Eier fand ich auf beiden Seiten im Ende des Eileiters, ½ P. Z. von dessen Ostium uterinum. Alle zeigten noch ziemlich ansehnliche Reste des Discus proligerus um die Zona herum, doch waren dessen Zellen noch weit mehr als in den vorigen Beobachtungen mit einander verschmolzen, wie zusammengeflossen und offenbar abnehmend. Alle waren an ihrer Oberfläche reichlich mit sich noch lebhaft bewegenden Spermatozoiden bedeckt, deren Bewegungen ich es auch zuschreiben musste, dass sich die ganzen Eier auf dem Object-träger schwankend rechts und links bewegten, wobei sie sich indessen doch nach und nach fast um einen Quadranten herumdrehten. Es war kein anderes bewegendes Element in der Nähe, keine schwingenden Cilien des Epitheliums des Eileiters, und mit der Bewegung der Spermatozoiden hörten auch die Bewegungen der Eier auf. Von den rotirenden Bewegungen, welche ich an den Dottern von Kanincheneiern im Eileiter gesehen habe, waren diese Bewegungen der ganzen Eier sehr verschieden. Dasjenige Ei auf der rechten Seite, welches am höchsten im Eileiter gegen den Eierstock zu zurück war, war denen in den letzten Beobachtungen noch sehr ähnlich. Der Dotter bildete noch eine Masse, welche aber überall von der inneren Fläche der Zona zurückgewichen war und fast regelmäfsig achteckig aussah (Fig. 10.). Bei den übrigen vier Eiern war dagegen der Dotter auf das Regelmäfsigste und Schönste in zwei Hälften zerlegt, die etwas gegen einander abgeplattet waren (Fig. 11.). Es gelang mir damals nicht, weder in dem ersten, noch in diesen letz-ten Eiern, in dem Dotter und dessen Hälften ein im Inneren derselben befindliches Bläschen oder Zelle zu entdecken, obgleich, wie aus dem Folgenden hervorgehen wird, unzweifelhaft solche in den einzelnen Dotterhälften vorhanden gewesen sein werden. Auch bemerkte ich nicht, dass neben den beiden Dotterhälften im Inneren der Zona noch etwas enthalten gewesen wäre.

XV. Sonntag, am 6ten März 1842, schnitt ich einer lebenden Hündin, die seit vier Tagen in meinem Besitze war und sich alle Tage hatte belegen lassen, den linken Eierstock, Eileiter und Uterus aus, warauf ich die Wunde wieder durch die Naht schloss. Der Eierstock zeigte fünf Corpora lutea und ich fand die fünf Eier, eins $7\frac{1}{2}'''$, die vier anderen dicht bei einander, $4'''$ von dem Ostium uterinum des Endes des Eileiters. Alle hatten nur noch schwache Spuren der Zellen des Discus proligerus um die Zona herum, und waren dagegen mit Spermatozoiden bedeckt, die sich nicht mehr bewegten. Eins der Eier, welches in der Zona einen Durchmesser von 0,0062 P. Z. hatte, zeigte noch einen aus einer Masse bestehenden, aber weit blasseren Dotter als gewöhnlich, so dass ich glaube, dieses war ein abortirendes Ei. Die vier übrigen mafsen im Durchmesser der Zona ziemlich übereinstimmend 0,0068 P. Z., die Zona selbst war 0,0009 P. Z. dick, von diesen war bei einem der Dotter in zwei Hälften zerlegt, bei den drei übrigen (Fig. 13.) in vier Theile. Die letzteren boten sich gewöhnlich dem Auge in einer solchen Lage dar, dass man nur drei Kugeln sah (Fig. 12.); beim Rollen dagegen und bei der Beleuchtung von oben (Fig. 13.*) erkannte man die vier Kugeln ganz deutlich. Bei allen vier Eiern fanden sich im Inneren der Zona neben den Dotterkugeln ein oder zwei gelblich schimmernde, meist schwach granulirte, gegen 0,0009 P. Z. messende Körnchen oder Bläschen. Wenn ich sodann eins dieser Eier sorgfältig mit einer feinen Nadel öffnete, und nun durch einen passenden Druck die Dotterkugeln aus der Zona austreten machte, so zeigte sich in der Mitte einer jeden derselben ein helles, das Licht sehr stark brechendes, ringsum von den Dotterkörnchen umgebenes Bläschen, gegen 0,00055 P. Z. grofs, welches mir indessen nicht zu isoliren gelang, und an dem ich durchaus nichts Weiteres, etwa noch einen Kern, entdecken konnte.

Am andern Morgen, 24 Stunden später, liefs ich die Hündin tödten, und untersuchte nun noch den rechten Eierstock und Eileiter. Es fanden sich hier auch noch drei Corpora lutea und die drei Eier noch im Ende des Eileiters $3'''$ vom Ostium uterinum. Sie hatten kaum noch irgend eine bemerkbare Spur des Discus um sich, sondern die Zona war nur äufserlich granulirt, uneben und mit Spermatozoiden bedeckt. Der Durchmesser der Zona betrug ziemlich übereinstimmend 0,0072 P. Z., die Dicke der Zona 0,0009 P. Z. In jedem Eie war der Dotter in mehr als acht Kugeln zerlegt; es schienen mir gegen zwölf zu sein, doch konnte ich sie, da sie sich mehrfach deckten, nicht mit Sicherheit zählen. Die meisten derselben hatten einen Durchmesses von 0,0022 P. Z., sie waren aber nicht alle gleich grofs, auch nicht alle rund, sondern mannichfach gegen einander gedrängt. In einem der Eier (Fig. 14. u. 14.*) bemerkte ich im Inneren der Zona neben den gröfseren Dotterkugeln zwei kleinere gelblich schimmernde Kügelchen, die etwa 0,0003 P. Z. im Durchmesser besafsen, und in dem zweiten Eie ein ähnliches aber gröfseres 0,0007 P. Z., und mehr körniges Kügelchen. Auch hier öffnete ich die Eier zuerst wieder mit einer feinen Nadel und brachte sie dann unter das Compressorium. Bei Anwendung eines vorsichtigen Druckes gelang es nun, die Kugeln aus der Zona austreten zu machen und mich dann auf das Bestimmteste zu überzeugen, dass in jeder ein wasserhelles, das Licht sehr stark brechendes 0,0004 P. Z. grofses Bläschen eingeschlossen war. Bei dem Eie, welches aufser den Dotterkugeln noch ein 0,0007 P. Z. grofses, gelbliches Körnchen enthalten hatte, glaubte ich nun, als dieses austrat, mit Sicherheit erkennen zu können, dass dieses auch ein solches helles Bläschen einschloss, welches von Dotterkörnchen umgeben war. An diesen inneren Bläschen, obgleich es mir hier gelang, einige von den ihnen anhaftenden Dotterkörnchen ganz zu isoliren, erkannte ich abermals keinen weiteren Fleck oder Kern.

XVI. Am 10ten Mai 1843, Morgens 11 Uhr, schnitt ich einer kleinen lebenden Hündin den Eierstock aus, welche sich noch zwei und drei Tage vorher, nicht aber den letzten Tag vorher mehr hatte belegen lassen. Der Eierstock zeigte nur ein Corpus luteum, und so fand ich denn auch nur ein Ei, 3''' vom Uterinende im Eileiter. Auf der Zona zeigten sich noch einige Spuren des Discus proligerus und zahlreiche sich nicht mehr bewegende Spermatozoiden. Der Dotter des Eies war in vier Kugeln zerlegt, die so gelagert waren, dass man meist nur drei zugleich zu sehen bekam. Neben diesen Kugeln befand sich im Inneren der Zona noch ein kleines ganz helles Bläschen ohne einen Kern. Auch hier öffnete ich die Zona vorher mit einer Nadel und suchte nun unter dem Compressorium die Dotterkugeln aus derselben herauszudrücken; allein es gelang nicht, und so konnte ich es denn auch nur undeutlich dahin bringen, dass ich bei zunehmendem Drucke im Inneren der Kugeln wieder einen hellen Fleck zum Vorscheine kommen sah.

Dreiundzwanzig Stunden darauf liefs ich die Hündin tödten. Der rechte Eierstock zeigte zwei Corpora lutea, und die zwei Eier befanden sich noch im Ende des Eileiters 2''' von dem Ostium uterinum. Von dem Discus proligerus war fast nichts mehr zu bemerken, aber die ganze Zona mit Spermatozoiden besetzt. Der Dotter war in dem einen Eie in neun, in dem andern in zehn Kugeln zerlegt. Neben ihnen zeigte sich nichts weiter im Inneren der Zona. Auch hier ging es mir indessen, wie den Tag zuvor. Es wollte nach Oeffnung der Zona mit einer Nadel nicht gelingen, die Dotterkugeln so austreten zu machen und zu comprimiren, dass das in ihnen eingeschlossene Bläschen deutlich isolirt zum Vorscheine kam, obgleich ihre Gegenwart sich hinreichend bestimmt durch einen hellen Fleck zu erkennen gab.

XVII. Am 23sten December 1842, Morgens 10 Uhr, schnitt ich einer lebenden Hündin den linken Eierstock und Eileiter aus, von welcher ich nur wusste, dass sie sich schon zwei Tage vorher nicht mehr belegen liefs, obgleich die Vulva noch angeschwollen war und blutigen Schleim absonderte. Der Eierstock zeigte zwei Corpora lutea und beide Eier befanden sich im Ende des Eileiters 2''' vom Ostium uterinum. Sie hatten keinen Discus mehr, sondern auf der Zona zeigten sich nur einige Spermatozoiden. Der Dotter war in fünf bis sieben Kugeln zerlegt, welche einen Durchmesser von 0,0025 P. Z besafsen, sich aber so deckten, dass sie bei Beleuchtung von unten nicht deutlich zu unterscheiden warer, zur Beleuchtung von oben war der Tag aber zu dunkel.

Vierundzwanzig Stunden später liefs ich die Hündin tödten. Auch der rechte Eierstock zeigte zwei Corpora lutea, allein die Eier waren noch immer im Eileiter und kaum weiter fortgerückt. Auch glichen die Eier ganz denen von gestern, nur war die Theilung des Dotters weiter entwickelt und es schienen zwischen 16 — 32 Kugeln vorhanden zu sein. Ich konnte sie nicht genauer zählen, weil durch Zufall das Mikroskop den Objectträger berührte und die Eier beide sprengte. Allein dabei kamen die Kugeln sehr vortheilhaft zum Vorscheine (Fig. 17.). Einige, die ich mafs, hatten einen Durchmesser von 0,0018 P. Z. und in jeder erschien deutlich das innere wasserhelle, zarte Bläschen, an welchem ich aber wiederum, trotz aller Aufmerksamkeit, keinen weiteren Kern oder etwas dergleichen entdecken konnte.

XVIII. Freitag, am 6ten August 1841, untersuchte ich eine Hündin, welche nach den Angaben des Verkäufers am 28sten Juli zum ersten und Mittwoch, am 4ten August, vor meinen Augen zum letzten Male belegt worden, also seit neun Tagen befruchtet war. Die Eier waren noch in den Enden der Eileiter, 2''' vom Ostium uterinum, vier auf der rechten Seite dicht bei einander, eins auf der linken. Sie zeigten kaum noch Ueberreste des zerflossenen Discus proligerus um die Zona herum, auf derselben aber wieder zahlzeiche Spermatozoiden. Der Durchmesser der fünf Eier schwankte zwischen 0,0067 und 0,0080 P. Z. Die Dicke der Zona betrug 0,0009 P. Z. Der Dotter schien in allen fünf Eiern in acht Kugeln zerlegt zu sein, die sich indessen auf verschiedene Weise deckten und daher nicht in jeder Lage alle zu sehen waren. Auch war der Durchmesser aller nicht ganz gleich und variirte zwischen 0,0017 und 0,0024 P. Z. Ein im Inneren der Kugeln enthaltenes Bläschen brachte ich nicht zur Ansicht, weil ich damals noch nicht darauf gekommen war, das Ei erst mit der Nadel zu öffnen und dann zu pressen. Bei dem einfachen Pressen aber drücken sich die einzelnen Kugeln gewöhnlich so gegen einander und zusammen, dass man jenes Bläschen in ihrem Inneren nicht zu sehen bekommt.

XIX. Dienstag, am 10ten Mai 1842, Morgens 10½ Uhr schnitt ich einer lebenden Hündin den linken Eierstock, Eileiter und Uterus aus, welche sich Sonnabend, am 30sten April, zum ersten und den 8ten Mai zum letzten Male hatte belegen lassen, und daher seit zehn Tagen trächtig war. Ich fand nur ein Ei und zwar noch im Ende des Eileiters 1½''' vom Ostium uterinum, und Fragmente eines zweiten, welches entweder beim Aufschneiden des Eileiters verletzt worden, oder abortiv war. Das unverletzte hatte keinen Discus mehr, doch war die äufsere Fläche der Zona uneben und mit Spuren von Spermatozoiden bedeckt. Es hatte einen Durchmesser von 0,0068 P. Z. und die Zona war 0,0010 P. Z. dick. Der Dotter war in Kugeln zerlegt, deren ich bei einer Ansicht neunzehn zählte. Sie deckten sich aber so, dass sie bei durchfallendem Lichte nur wie eine dunkle Masse mit bogig ausgezackten Rändern erschienen, und nur bei auffallendem Lichte die einzelnen Kugeln erkennbar waren (Fig. 15 u. Fig. 15*). Ich öffnete die Zona mit der Nadel und behandelte das Ei nun unter dem Compressorium. Die Kugeln traten sehr schön aus. Die meisten hatten einen Durchmesser von 0,0014 P. Z. In jeder Kugel bemerkte ich ferner wieder ein helles Bläschen ganz deutlich, erkannte aber keinen Kern oder etwas der Art an demselben.

Vierundzwanzig Stunden später liefs ich die Hündin tödten. Der rechte Eierstock zeigte drei Corpora lutea; die drei Eier waren in den Uterus eingetreten und 1½ bis 2 Zoll in demselben nach abwärts gerückt. Sie erschienen dem unbewaffneten Auge noch immer als kleine weifse Pünktchen, waren aber doch etwas gewachsen, denn sie hatten in der Zona einen Durchmesser von 0,0078—0,0083 P. Z. Auch die Zona war dicker angeschwollen und 0,0012 P. Z. dick, aber immer noch die einzige Hülle des Eies (Fig. 16.). Ich mafs zur Vergleichung ein, wie es schien, vollkommen entwickeltes Ei aus dem Eierstocke, wenn gleich aus einem nur sehr kleinen Follikel. Es hatte in dem Durchmesser der Zona 0,0067 P. Z. und diese selbst war 0,0005 P. Z. dick, so dass also namentlich letztere ansehnlich aufgequollen war. Auch war sie sehr elastisch, wich dem Drucke der Nadel immer aus und liefs sich unter dem Compressorium ansehnlich ausdehnen, ehe sie riss. Der Dotter war in eine noch gröfsere Zahl von Kugeln zerlegt als gestern, ich schätzte dieselbe auf wenigstens 32. Bei durchfallendem Lichte waren sie einzeln gar nicht zu erkennen, sondern der Dotter bildete eine dunkle, von kleinen Bogenlinien begrenzte Masse; bei auffallendem Lichte waren aber die einzelnen Kugeln bestimmt zu erkennen. Die ganze Kugelmasse füllte das Innere der Zona nicht vollständig aus, und zwischen ihr und der Zona schien sich eine das Licht stark brechende Flüssigkeitsschichte zu befinden, in welcher ich aber weiter nichts bemerkte. Nach Eröffnung der Zona mittelst der Nadel gelang es auch hier wieder, durch Druck die Kugeln isolirt aus derselben hervorzubringen. Sie waren kleiner als die gestrigen und mafsen 0,0010 P. Z. und in jeder kam das innere helle Bläschen 0,00035 P. Z. grofs bei zunehmendem Drucke zum Vorscheine. Auch an einem, welches mir ganz zu isoliren gelang, bemerkte ich keinen Kern.

Aus dieser ansehnlichen Zahl von Beobachtungen geht nun Folgendes über die Veränderungen, welche die Eier des Hundes im Eileiter erfahren, hervor.

. 1. In dem gröfsten Theile des Eileiters, nämlich bis zu dessen unteren Drittel, gleicht das Ei noch aufserordentlich dem Eierstockeie. Die Zona ist noch umgeben von den Zellen des Discus proligerus und diese vermindern sich nur nach und nach, indem sie sich auflösen und unter einander zu verschmelzen scheinen. Das Ansehen, welches sie bei dem ganz reifen Eierstockeie besafsen, nämlich ihre beginnende Entwicklung zur Faser, ist wieder verschwunden, sobald die Eier in den Eileiter eingetreten sind. Im Ende des Eileiters verschwinden diese Zellenüberreste des Discus ganz und das Ei tritt mit seiner Zona ganz nackt in den Uterus. Auch die Zona pellucida ist unverändert, sie nimmt nur um Weniges an Durchmesser und Dicke zu. Der Dotter bildet in den oberen zwei Dritttheilen des Eileiters nur eine compacte Masse, welche auch jetzt nicht von einer besonderen Hülle aufser der Zona umgeben ist Seine Elemente scheinen sich indessen noch inniger unter einander zu vereinigen; daher und vielleicht auch durch geringe Ausdehnung der Zona füllt der Dotter die Zona nicht mehr ganz aus, sondern weicht unregelmäfsig an verschiedenen Stellen von der Zona zurück, indem sich zwischen ihm und der Zona etwas Flüssigkeit ansammelt. In und an ihm selbst ist kein Zellenbau irgendwie zu bemerken.

2. Das Keimbläschen geht entschieden in manchen Fällen noch mit in den Eileiter über. Doch scheint dieses, schon nach dem im vorigen Kapitel Mitgetheilten, nicht immer der Fall zu sein, und endlich findet es sich über die Mitte des Eileiters hinaus nie mehr. Es löst sich also bei Säugethieren, wie bei allen anderen bis jetzt bekannten Thieren, jedesmal auf, ehe die ersten eigentlichen Entwicklungsvorgänge in dem Eie beginnen. In dieser Hinsicht muss ich für den Hund ebenso entschieden den Angaben des Dr. Barry widersprechen, wie ich dieses für das Kaninchen gethan habe. Was den Keimfleck betrifft, so haben mir meine Beobachtungen über denselben auch beim Hunde kein entschiedenes Resultat gegeben. Ich habe es in meiner Entwicklungsgeschichte des Kanincheneies nach Analogie einiger vorausgegangenen Beobachtungen bei Alytes durch Hrn. Dr. Vogt und bei Strongylus auricularis und Ascaris acuminata durch Bagge für wahrscheinlich erachtet, dass nach Auflösung des Keimbläschens der Keimfleck persistire, und vielleicht eine weitere Entwicklung zu einem Bläschen erfahre. Hr. Dr. Vogt hat mir neuerdings schriftlich mitgetheilt, dass er nach erneuerten Beobachtungen bei Alytes bei seiner früheren Aussage verbleibe, dass die mehrfachen Keimflecke des Keimbläschens dieses Thieres selbst Zellen seien, welche persistirten und später die Centralbläschen der Dotterkugeln der Rindenschichte des Dotters bilden. Hr. Dr. Kölliker in Zürich hat dagegen neuerdings (Müller's Archiv. 1843, I. u. II.) bei mehreren wirbellosen Thieren das Verschwinden des Keimfleckes noch vor dem Keimbläschen bestimmt beobachtet, und ist daher der Ansicht, dass er sich überall auflöse. Alle meine angewendete Mühe, über diesen Punkt bestimmt in's Reine zu kommen, war auch bei dem Hunde vergebens; doch habe ich oben zwei Beobachtungen mitgetheilt, in welchen es mir bei aller Aufmerksamkeit unmöglich war, in dem, wenn schon ganz isolirten Keimbläschen den Keimfleck noch zu bemerken. Hrn. Dr. Vogt's Angabe enthält einen aus der Aehnlichkeit zweier Gebilde gezogenen Schluss. Ich wage es daher jetzt nicht mehr, mich seiner und Bagge's Angabe anzuschliefsen, halte die Persistenz des Keimfleckes und seine Bedeutung für die weitere Entwicklung für problematisch, und kann nur wünschen, dass andere Beobachter durch Beobachtung zu gröfserer Sicherheit über diesen wichtigen Punkt gelangen mögen.

3. In dem unteren Endstücke des Eileiters beginnt auch in dem Hundeeie jener merkwürdige Theilungsprocess des Dotters, welcher nun schon bei so vielen Thieren, und wie ich glaube behaupten zu dürfen, von mir zuerst auch bei dem Dotter des Säugethiereies ist entdeckt worden. Ich glaube die Concurrenz des Hrn. Dr. Barry in diesem Punkte zurückweisen zu können, da ich nicht nur vor ihm im Jahre 1838 denselben bereits öffentlich bekannt machte, sondern Hr. Dr. Barry selbst das von ihm Gesehene und Abgebildete ganz verkannte, indem er die durch die Dottertheilung entstandenen Kugeln

für Tochterzellen der Keimzelle erklärt. In meiner Entwicklungsgeschichte des Kanincheneies habe ich mich S. 64 — 79 ausführlich über diesen Theilungsprocess des Dotters und
über Alles, was bis dahin über denselben bekannt gemacht worden war, ausgesprochen.
Ich kann mich daher jetzt in Beziehung auf den Hund auf Folgendes beschränken.

Auch bei dem Hunde scheint dieser Theilungsprocess in einer arithmetischen Progression mit dem Factor zwei fortzuschreiten, obgleich die Zerlegung der vorausgehenden Kugeln jede in zwei andere nicht zugleich in der ganzen Masse eintritt. In dem Hundeeie
sind am Ende des Eileiters zwischen 16 und 32 Kugeln.

Diese Kugeln sind keine Zellen, d. h. die sie bildenden Agglomerate von Dotterkörnchen sind von keiner noch so feinen Membran oder Hülle umgeben, sondern sie werden
nur durch das Zusammenkleben der Dotterkörnchen durch ein Bindemittel gebildet. Bei
dem Hunde, dessen Dotter weit entschiedener körnig gebildet ist, als der Dotter des Kanincheneies, ist schon die directe Beobachtung im Stande, hierüber größere Sicherheit zu
geben. Man kann die den Rand der Kugel bildenden Körnchen, von keiner Hülle umgeben, ganz entschieden vortreten sehen. Lässt man die Kugeln aus der Zona austreten und
bringt einen Druck auf sie an, so sieht man sie sich allmälig ausbreiten und zerquetscht
werden, nicht aber plötzlich mit einem Rucke zerspringen. Setzt man einen Tropfen Wasser oder andere Flüssigkeiten zu, so zertheilen sie sich in demselben allmälig, sie quillen
auf, die Kugeln verlieren ihre scharfen Contouren, und die Dotterkörner fliefsen auseinan-
der. Alle diese Operationen habe ich so oft wiederholt, dass ich meiner Sache ganz sicher
bin, wenn ich die Zellennatur dieser Bildungen bestreite. Auch ist mir Hr. Dr. Kölliker
neuerdings entschieden beigetreten, und an den Eiern von Fröschen und den lebendig ge-
bärenden Entozoen, kann Jeder mit Leichtigkeit die Sache prüfen. In Beziehung auf den
Hauptgrund, welcher von Dr. Bergmann und Reichert für die Zellennatur der Kugeln
des Froschdotters geltend gemacht wurde, dass nämlich bei Berührung der Kugel mit
Wasser die Zellenmembran durch Endosmose erhoben und so deutlich werde, will ich
folgende Beobachtung bekannt machen, die ich auch aufserdem für die Zellenlehre für in-
teressant halte.

Ich wollte im vorigen Frühjahre diese Dotterkugeln abermals studiren und hatte mir
deshalb Frösche, in der Copula begriffen, verschafft. Am 25sten März 1843, Morgens,
hatte einer derselben gelaicht, aber es zeigte sich bald, dass die Eier nicht befruchtet waren, das Männchen hatte seinen Saamen nicht ergossen und die Theilung blieb aus. Schon
ehe dieses entschieden war, fing ich an die Eier zu untersuchen, um Dr. Vogt's Keimfleckzellen
in der Rindenschichte des Dotters zu suchen. Hierbei machte ich folgende Beobachtung.

Wenn ich ein Ei mit einem Tropfen Wasser unter dem Compressorium so vorsichtig und allmälig zerdrückte, dass der Dotter mit einem scharfen Rande, ohne Zerstreuung
der Dotterelemente sich ganz langsam in dem Wasser ausbreitete und so mit demselben
in Berührung trat, so sah ich nach einiger Zeit, wie sich von diesem Rande äufserst zarte
Segmente von durchsichtigen Bläschen erhoben, welche nur durch ihre Contour und durch
die verschiedene Brechung des Lichtes erkennbar waren. Dieselben wuchsen allmälig, tra-

ten immer mehr über den dunklen Rand der Dottermasse heraus, und liefsen sich dann durch eine ganz gelinde Bewegung ganz als vollständige Bläschen isoliren. Anfangs waren diese wasserhell und durchsichtig, allein allmälig fingen sie an sich im Inneren zu trüben. Es bildete sich ein höchst feinkörniger Inhalt in ihnen, der bis auf einen gewissen Grad immer mehr zunahm, so dass dieselben undurchsichtig wurden. Kamen diese Zellen mit im Wasser umherschwimmenden Dotterelementen in Berührung, so setzten sich diese auf die Zelle nach und nach rund herum an, bedeckten die helle Zelle allmälig ganz und es entstanden verschieden grofse Kugeln von Dotterelementen, die in ihrem Inneren eins der früher entstandenen hellen Bläschen einschlossen. Ich hatte hier gewissermafsen die Bildung der Dotterkugeln, wie sie immer Folge der Entwicklung des Eies sind, auf eine unvollkommene Weise unmittelbar vor Augen. Offenbar entstanden die hellen Bläschen durch die Berührung des Dotters mit dem Wasser. Wie? wodurch? vermag ich nicht anzugeben, obgleich ich abermals lebhaft an die Untersuchungen des Hrn. Dr. Ascherson über Zellenbildung bei Berührung von Proteinverbindungen mit Fett erinnert wurde. Jedenfalls aber ist die Erscheinung, welche man beobachtet, wenn die Dotterkugeln des sich entwickelnden Froscheies mit Wasser in Berührung kommen und die man als Erhebung einer Zellenmembran durch Endosmose gedeutet hat, ganz dieselbe. Schon früher habe ich auch auf diese Quelle jener Beobachtung hingedeutet, Müller's Archiv. 1840, S. 110. Bei den Kugeln des Dotters des Säugethiereies habe ich übrigens diese Wirkung des Wassers nie gesehen.

In dem Inneren einer jeden Dotterkugel ist auch bei dem Hundeeie ein sehr zartes, das Licht sehr stark brechendes Bläschen enthalten Es ist schwer, sich von der Existenz desselben zu überzeugen. Durch die Dotterkörner schimmert es hier noch weniger durch, als bei dem Kanincheneie. Durch einfaches Pressen des Eies gelingt es auch selten, sie zur Beobachtung zu bringen. Ich fand es am besten, die Zona zuerst mittelst einer feinen Nadel zu öffnen. Oft treten dann schon von selbst die Dotterkugeln aus, oder man bewirkt dieses durch einen gelinden Druck. Dann kann man die Kugeln einzeln beobachten und durch einen fortgesetzten sanften Druck das helle Centralbläschen sichtbar machen, ja es gelang mir öfter, dann durch sanfte Bewegungen der Compressoriumgläser übereinander, das helle Bläschen fast ganz von den Dotterkörnern zu isoliren. Hr. Dr. Kölliker giebt neuerdings (Müller's Archiv. 1843.) an, dass er sich an den Dotterkugeln mehrerer Entozoeneier auf das Bestimmteste überzeugt habe, dass hier diese Centralbläschen einen Kern besafsen. Dasselbe fand er zuletzt bei den Eiern von Helix pomatia, einem Cucullanus der Blindschleiche und bei dem Frosche (Entwicklungsgeschichte der Cephalopoden Zürich 1844, S. 121.). Er betrachtet daher auch jene Bläschen geradezu als kernhaltige Embryonalzellen. Die Beobachtungen des Hrn. Dr. Kölliker verdienen alles Zutrauen und ich halte sie für sehr zuverlässig. Allein ich habe mich leider bis jetzt nicht von der Existenz solcher Kerne weder in den Bläschen der Furchungskugeln des Frosches noch des Hundes überzeugen können. Früher war es mir nicht gelungen, diese Bläschen zu isoliren; allein fortgesetzte Uebung und Manipulation der Kugeln haben mich diese Isolation jetzt oft er-

reichen lassen. Ich habe die zarten Bläschen auf das Genaueste mit den besten Mikrosko-
pen bei den verschiedensten Vergröfserungen untersucht und keine Kerne in ihnen beobachten können Früher glaubte ich einmal für den Frosch Kölliker beitreten zu müssen;
allein gröfsere Genauigkeit und glücklichere Isolation hat mich von dem Gegentheil vollkommen überzeugt. Ein äufserlich dem Bläschen anhaftendes und besonders ein unter ihm
liegendes Körnchen vermag sehr leicht eine Täuschung hervorzubringen, vorzüglich da die
Bläschen, wenn sie rein und isolirt sind, leicht an dem Glase anhaften. Je vollkommener
aber die Isolation der Bläschen gelang, um so mehr überzeugte ich mich, dass kein solcher
Kern in ihnen vorhanden war.

Auch bei Hundeeiern habe ich endlich, aber hier immer nur im Anfange der Theilung, nicht vor derselben, neben den zwei, drei oder vier vorhandenen Dotterkugeln in
der Zona noch ein oder zwei Bläschen oder Körnchen gesehen, wie bei dem Kanincheneie
(Fig. 11, 12, 13 u. 14.). Sie waren verschieden grofs in den verschiedenen Eiern. Hr.
Dr. Kölliker sah solche auch noch in den Eiern einer Doris vor der Theilung (l. c. S. 119.).
Ich habe früher die Ansicht aufgestellt, dass sie Nachkommen des Keimfleckes seien. Kölliker ist dieser Ansicht insofern beigetreten, als er glaubt, sie seien Theile des zerfallenden
und sich auflösenden Keimfleckes, nicht aber in dem Sinne, wie ich früher dieses anzunehmen geneigt war. —

Um nämlich in diesen merkwürdigen Theilungsprocess des Dotters einen mit den
Beobachtungen verträglichen Zusammenhang zu bringen, habe ich früher in meinen beiden
Schriften die Ansicht aufgestellt, dass nach der Befruchtung das Keimbläschen sich auflöse
und der Keimfleck frei werde; dieser sich in ein Bläschen umwandle, in welchem sodann
eine Theilung eintrete, um seine beiden Nachkommen aber nur die Dotterkörner in zwei
Massen sich gruppirten; dann jene beiden Bläschen sich abermals theilten, welcher Theilung auch eine neue Gruppirung der Dotterkörner folge u. s. f. Hr. Dr. Kölliker hat
über den Vorgang eine andere Ansicht aufgestellt, welche bei seiner Beobachtung, dass
jene Centralbläschen der Dotterkugeln kernhaltige Zellen sind, offenbar mehr mit dem, was
wir sonst bis jetzt über Zellenbildung wissen, übereinstimmt. Nach ihm lösen sich, wie
schon gesagt, vor der Theilung Keimbläschen und Keimfleck auf; im Inneren des Dotters
entsteht nun aber eine neue kernhaltige Zelle, die erste Embryonalzelle. Aus dieser entwickeln sich durch endogene Zeugung zwei neue Zellen, welche Annahme dadurch unterstützt wird, dass Kölliker einige Male zwei Kerne in einer solchen Zelle sah. Um diese
zwei Zellen gruppirte sich dann, in Folge einer Attraction derselben auf die Dottermasse,
dieselbe in zwei Kugeln. Jede von diesen eingeschlossenen Embryonalzellen erzeugt wieder
zwei und wieder legen sich die Dotterelemente um jede kugelig an u. s. f. Ich wünschte
sehr, dass es mir durch Beobachtung eines oder zweier Kerne in den Centralbläschen der
Dotterkugeln möglich geworden wäre, mich dieser sehr ansprechenden Ansicht anzuschliefsen, und werde ferner diesem Punkte die gröfste Aufmerksamkeit schenken. Einstweilen
aber muss ich widersprechen, da es mir nicht gelang, einen Kern in jenen Bläschen
zu beobachten, so dass ich sie demnach auch nicht für Zellen gelten lassen kann. Diese

Bläschen spielen offenbar die Rolle der Kerne in diesen Kugeln, und es ist nicht zu bezweifeln, dass von ihnen die Gruppirung der Dotterkörnchen zu Kugeln durch eine Art
von Attraction ausgeht. Allein wie sie sich vermehren und das immer weitere Zerfallen des
Dotters in immer kleinere Kugeln bedingen, habe ich weder bei Fröschen noch Säugethieren durch Beobachtung zu ermitteln vermocht. Doch scheint mir der Annahme einer Theilung jener Bläschen Nichts positiv im Wege zu stehen. —

4. An dem Dotter des Hundeeies habe ich bis jetzt zu keiner Zeit seiner Entwicklung eine durch Cilien bewirkte Rotation entdecken können, wie ich eine solche an dem
Eie des Kaninchens vor dem Beginne der Theilung gesehen habe. Die Umstände sind hier
freilich auch nicht so günstig, da man das Ei nicht im Eileiter selbst zur mikroskopischen
Beobachtung bringen kann, da letzterer bei dem Hunde zu dick und undurchsichtig ist.
Möglicher Weise fehlen sie indessen auch und finden sich nur in niederen Säugethierord-
nungen, wie bei den Nagern, und sind nur eine Erscheinung der Analogie mit einem be-
deutungsvolleren Vorgange bei niederen Thieren. Dieses wird so lange zugegeben werden
müssen, bis mehrere Beobachtungen vorhanden sind; allein ich muss gegen das Verfahren
des Herrn Professor Reichert protestiren, welcher diese meine Beobachtung neuerdings zu verdächtigen sucht, weil sie sich nicht an andere Phänomene der Ciliarbewegun-
gen anschliefsen lässt (Beiträge zur Kenntniss des Zustandes der heutigen Entwicklungsgeschichte. Berlin 1843, S. 6.). Wenn indessen schon jene von mir beobachteten Cilien
aufserordentlich fein waren, wenn sie schon nicht auf einer häutigen oder Zellenlage standen, so muss ich dennoch jene Rotationen als ein Factum einer an vier Eiern gemachten
Beobachtung behaupten, für die ich meine Befähigung zu unbefangenen Beobachtungen
überhaupt einsetze.

5. Das Ei des Hundes erhält während seines Durchganges durch den Eileiter kein
Eiweifs umgebildet; die Zellen des Discus verschwinden, werden aber nicht durch Eiweifs
ersetzt. Diese bemerkenswerthe Verschiedenheit von dem Kanincheneie ist ganz sicher.
Sie giebt ein anderes Beispiel einer Analogie bei einer niedereren Säugethierordnung mit
Vögeln, Amphibien, Fischen etc., die in den höheren Ordnungen fehlen kann, und daher
keine wesentliche Bedeutung in Beziehung auf andere übereinstimmende Erscheinungen
besitzt.

6. Ueber die Zeit, welche das Hundeei zu seinem Durchgange durch den Eileiter
bedarf, kann nach dem oben über seinen Austritt aus dem Eierstocke Bemerkten nichts
Sicheres ausgesagt werden. Dennoch habe ich nie vor dem achten Tage nach der von
mir mit Sicherheit beobachteten ersten Begattung die Eier in dem Uterus gesehen, wohl
aber noch später noch in dem Eileiter. Auch darf man nie die Eier schon im Uterus
erwarten, so lange die Hündin sich noch belegen lässt. Dieses geschieht meist schon dann
nicht mehr, wenn sie noch mehrere Linien weit vom Ostium uterinum sind. Es ist ferner

gewiss, dass sie die erste Hälfte des Eileiters rasch durchwandern in Zeit von mehreren Stunden, dagegen verweilen sie in dem Ende des Eileiters sehr lange. Hier bedarf auch die fortschreitende Theilung einer viel längeren Zeit als bei dem Kanincheneie, indem ich dieselbe zweimal in 24 Stunden nur um eine Stufet fortgeschritten fand.

7. Für die bewegenden Kräfte des Eies im Eileiter halte ich die Schwingungen der Cilien des Epitheliums der Eileiter und die Contractionen des Eileiters selbst.

Viertes Kapitel

Das Ei des Hundes im Uterus bis zum Auftreten des Embryo.

Am achten Tage nach der Begattung, wie sie glauben, fanden die Herren Prevost und Dumas zuerst die Eichen des Hundes und zwar bereits im Uterus. Ihre Beschreibung derselben ist folgende (l. c. p. 142.). »Ce qu'il y a sans doute de plus remarquable dans ces ovules, c'est leur petitesse. — Ils ont au plus un millimètre et demi ou deux millimètres ($^{15}/_{20}$ — 1$^1/_5$ P. L.) de diamètre. — Ils sont entièrement libres, ne présentent point d'adhérence avec les parois des cornes et l'on peut les enlever sur la lame d'un scalpel, puis les déposer dans un verre à montre rempli d'eau, pour les examiner plus facilement. — Grossis trente fois et vus par transparence, ces ovules paraissent sous une forme ellipsoide et semblent composés d'une membrane d'enveloppe unique et mince, dans l'interieur de laquelle est contenu un liquide transparent. A la partie supérieure de l'ovule on remarque une espèce d'ecusson cotonneux, plus epais et marqué d'un grand nombre de petits mamelons. Vers l'une des extrémités de celui-ci, on observe une tàche blanche, opaque, circulaire, qui ressemble beaucoup à une cicatricule. On est également frappé d'un rapport général de ressemblance entre l'écusson lui même et la membrane caduque.« Die nächsten Eier, welche sie sahen, schätzten sie vom zwölften Tage nach der Begattung. In diesen erkannten sie schon die erste Spur des Embryo, daher von ihnen später. —

Hr. v. Baer fand bei einer Hündin, über deren Zeit er nichts angiebt, die Eichen im Uterus $^1/_5$ P. L. grofs. Eins derselben befand sich dicht an dem Ostium uterinum des Eileiters, erschien dem Auge als ein weifses Pünktchen und unter dem Mikroskop als eine dunkle Kugel, umgeben von einem hellen Ringe. Er zweifelt zwar, ob dieses ein Ei war; indessen war es ein solches ganz sicher, wie weiter unten meine Beschreibung der eben in den Uterus eingetretenen Eier beweisen wird. Die anderen Eier waren schon durchsichtiger und bestanden aus zwei in einander eingeschlossenen Bläschen, von denen das äufsere glatt und durchsichtig, das innere, kleine aus kleinen Häufchen von Körnchen bestehende dunkle Flecken und an einer Stelle eine dunklere Masse zeigte. Sie waren übrigens übereinstimmend mit den Eiern einer andern Beobachtung, welche ½ P. L. im Durchmesser hatten, etwas über vierzehn Tage alt waren und welche v. Baer ganz genau beschreibt. Diese waren vollkommen durchsichtig, ganz frei im Uterus, nicht ganz rund, sondern etwas länglich. Sie schienen nur aus einer Membran zu bestehen. Sobald sie aber mit Wasser in Berührung kamen, trennten sich eine äufsere und eine innere Hülle von einander, von welchen die innere in der äufseren immer mehr zusammensank. v. Baer erklärt diese Erscheinung richtig durch die Endosmose und Exosmose. Die äufsere Hülle, welche, er Membrana corticalis nennt, erschien durchsichtig, aber aufsen mit kleinen halbdurchsichtigen Körnchen besetzt, welche v. Baer für den ersten Anfang der Zotten des Chorions hält. Das innere Bläschen gewährte unter der Linse, so lange es noch turgescirte, einen sehr schönen Anblick. »Annulis enim vel sphaerulis, centro pellucido peripheria obscuriori, praedita videtur. Quae maculae, si majori microscopii vi subjiciuntur, aliam exhibent formam ac si metamorphosin passae essent. Sunt enim nec sphaerulae nec veri annuli, sed ex granulis potius constituuntur in orbes irregulares dispositis, unde sub minori visus angulo orbes continuos esse mentiuntur. Oculus microscopicis observationibus adsuetus facile cognoscit, has maculas non ipsi membranae esse innatas, sed ejus superficiei adhaerere internae. Major praeterea adest macula multo magis opaca, orbicularis fere. Qui accuratiori visu gaudet, eam nudis oculis uti punctulum albidum in ovo pellucido conspicit.« Dieses innere Bläschen nannte dann v. Baer Membrana vitelli, den zuletzt genannten dunkeln Fleck Blastoderma, und hielt sie für gleichbedeutend mit den so benannten Theilen des Vogeleies. Ueber die Bildung desselben sprach er sich folgendermafsen aus (l. c. p. 23.). »In uterum transmissum ovum citius accrescit majorem fluidi quantitatem imbibens et inde cavum et pellucidum fit. Granula (vitelli) ad peripheriam magis magisque recedunt et ex superficie sua materiam excernunt, ex qua cuticula tenuissima concrescit, cujus superficiei internae granula adhaerent. Cuticula haec membrana vitelli est, et granula, de quibus agimus, granulis vitellinis avium respondent. Vis formativa a centro ad peripheriam agens, cum granula primitius ad peripheriam egerit, tum in quocunque granulo massam densiorem ad peripheriam cogit, quo quodcunque granulum in orbem vertitur, granula minora circa centrum pellucidum sistentem.«

In seinem Commentar zu der Epistola in Heusinger's Zeitschrift für organische Physik. Bd. II. 1828. beschreibt Hr. v. Baer die Eichen dieses Stadiums S. 168. und folgende, noch genauer. Hauptsächlich aber änderte er seine Ansicht über das innere Bläschen und den in demselben bemerkbaren dunkleren Fleck. Er hielt es nämlich daselbst für wahrscheinlicher, dass nicht dieses innere Bläschen die Dotterhaut sei, sondern das äufsere, also die frühere Zona pellucida. Das innere Bläschen betrachtete er jetzt als das Analogon der Keimhaut des Vogeleies, welche hier bei der Kleinheit des Säugethiereichens sogleich als Bläschen gestaltet erscheine, während sie bei dem Vogeleie erst allmälig den Dotter umwächst. Den dunkeln Fleck verglich er mit dem sogenannten Hügel der Keimschichte, oder dem Kerne des Hahnentrittes nach Pander's Benennung, im Vogeleie, von welchem also die Bildung des Fruchthofes und sodann des Embryo ausgeht.

In dem zweiten Bande seiner Entwicklungsgeschichte 1837. ist Hr. v. Baer dieser letzten Ansicht treu geblieben, S. 184. Er fügt nur noch hinzu, dass er gesehen zu haben glaube, wie jeder der kleineren Dotterkörnchen — Haufen in dem inneren Bläschen von einem sehr zarten Striche umgeben gewesen sei, als ob jedes Häufchen noch von einer gemeinschaftlichen Masse zusammengehalten würde.

An letzterem Orte, S. 185 und folgende, behandelt Hr. v. Baer dann noch die Frage, ob das Ei der Säugethiere auf diesem Stadium im Uterus Eiweifs umgebildet erhalte. Bei Schweinen und Schaafen glaubt er eine solche Umbildung Schritt vor Schritt verfolgt zu haben. Bei dem Hunde und Kaninchen gelang ihm dieses nicht (S. 187.), er glaubt aber dennoch, dass diese Differenz geringer sei, als es scheine.

Sodann beschreibt Hr. v. Baer S. 189 die weitere Entwicklung des Eies bis zum Auftreten der ersten Spur des Embryo folgendermafsen: »Kaum ist der Dotter so weit verflüssigt, dass er einige Durchsichtigkeit erlangt hat, so erkennt man auch schon, dass der sackförmige Keim (dass innere Bläschen) sich in zwei sehr ungleiche Theile, einen kleineren mittleren, den Embryo (jener dunkle Fleck), und einen viel gröfseren umgebenden, die Keimhaut, geschieden hat. Der Theil, welcher Embryo werden soll, ist anfangs kreisförmig, bald wie ein Schild erhoben, verdickt und ganz durchsichtig, ohne weitere bemerkliche Organisation und sehr früh kenntlich beim Hunde, sobald der Dotter genug verflüssigt ist, um den Keim deutlich zu unterscheiden. Später wird er länglich und es bildet sich in ihm ein dunklerer Streifen. Dieser Streifen, der das eine Ende des Schildes fast erreicht, vom andern aber bedeutend absteht, ist, wie der Erfolg lehrt, dem Primitivstreifen im Vogeleie analog. Er zeigt sich immer quer auf der Längenaxe des Eies und des Fruchthälters.«

Endlich bemerkt Hr. v. Baer auch noch S. 192 u. 208, dass sich der zum Embryo werdende Theil in zwei Blätter, ein animales und ein vegetatives spalte, wie bei dem Vogeleie. Indessen vermisst man eine genauere Angabe dieses Verhältnisses, so dass es mehr aus der Analogie und Folge erschlossen, als unmittelbar beobachtet worden zu sein scheint. —

Herr Coste hat auch über dieses Stadium der Entwicklung des Hundeeies wenig auszusagen gewusst. Er schliefst sich (Embryogénie comparée p. 401.) den Herren Prevost und Dumas an, nur unterscheidet er an dem Eichen zwei in einander geschlossene Bläschen, deren äufseres er Membrane vitelline, das innere Membrane blastodermique nennt. Von der ersteren, welche die Zona pellucida des Eierstockeies ist, sagt er: On peut voir qu'elle est parsemée de petites tàches qui sont probablement le resultat d'un produit adventif. An einer Stelle der zweiten: On voit le premier grouppement des globules qui vont constituer la tàche embryonnaire. Diese Tàche embryonnaire ist nach ihm anfangs rund, dann elliptisch und dann guitarrenförmig. Aufserdem stimmt auch er in die Klagen der Herren Prevost und Dumas sowie v. Baer's über die Verschiedenheit der Entwicklungsstufe bei verschiedenen Thieren zu derselben Zeit ein. —

Prof. R. Wagner hat ebenfalls ein Eichen eines Hundes aus dieser Zeit beschrieben und abgebildet (Beiträge zur Geschichte der Zeugung und Entwicklung, S. 33, Tab. I. Fig. 8.).

Er erhielt dasselbe von Hrn. Prof. G u r l t in Berlin, der dessen Alter auf vierzehn Tage angab, und es hatte schon einige Tage in Weingeist gelegen. Es mafs ungefähr eine Linie und schon mit unbewaffnetem Auge sah man an ihm einen dunkeln Punkt. Es bestand aus zwei Häuten, die äufsere war gleichmäfsig, faltenlos, durchsichtig; die innere etwas abstehend von der äufseren, hier und da eingekerbt und gefaltet und mit zerstreuten dunkeln Punkten besäet, die sich als deutliche Körnchen zu erkennen gaben. Der Fleck zeigte sich als eine runde, flache, umschriebene dunkele Schicht, aber deutlich ein Aggregat von Kügelchen, welches abgegrenzt ist und durchaus nicht verfliefst. Aufserdem theilt er mit, dass er bei Prof. G u r l t ein Eichen vom siebenzehnten Tage sah, welches eine birn- oder citronenförmige Gestalt hatte und einen ovalen oder birnförmigen Fruchthof. —

H a u s m a n n fand selbst dreiundzwanzig und vierundzwanzig Tage nach der Befruchtung noch keine Eier im Uterus, obwohl sie schon deutliche Anschwellungen an demselben bildeten. Er meint, dieses sei gerade die Zeit gewesen, wo das Ei sich zu bilden begonnen!! (l. c. S. 72 u. 73.)

Uebrigens sind Eichen aus dieser Zeit im Uterus noch von verschiedenen Schriftstellern bei anderen Thieren und selbst beim Menschen vielleicht gesehen worden. Es war dieses bis vor Kurzem das früheste Stadium, auf welchem das Säugethierei bekannt war, und man stritt sich über die Bedeutung der beiden Bläschen, die natürlich nicht entziffert werden konnte, so lange man ihren Ursprung und Bildung, sowie ihre fernere Beziehung zum Embryo nicht kannte. Ich glaube über beide in meinen früheren Schriften schon vielfältige Auskunft gegeben zu haben und in dem Folgenden noch ferner liefern zu können, obgleich die hier nach dem Stande unseres heutigen Wissens aufzustellenden Forderungen noch auf grofse Schwierigkeiten stofsen, deren ganz genügende Lösung um so wünschenswerther ist, da es sich hier um fundamentale Erscheinungen organischer Bildung handelt, die man schwerlich anderswo so rein zu untersuchen Gelegenheit hat. — Ich theile auch hier zuerst meine Beobachtungen mit, welche die Zahl von 25, oftmals mit zwei Stadien, überschreiten und an mehr als 125 Eiern angestellt worden sind.

In der letzten im vorigen Kapitel mitgetheilten Beobachtung vom 10ten und 11ten Mai 1842 habe ich bereits angegeben, wie die am 11ten Mai oben im Uterus gefundenen Eier, welche den am 10ten noch im Eileiter getroffenen noch durchaus ähnlich waren, aus der von keinem Discus mehr, ebenso wenig aber auch von Eiweifs umgebenen Zona pellucida und dem in eine grofse Zahl von Kugeln zerlegten Dotter bestanden.

XX. Montag, am 13ten Januar 1843, untersuchte ich eine Hündin, welcher ich am 14ten August 1842 das eine cornu uteri ungefähr in der Mitte unterbunden hatte. Sie hatte sich am 3ten Januar 1843 zum ersten Male belegen lassen, als sie frei herum lief und ebenso alle die folgenden Tage bis zum 13ten. Ueber den Befund an der Seite, wo der Uterus unterbunden war, habe ich an einem andern Orte berichtet. In dem rechten, nicht unterbundenen Horn fand ich ein Ei oben in der Spitze desselben, eins etwa in der Mitte und ein drittes zwischen diesen beiden. Sie erschienen dem unbewaffneten Auge noch immer als kleine weifse Pünktchen und bestanden unter dem Mikroskope noch immer aus der Zona und dem eine dunkele Masse bildenden Dotter. Der Durchmesser sowie die Dicke der Zona hatten zugenommen. Ersterer betrug 0,0081 und 0,0090 P. Z., letzterer 0,0014 und 0,0013 bei zwei runden Eiern; das dritte war ungewöhnlich gestaltet, etwas eiförmig. Der Dotter füllte das Innere der Zona nicht ganz aus und maſs 0,0040 P. Z. Er schien bei dem einen Eie (Fig. 19.) von einer gleichförmigen dunkeln Masse gebildet zu sein; aber bei sehr genauer Beachtung erkannte man, dass er aus Kugeln zusammengesetzt war. Es schien dabei, als wenn diese Masse in der Mitte eine Höhlung umschlösse, daher die Mitte heller aussah, als die Peripherie. Bei dem zweiten Eie (Fig. 20.) bildete der Dotter auch eine solche runde dunkele Kugelmasse; allein mitten zwischen denselben machte sich ein kleiner, glänzend heller Fleck bemerkbar, um welchen herum die Dotterkörnchen in dichten Kreisen gestellt waren. Es schien, als hätte sich hier eine der Dotterkugeln durch Aufnahme einer durchsichtigen Substanz expandirt, so dass das in ihr eingeschlossene helle Bläschen sichtbar geworden, um welches herum nun die Dotterkörnchen gelagert waren. — Das dritte eiförmige Ei hatte einen nicht ganz runden Dotter und neben ihm befanden sich in der Zona noch zwei einzelne Dotterkugeln, so dass ich nach dieser ganzen Beschaffenheit dasselbe für pathologisch hielt.

XXI. Am 17ten März 1839 untersuchte ich eine Hündin, von welcher ich bestimmt wusste, dass sie am 28sten Februar, also vor siebenzehn Tagen zum ersten und einige Male belegt worden war. Rechts zeigten sich ein, links zwei Corpora lutea. Die Eier waren links ganz oben im Uterus, rechts in der Mündung des Eileiters. Sie erschienen als kleine weiſse Punkte und bestanden aus der von keinem Discus oder Eiweiſs umgebenen Zona und einem dunkeln Dotter. Der Durchmesser in der Zona war 0,0082 und 0,0085 P. Z., die Dicke derselben 0,0009; der Durchmesser des Dotters 0,0047 P. Z., so dass er also das Innere der Zona nicht ganz ausfüllte, auch war er nicht ganz rund. Leider erkannte ich damals die Zusammensetzung des Dotters aus einzelnen Kugeln nicht. Ich sah nur, wie, nachdem die Eier einige Zeit in Wasser gelegen, die Dottermasse aufquoll, die Dotterkörnchen aus einander wichen und dann das ganze Innere der Zona anfüllten.

XXII. Am 10ten März 1838 fand ich bei einer Hündin, von welcher ich nur wusste, dass sie am 4ten zum letzten Male belegt worden war, am rechten Eierstocke vier Corpora lutea und in dem Uterus vier Eier, oben in der Spitze desselben dicht bei einander. Der linke Eierstock hatte kein Corpus luteum und der Uterus enthielt auch kein Ei. Jene vier erschienen als kleine weiſse Pünktchen und bestanden unter dem Mikroskope aus der Zona pellucida und dem dunkeln Dotter. Der Durchmesser jener war ziemlich constant bei allen vieren 0,0080 P. Z. Der Dotter füllte die Zona nicht aus; ich erkannte zwar damals, noch mit einem schlechten Instrumente ausgestattet, die Zusammensetzung desselben aus einzelnen Kugeln nicht; der ausgezackte Rand der dunkeln Masse führte mich aber schon auf die bestimmte Vermuthung, dass der Dotter wie bei den Fröschen gefurcht sein werde. Nach längerem Liegen in Wasser hörte auch hier die scharfe Begrenzung des Dotters auf und er füllte dann die Zona wieder ganz aus.

XXIII. Genau ebenso verhielten sich auch vier Eier einer Hündin, welche ich am

17ten Februar 1838 untersuchte, welche wahrscheinlich seit dem 2ten oder 3ten belegt und am 7ten noch brünstig war. Auch hier bemerkte ich damals nur die unregelmäfsige Contour der Dottermassen, ohne die einzelnen Kugeln zu erkennen.

XXIV. Bei einer Hündin am 5ten April 1840 dagegen, von welcher ich bestimmt erfuhr, dass sie seit 24 Tagen belegt war, fand ich vier Eier in den beiden Hörnern des Uterus sehr weit entfernt von einander, so dass sie schon an ihren bleibenden Stellen angelangt zu sein schienen. Auch diese erschienen dem unbewaffneten Auge noch als kleine weifse Pünktchen; unter dem Mikroskope bestanden sie aus der Zona und dem Dotter, an welchem ich damals in der Lage, in welcher es sich mir darbot, an einem Eie 13 Kugeln zählte, welche nicht alle von gleicher Gröfse waren. Aufserdem aber bemerkte ich sowohl in diesem Eie als auch noch in einigen anderen, bei welchen ich die Zahl der Kugeln indessen nicht bestimmen konnte, eine kleine Gruppe kleiner durchsichtiger Bläschen oder Zellen, mitten zwischen den Dotterkugeln. Der Durchmesser des ersten Eies betrug 0,0092 P. Z. Ich muss bemerken, dass mir die nach 24 Tagen noch wenig fortgeschrittene Entwicklung dieser Eier, die Theilung des Dotters nur in 13 Kugeln, während die Eier schon im ganzen Uterus vertheilt waren, sowie endlich jene Gruppe kleiner Bläschen im Inneren der Zona, diese Beobachtung als abweichend erscheinen lassen. Vielleicht waren die Eier in der Entwicklung stehen geblieben und wollten abortiren.

XXV. Dieses war, wie es schien, auch der Fall bei einer andern Hündin, welche ich am 23sten September 1840 untersuchte, nachdem sie sich am 2ten zum ersten und am 7ten zum letzten Male hatte belegen lassen. Die Eier befanden sich, zwei auf jeder Seite, in der Mitte des Uterus als kleine weifse Punkte. Sie waren alle nicht rund, sondern oval, besafsen alle noch eine ziemlich dicke Zona pellucida. Der Dotter war bei zweien in zwei ungleich grofse Theile zerlegt, neben welchen sich in einem Eie noch zwei kleine dunkele Kugeln zeigten. Bei einem dritten Eie zeigten sich in der Dottermasse mehrere gröfsere und kleinere Fettblasen.

XXVI. Am 14ten März 1840 untersuchte ich eine grofse Hündin, von welcher ich zuverlässig erfuhr, dass sie am 23sten Februar zum ersten und am 2ten März zum letzten Male belegt worden war. Ich fand neun Eier in den beiden Hörnern des Uterus, allein auch diese waren noch ziemlich weit zurück. Die meisten stellten noch kleine weifse Pünktchen dar und bestanden aus der ziemlich angeschwollenen 0,0010 — 0,0014 P. Z. dicken Zona und einem in Kugeln zerlegten Dotter, welcher die Zona nicht ganz ausfüllte. Im Durchmesser der letzteren mafsen diese Eier 0,0082—0,0090 P. Z. Zwei Eier aber hatten ein wesentlich verschiedenes Ansehen. Sie waren schon für das unbewaffnete Auge nicht mehr kleine, ganz weifse, sondern etwas heller aussehende Punkte. Sie waren ferner gröfser als die übrigen, 0,0100 P. Z., und die Zona war an ihnen dünner, 0,0005 P. Z. Bei dem einen (Fig. 21.) bildete die eine Hälfte des Dotters noch eine dunkele aus Dotterkugeln zusammengesetzte Masse, in der andern Hälfte zeigten sich die Dotterkörnchen in Kreisen um einen sehr hellen Mittelpunkt herum gestellt. In dem zweiten hatte sich ein noch gröfserer Theil der Dotterkugeln in solche Körnerkreise umgewandelt, während an einzelnen Stellen, noch kleinere Häufchen von Dotterkugeln übrig waren. — Bei mehreren der erstgenannten Eier beobachtete ich ferner, nachdem ich sie mit einer feinen Nadel geöffnet und nun etwas comprimirt hatte, eine Gruppe kleiner heller Bläschen, etwa von der Gröfse eines Blutkörperchens im Inneren der Zona, welche zwischen den Kugeln gesteckt zu haben schien.

XXVII. Bei einer Jagdhündin, von welcher ich bestimmt wusste, dass sie sich Freitag, am 2ten März 1838, noch belegen lassen, fand ich am 14ten März an jedem Eierstocke vier Corpora lutea und in dem rechten Uterus vier, in dem linken drei Eier. Dieselben waren ziemlich entfernt von einander in dem Uterus vertheilt, zwar etwas gröfser als die bisher beschriebenen, aber doch noch sehr klein, dazu fast ganz durchsichtig und daher äufserst schwer aufzufinden. Sie besafsen einen Durchmesser von 0,0098—0,0123—0,0129 P. Z. Alle waren noch von der 0,0007 P. Z. dicken Zona pellucida umgeben, ihr Inneres aber hatte, als ich sie ganz frisch aus dem Uterus unter das Mikroskop brachte, ganz das Ansehen, welches in der vorigen Beobachtung nur einige Eier theilweise besessen hatten (Fig. 22.). Von den dunkelen Dotterkugeln war nämlich nur noch eine kleine rundliche Gruppe vorhanden, die anderen waren alle in lauter concentrische Ringe gruppirt, welche einen sehr hellen glänzenden Mittelpunkt umgaben, wodurch das ganze Ei einen sehr eigenthümlichen und brillanten Anblick gewährte. Wenn ich zu diesen Eiern einen Tropfen Wasser zusetzte, so verschwand dieses Ansehen und alle Dotterkörnchen zogen sich wieder zu einer unregelmäfsig gestalteten, das Innere der Zona nicht ganz ausfüllenden dunkeln Masse zusammen (Fig. 23.) Da ich bereits wusste, dass jene dunkele Gruppe von Dotterkugeln später als Fruchthof auftritt, so untersuchte ich ihn sehr genau, konnte aber in ihm nichts Anderes, als eben die Dotterkugeln, erkennen.

XXVIII. Diesen Eiern sehr ähnlich waren sechs andere, welche ich am 7ten September 1838 bei einer Hündin, die sich ganz bestimmt Freitag am 24sten August zum ersten Male hatte belegen lassen, fünf auf der rechten, eins auf der linken Seite, noch ziemlich hoch im Uterus, jene auch noch dicht bei einander fand. Sie stellten ganz vollkommen durchsichtige, glänzend helle Bläschen dar, an welchen man, wenn sie auf einem Glasplättchen lagen, schon mit unbewaffnetem Auge einen sehr kleinen weifsen Punkt unterscheiden konnte. Unter dem Mikroskope zeigten sie noch die, zwei Contouren darbietende Zona, im Inneren wieder jene Körnerringe und an einer Stelle einen runden, aus dunkeln Dotterkugeln zusammengesetzten Fleck. Kamen sie mit Wasser in Berührung, so erkannte man nun sehr leicht und deutlich, dass sich im Inneren der Zona eine äufserst zarte Membran gebildet hatte, in der jene Körnerringe und auch jener dunkele Fleck, den ich fortan immer den Fruchthof nennen werde, lagen. Es trennte sich nämlich alsdann dieselbe von der Zona und sank im Inneren derselben etwas zusammen (Fig. 15.). Oeffnete ich alsdann die Zona mit einer Nadel, so trat jene innere Hülle heraus und ich erkannte jetzt sehr deutlich, dass dieselbe aus lauter sehr zarten Bläschen oder Zellen gebildet war, die sich dicht an einander geschlossen, um die ganze Hülle zu bilden, sich aber im Wasser auch noch von einander isolirten (Fig. 26.). Die Dotterkörnchen waren, wie ich sehr besimmt erkannte, im Inneren derselben enthalten, verloren aber bald ihre bestimmte Stellung in concentrischen Kreisen und verbreiteten sich im Inneren der Zellen, woselbst ich an ihnen deutliche Molecularbewegungen beobachten konnte.

XXIX. Am 29sten October 1838 untersuchte ich eine andere Hündin, welche seit dem 12ten in meinem Besitze war, sich aber damals nicht mehr belegen liefs, obgleich ihr die Hunde noch nachstellten, die äufseren Genitalien auch noch angeschwollen waren. Die Eier, welche ich bei ihr fand, glichen denen der vorigen Beobachtung vollkommen. Das innere neu gebildete Bläschen bestand auch hier aus sehr zarten Zellen, welche verschieden grofs waren, 0,0005; 0,0008; 0,0014; 0,0016 P. Z. Wenn sie herausgetreten waren und die Dotterkörnchen sich in ihnen zerstreut hatten, konnte ich den hellen Kern, um welchen diese früher in concentrischen Ringen gruppirt gewesen waren, nicht mehr erkennen.

XXX. Sonntag, am 13ten November 1842, schnitt ich den linken Uterus, Eierstock und Eileiter einer Hündin aus, von welcher der Verkäufer versicherte, sie habe sich vor acht Tagen zum letzten Male belegen lassen. Ich fand zwei Eier ungefähr in der Mitte des Uterus. Sie erschienen als kleine, glänzend durchsichtige Punkte 0,0116 P. Z. $= \frac{1}{7}'''$ im Durchmesser. Die Zona mit ihren doppelten Contouren, 0,0008 — 0,0010 P. Z. dick, bildete noch die äufsere Hülle. Keine Spur von Eiweifs umgab sie. Im Inneren waren wieder jene schönen Körnerringe um einen hellglänzenden Mittelpunkt herum zu bemerken, welcher letztere meistens einen Durchmesser von 0,0005 P. Z. besafs. Aufser ihnen zeigte sich an einer Stelle ein dunkeler, aus Dotterkugeln gebildeter Fleck und dann noch zwischen den Körnerringen einzelne zerstreute Dotterkugeln, 0,0011 P. Z. im Durchmesser haltend. Bei Zusatz von Wasser mit etwas Eiweifs und Salz versetzt, zog sich im Inneren eine die Körnerringe einschliefsende, an der Innenfläche der Zona ausgebreitete, zarte häutige Schichte zusammen, an welcher ich indessen, sowohl so lange sie noch im Inneren der Zona eingeschlossen war, als auch nach Eröffnung derselben durchaus keinen Zellenbau wahrnehmen konnte. Die Ringe bildenden Dotterkörnchen waren nur von einer homogenen durchsichtigen, sehr dehnbaren und dann wieder zusammenfahrenden Substanz zusammengehalten, von der ich vermuthe, dass sie durch Verschmelzung der in den früheren Beobachtungen vorhandenen Zellen entstanden ist. An dem von den Dotterkörnchen umgebenen hellen Kerne oder Bläschen konnte ich auch in dieser Beobachtung nichts Weiteres, keinen weiteren von ihm eingeschlossenen Kern bemerken.

Zwölf Stunden danach liefs ich die Hündin tödten und fand auf der rechten Seite noch vier Eier in der oberen Hälfte des Uterus. Sie waren unterdessen bedeutend gewachsen und eins der kleineren besafs einen Durchmesser von 0,0250 P. Z. $= \frac{5}{10}$ P. L., sie waren ganz wasserhell und zeigten auch schon dem unbewaffneten Auge an einer Stelle einen kleinen weifsen Punkt (Fig. 27.). Das am weitesten im Uterus nach abwärts gerückte Ei hatte eine geringe unregelmäfsige Schichte eines granulirten Stoffes um sich, und ebenso die übrigen in abnehmender Dicke, je höher hinauf sie sich befanden. Dieselbe haftete der Zona ziemlich fest an, so dass sie nicht wohl von blofs zufällig adhärirendem Schleime und Epithelienfragmenten herzurühren schien. Eine bestimmtere Form aber, die etwa auf Bildung von Zotten schliefsen liefs, welche wir später auftreten sehen werden, hatte dieselbe auch nicht. Zugleich aber zeigte nun auch die Zona nicht mehr ihre frühere Dicke und die derselben entsprechenden zwei Contouren, sondern sie erschien nun als eine dünne, keine zwei Contouren mehr besitzende feine Membran, übrigens aber noch ebenso ohne irgend eine weitere Structur und Textur, so dass ihre Veränderung nur von der durch das stärkere Wachsthum des Eies abhängigen Ausdehnung hervorgebracht zu sein schien. Innerlich lag ihr im ganz frischen Zustande eine zweite sehr feine Blase an, welche sich indessen bei Zusatz von Humor aqueus schnell und stark von ihr trennte (Fig. 27. B.). In dieser inneren Hülle waren nun wieder jene Körnerringe mit einem hellen Centralpunkte entwickelt, welche indessen durch eine homogene durchsichtige Zwischensubstanz weiter von einander entfernt waren; auch schien die Zahl der Körner, welche die einzelnen Ringe bildeten, geringer geworden zu sein (Fig. 27. C.). Zellen aber, welche die Körner eingeschlossen hätten, konnte ich auch hier wieder, trotz aller Aufmerksamkeit, nicht entdecken, so dass ich auch hier glaube, dieselben waren unter einander und unter Hinzukommen einer Intercellularsubstanz zur Darstellung jener feinen inneren Blase, welche ich die Keimblase nennen will, verschmolzen.

In dieser letzten Beschaffenheit, wo das Eichen aus zwei in einander eingeschlossenen, sehr feinen, völlig durchsichtigen Bläschen besteht, deren äufsere von der structur- und texturlosen Zona, die innere von einer zarten Membran gebildet wird, in welcher die noch vorhandenen Dotterkörnchen in Ringen um einen hellen centralen Kern gebildet herumgestellt sind und in welcher letzteren dann auch immer eine dunkele aus Dotterkugeln gebildete Stelle, der Fruchthof, sich zeigt, habe ich oft und zahlreiche Eichen in zunehmender Gröfse gesehen. Das einzige Befremdende dabei ist mir das, dass ich an dieser inneren Hülle bald einen Zellenbau erkannte, bald nicht. Die folgenden Beobachtungen enthalten darüber, sowie über weitere Verhältnisse und Veränderungen das Nähere. —

XXXI. Am 2ten August 1839 untersuchte ich eine Hündin, welche, wie ich bestimmt wusste, am 15ten Juli zum letzten Male belegt worden war, und dann den Hund nicht mehr zuliefs. Ich fand drei Eier, eins im rechten, zwei im linken Uterus. Sie waren noch sehr kleine, etwa ¼ P. L. grofse, wasserhelle Bläschen, mit einem kleinen weifsen Pünktchen. Die Keimblase zeigte wieder die Dotterkörnchenkreise und war deutlich aus Zellen gebildet.

XXXII. Am 4ten April 1838 erhielt ich eine Hündin, welche sich nicht mehr belegen lassen wollte, obgleich die Männchen noch sehr hitzig hinter ihr her waren. Ich liefs sie bis zum vierzehnten Tage leben. Ich fand im rechten Uterus im unteren Ende ein Eichen, etwa ⅕ P. L. grofs. Es war wasserhell, vollkommen rund und zeigte wieder in der Keimblase die Körnerringe und einen dunkeln Dotterkugelhaufen, den Fruchthof. In dem linken Uterus fand ich zwei Eier, welche aber noch weit zurück waren. Sie waren nicht viel gröfser als ein Eierstockei, die Zona hatte noch ihre doppelten Contouren und der Dotter bildete noch eine dunkele die Höhle der Zona nicht ganz ausfüllende Masse.

Da sie zugleich nicht ganz rund waren und ich sonst solche Verschiedenheiten nicht bemerkt habe bei normaler Entwicklung, so glaube ich, dass diese beiden Eier wahrscheinlich abortiv waren.

XXXIII. Eine Hündin, welche sich, wie ich bestimmt wusste, am 15ten Mai 1838 zum letzten Male hatte belegen lassen, untersuchte ich am 30sten ejusd. Die Eier befanden sich drei in jedem Uterus vertheilt, wie es schien, schon an ihren bleibenden Stellen, als kleine, wasserhelle, aus zwei Hüllen zusammengesetzte Bläschen von etwa ⅕ P. L. Durchmesser. Das innere, die Keimblase, zeigte wieder die Körnerringe und den Fruchthof und trennte sich im Wasser bald von dem äufseren. Im rechten Uterus hatten nur zwei Eier diese Beschaffenheit; das dritte glich noch ganz einem Eierstockei ohne Discus, war etwas länglich, die Zona besafs noch eine ansehnliche Dicke und der Dotter war in zwei ungleiche dunkle Hälften zerlegt. Ich halte auch dieses für ein abortives, in seiner Entwicklung gehemmtes Ei.

XXXIV. Sonntag, am 27sten November 1842, schnitt ich einer kleinen Hündin, von der mir nur versichert worden, dass sie sich Mittwoch, am 16ten, noch belegen lassen, den linken Uterus, Morgens 8 Uhr, aus. Ich fand in demselben im unteren Drittheil ein etwa ⅕ P. L. grofses wasserhelles Eichen, welches aus seiner äufseren Eihaut, der Zona pellucida, und aus der Keimblase bestand. Letztere zeigte wieder die Körnerringe, allein ich konnte keinen Zellenbau an ihr entdecken, sondern die Körnerringe wurden nur durch eine homogene durchsichtige Substanz zusammengehalten und zu einer Membran verbunden. Der Fruchthof bestand aus dunkelen Dotterkugeln, welche einen hellen centralen Kern enthielten.

Nach 25½ Stunden liefs ich die Hündin tödten. Ich fand im rechten Uterus vier Eier, die aber unterdessen so viel weiter sich entwickelt hatten, dass ich sie erst weiter unteren beschreiben werde. —

XXXV. Am 26sten März 1838 untersuchte ich eine Hündin, deren linker Eierstock sieben, der rechte vier Corpora lutea zeigte. Ich fand aber in dem linken Uterus nur drei, in dem rechten alle vier Eier, vertheilt, und wie es schien, schon an ihren bleibenden Stellen. Sie waren nicht alle gleich grofs. Die kleineren, höher im Uterus befindlichen etwa ⅕ P. L. grofs, waren ganz rund, die gröfseren, gegen ½ P. L., waren dagegen etwas elliptisch. Alle aber bildeten wasserhelle Bläschen mit einem weifsen Pünktchen und bald trennte sich bei allen von der äufseren Eihaut die Keimblase. Letztere zeigte ebenfalls wieder die Körnerringe, allein dieselben bestanden nicht mehr aus mehrfachen Reihen concentrisch gestellter Körnchen, sondern nur noch aus einer einfachen Reihe, welche einen sehr hellen Kern einschlossen. Der Fruchthof bestand aus dunkelen Dotterkugeln und Körnchen.

XXXVI. Genau hiermit stimmten auch die Eier einer Hündin überein, welche sich am 10ten August 1840 zum letzten Male hatte belegen lassen und am 26sten von mir untersucht wurde. Die Keimblase zeigte Körnerringe, in welchen die Körner nur in einfacher Reihe standen. Zellen konnte ich aber hier wieder nicht erkennen, obgleich die Kerne sehr deutlich waren. Die Zellen mussten mit einander verschmolzen sein.

XXXVII. Von dieser Beschaffenheit waren auch die Eier der ersten Hündin, welche ich am 15ten Januar 1834 untersuchte. Sie war Montag, am 5ten Januar, zum letzten Male belegt worden und liefs nachher den Hund nicht mehr zu. Ihre Eier waren ¾ bis 1 P. L. grofs und waren, wie es schien, an ihren bleibenden Stellen im Uterus. Auch damals erkannte ich schon ihre beiden sie bildenden Hüllen und den Fruchthof ganz deutlich.

XXXVIII. Am 16ten März 1838 untersuchte ich eine Hündin, welche sich am 2ten, 3ten, 4ten und 5ten hatte belegen lassen. Der rechte Eierstock zeigte fünf, der linke drei Corpora lutea, ich fand aber auch auf der rechten Seiten nur drei Eier im Uterus, wie es schien, an ihren bleibenden Stellen. Sie waren über 1 P. L. grofs und bestanden wieder aus zwei in einander eingeschlossenen Bläschen, die sich bald stark von einander trennten. Unter dem Mikroskope zeigte das innere, die Keimblase, sich auf das Schönste aus gegen einander abgeplatteten Zellen zusammengesetzt, welche einen hellen Kern einschlossen. Ich erkannte hier zum ersten Male, im Jahre 1838, eine aus Zellen zusammengesetzte thierische Bildung, ehe noch von den Untersuchungen von Schleiden und Schwann das Geringste bekannt geworden war, wie mein Tagebuch und meine Zeichnungen bezeugen. In den Zellen stand nur ein einfacher Ring von Dotterkörnchen. Der Fruchthof, welcher aus mit Körnchen angefüllten Zellen bestand, war auch an diesen Eiern noch rund; allein er fing an, sich auf das Deutlichste in der Mitte aufzuhellen, so dass er eine dunklere Peripherie und einen helleren Mittelpunkt besafs, welcher Unterschied nur durch die verschiedene Vertheilung des Materials hervorgebracht wurde.

XXXIX. Genau auf demselben Stadium befanden sich auch vier Eier einer Hündin, welche ich am 16ten Mai 1838 untersuchte, über deren Zeit ich nichts wusste. Alle vier Eier befanden sich auf der linken Seite, auf der rechten keins und auch am Eierstocke kein Corpus luteum. Die von den Dotterkörnchen gebildeten Kreise waren kaum noch zu erkennen.

XL. Ebenso verhielt es sich mit den Eiern einer Hündin, welche ich am 12ten März 1839 untersuchte, und die vor drei Wochen belegt sein sollte. Die Eier waren gegen 1 P. L. grofs, etwas länglich, sonst wie die in den beiden vorigen Beobachtungen.

XLI. Am 21sten August 1840 untersuchte ich eine Hündin, von welcher ich bestimmt wusste, dass sié am 9ten sich zum letzten Male hatte belegen lassen. Der rechte Eierstock zeigte ein, der linke fünf Corpora lutea. Allein zu meinem Erstaunen enthielt jeder Uterus drei Eier, so dass daher offenbar zwei Eier von der linken auf die rechte Seite hinüber gewandert waren. Die Eier waren in dem Uterus vertheilt und, wie es schien, an ihren bleibenden Stellen. Allein ihre Gröfse war aufserordentlich verschieden, wenn gleich alle fast dieselbe Bildung und Entwicklungsstufe besafsen. Die kleinsten waren etwa ½ P. L. grofs und noch ganz rund; die gröfsten dagegen 1½ P. L. und schon etwas länglich. Alle waren wasserhell, durchsichtig und bestanden aus den beiden in einander eingeschlossenen Bläschen, deren innere, die Keimblase, den schönsten Zellenbau an den Rändern erkennen liefs, während die Zellen in der Fläche schon gröfstentheils mit einander verschmolzen zu sein schienen. Die Körnerringe waren dagegen schon gröfstentheils verschwunden. Der Fruchthof war bei den kleineren noch rund und gleichmäfsig dunkel. Bei den gröfseren war er dagegen schon in einen dunkeln peripherischen und hellen centralen Hof geschieden, und bei einigen derselben hatte er eine ovale, bei anderen eine Birn-Form angenommen. Auch der Fruchthof bestand aus dichtgedrängten Zellen, Kernen und Molecülen, wie man sich bei Zerreifsen der Keimblase überzeugen konnte, während, im Ganzen betrachtet, der Zellenbau nicht deutlich hervortrat, weil die Zellen zu dicht an einander gedrängt und über einander gelagert waren. —

In allen vorstehenden Beobachtungen hatte ich an dem inneren Bläschen, der Keimblase, immer nur eine einfache Lage von Zellen bemerkt und nur in dem Fruchthofe eine dichtere Ansammlung von Zellen, Zellenkernen und Molecülen gefunden. Indessen ist es wahrscheinlich, dass bei den gröfseren Eichen die Keimblase, wenigstens um den Fruchthof herum, aus einer doppelten Lage solcher Zellen oder zwei dicht an einander anliegenden, höchst zarten Blättern bestand, wie namentlich die erste der nun folgenden Beobachtungen zeigt. Allein ich entdeckte dieselben erst später bei einer Beobachtung am 23sten August 1840 bei Eiern, welche schon viel weiter entwickelt waren. Ich habe dieselben dann später auch noch an früheren Eichen gefunden und namentlich auch bei dem Kanincheneie nachgewiesen, und ich lasse deshalb jetzt meine Beobachtungen in der Reihe folgen, wie die Eier in der Entwicklung und Gröfse weiter fortschreiten.

Ich habe schon oben einer Hündin Erwähnung gethan, der ich am 27. Nov. 1842 das linke Uterus-Horn ausschnitt und in demselben ein ⅓ P. L. grofses Ei von der vorigen Beschaffenheit fand. 25½ Stunden danach liefs ich die Hündin tödten und fand nun noch in dem rechten Uterus vier Eier, drei normal und eins abortirend. Jene drei waren unterdessen bedeutend fortgeschritten und ⅔—¾ P. L. grofs. Im Allgemeinen glichen sie aber denen vom vorigen Tage noch sehr, d. h. sie waren noch kleine, wasserhelle, aber schon etwas weniges elliptische Bläschen aus zwei Hüllen, der äufseren Eihaut oder Zona und der Keimblase, zusammengesetzt. Auch zeigte die letztere noch Körnerringe, gebildet aus einer einfachen Reihe von Körnchen um einen hellen Kern und den aus dunkelen Dotterkugeln zusammengesetzten Fruchthof. Allein bei aufmerksamer Beobachtung unter einer starken Loupe eines einfachen Mikroskopes (Fig. 28. A.), und noch mehr unter dem Compositum erkannte ich ganz deutlich, dass diese Keimblase in einem grofsen Theile ihrer Ausdehnung, nämlich von dem Fruchthofe, als Mittelpunkt gerechnet, bis zur gröfsten Peripherie der Blase, aus einer doppelten Lage bestand, einer äufseren, welche die vollständige Keimblase bildete, und einer inneren, deren Grenze man sehr deutlich in der gröfsten Peripherie der ersteren erkennen konnte. Dieses sind die beiden Blätter, welche Döllinger, Pander und vorzüglich v. Baer als wesentliche Gebilde der Keimhaut des Vogeleies erkannten und seröses oder animales und Schleim- oder vegetatives Blatt derselben nannten, welche letzteren Bezeichnungen ich auch beibehalten werde. Es gelang mir auch, beide mit zwei sehr feinen Nadeln von einander zu trennen, wo es sich dann zeigte, dass beide auch in dem Fruchthofe sich fanden, obgleich die Masse desselben in dem oberen oder animalen Blatte am stärksten entwickelt ist, beide auch im Fruchthofe jetzt noch sehr dicht an einander liegen. Beide bestanden aus verschmolzenen Zellen, deren helle Kerne aber noch sehr deutlich waren.

Das vierte dieser Eier war von den drei beschriebenen sehr verschieden und offenbar abortiv. Es befand sich ganz oben in der Spitze des Uterus, zeigte noch eine 0,0010 P. Z. dicke Zona mit doppelten Contouren und der Dotter war in viele gröfsere und kleinere dunkele Massen zerfallen, so dass das Innere des Eies dunkelfleckig aussah.

XLII. Donnerstag, am 15ten December 1842, Morgens 9 Uhr, öffnete ich einer grofsen Hündin den Unterleib, von welcher ich ganz bestimmt wusste, dass sie Sonnabend, am 26sten November, zum ersten und Montag, am 4ten December, zum letzten Male belegt worden war. Sie war also seit 18 Tagen und 7 Stunden befruchtet und seit 11 Tagen zum letzten Male belegt. Ich schnitt den rechten Uterus bis auf ein oberes Stück aus. Es waren aber an demselben noch keine Anschwellungen durch die Eier zu bemerken. Ich fand aber deren zwei (Fig. 29. A. u. B.); das untere war kleiner als das obere, jenes 1, dieses $1\frac{1}{2}$ P. L. grofs, schon etwas elliptisch, sonst wasserhell mit einem weifsen Pünktchen. Ganz frisch konnte man an der Keimblase durch die Zona hindurch keinen Zellenbau bemerken, sondern nur die hellen Zellenkerne. Auch die Körnerringe um die Kerne herum waren fast ganz verschwunden. Nachdem die Eier einige Zeit in mit Eiweifs und Salz versetztem Wasser gelegen, zog sich die Keimblase sehr zusammen und trennte sich stark von der Zona (Fig. 29. C.). Die Wirkung davon auf den Fruchthof, der früher ganz in der Ebene der Keimblase gelegen hatte, war die, dass er jetzt fast wie eine Halbkugel über die Ebene der Keimblase hervorragte und nun von oben angesehen, wie ein dunkeler Ring mit einer helleren Mitte aussah, was früher nicht der Fall war. Nach Eröffnen der Zona und Austreten der Keimblase, zeigte diese an den Kanten die schönsten primären Zellen in allen Gröfsen mit einem deutlichen Kerne (Fig. 29. E.). In der Keimblase selbst waren sie unter einander verschmolzen mit dunkelen Molecülen gefüllt, die Kerne aber noch sehr deutlich. In dem Fruchthofe (Fig. 29. D.) konnte ich nur Kerne, Molecüle und gröfsere Fetttröpfchen erkennen.

Am andern Morgen, am 16ten, um 9 Uhr, liefs ich die Hündin tödten. Ich fand nun, dass der Eierstock auf der linken Seite, deren Uterus ich den Tag zuvor ausgeschnitten hatte, fünf Corpora lutea, der der rechten aber nur eins zeigte. In dem gestern zurückgelassenen oberen Ende des linken Uterus fand sich aber nur noch ein Ei, in dem rechten Uterus dagegen deren drei, so dass sich hier offenbar wieder ein Fall des Ueberwanderns der Eier von einer Seite auf die andere gegeben fand.

Die Eier waren aber in den 24 Stunden bedeutend fortgeschritten. Sie waren gegen 2 P. Z. grofs und stark elliptisch; auch erschienen sie dem unbewaffneten Auge (Fig. 30. A.) nicht mehr so glänzend hell und durchsichtig wie früher, was offenbar von einem äufseren Anfluge herrührte. In der That zeigten sich nun auch die Eier unter der Loupe (Fig. 30. B.) und dem Mikroskope an ihrer ganzen Oberfläche, selbst an den beiden Polen, obgleich hier schwächer, mit theils einzeln, theils dicht gedrängt stehenden eigenthümlichen Körperchen besetzt, welche dieser Oberfläche fest anhafteten und die ich für die Anfänge der sogenannten Zotten des Chorions halten muss. Dieselben (Fig. 30. C.) erschienen als dunkelrandige, unregelmäfsig eckige, oft mit doppelten Contouren versehene glänzende Körnchen, wie ich ähnliche noch sonst an keiner organischen Bildung gesehen habe. Sie waren nicht aus Molecülen zusammengesetzt, keine Zellenkerne, auch noch weniger Zellen, und gröfser als sonst Elementarkörnchen. Die am weitesten in dem Uterus nach abwärts befindlichen und gröfsten Eier waren am stärksten mit solchen Körnchen besetzt, die kleineren und höher oben befindlichen viel schwächer. Uebrigens hatte aber die äufsere Eihülle noch immer dieselbe structur- und texturlose Beschaffenheit, wie früher, und wie sie die Zona pellucida immer besitzt, war daher auch unzweifelhaft noch immer dieselbe und jene Körnchen mussten sich von aufsen an sie angesetzt haben.

Die Keimblase hatte die schon oft gesehene Beschaffenheit, d. h. sie bestand aus verschmolzenen Zellen, deren Kerne aber noch deutlich sichtbar waren, und an der Oberfläche und den Rändern konnte man auch überall noch primäre, kernhaltige Zellen in verschiedenen Gröfsen sehen. Aufserdem aber bemerkte ich über die ganze Keimblase mit Ausnahme des Fruchthofes zerstreuet und selbst noch bei schwächerer Vergröfserung sichtbar (Fig. 30. D. u. E.), sternförmig gestaltete Zellen, welche oft mit ihren feinfaserigen Ausläufern auf einander stiefsen. Sie waren meist nach zwei oder drei Seiten ausgezogen. Kerne konnte ich in ihnen nicht bemerken. Es wollte mir nicht gelingen, ihre Lage mittelst Stellung des Mikroskopes genau zu ermitteln, ob sie eine oberflächliche oder tiefer gelegene Schichte der Keimblase einnahmen. Uebrigens war ihre Bildung aber so bestimmt, dass ich sie mittelst der Camera lucida zeichnen konnte. Ich habe solche sternförmige Zellen an der Keimblase des Hundes nicht wieder gesehen, wohl aber bei dem Kaninchen. Was wir über die ersten Anfänge der Gefäfsbildung nach Schwann wissen, lässt vermuthen, dass diese sternförmigen Zellen die erste Andeutung auch der Gefäfsbildung in der Keimblase sind, welche später als ein eigenes Blatt zwischen dem animalen und vegetativen auftritt. Doch habe ich diese weitere Entwicklung derselben nicht beobachten können.

Uebrigens waren an der Keimblase die beiden genannten Blätter derselben sehr deutlich zu erkennen und es schien mir, als wenn jetzt das vegetative Blatt sich bereits an der ganzen Innenfläche des animalen ausgedehnt und daher gleichfalls zur Blase gestaltet hätte. Der Fruchthof hatte seine gewöhnliche Beschaffenheit, d. h. er war noch rund, gleichmäfsig dunkel durch die gleichmäfsige Anhäufung von Zellen, Kernen und Molecülen und lag frisch ohne Zusatz ganz in der Ebene der Keimblase. Wenn sich letztere nach irgend einem Zusatze aber stärker zusammengezogen hatte, so ragte der Fruchthof jetzt beträchtlich über die Ebene derselben hervor und das Material desselben verhielt sich dann so, dass man eine dunklere Peripherie und eine hellere Mitte unterscheiden konnte.

In allen bisherigen Beobachtungen waren die Eier noch immer, wenn gleich an ihren bleibenden Stellen, völlig frei im Uterus gewesen. Bei vorsichtiger Eröffnung desselben findet man sie in allen vorbeschriebenen Stadien nirgends mit dem Uterus in fester Verbindung, wenn sie gleich, wie in dem letzten Falle, die Höhle desselben schon ziemlich ausfüllen. Auch äufserlich sind sie dann noch nicht zu erkennen. Jetzt aber tritt nun bei raschem Wachsen der Eier, wodurch sie dann auch schon von aufsen an einer geringen Anschwellung und durchscheinenden Beschaffenheit des Uterus erkennbar werden, eine innige Verbindung zwischen Ei und Uterus ein, die es von da an, bei der äufsersten Feinheit der äufseren Eihaut absolut unmöglich macht, die Eier unverletzt aus dem Uterus herauszubringen. Später, wenn diese äufsere Eihaut sich durch Anlage anderer, später zu erwähnender Gebilde verstärkt hat, kann man die Verbindung zwischen ihr und dem Uterus wieder lösen, und man überzeugt sich dann, dass sie durch die Zotten dieser äufseren Eihaut hervorgebracht wird, welche sich in die Ausführungsgänge der Uterindrüsen eingesenkt haben. Zugleich aber wird das Ei auch von dem Uterus gewissermafsen in einer Zelle desselben eingeschlossen und umfasst, so dass nur die beiden Pole des Eies, welche sich bei dem Hunde citronenförmig ausziehen, in die Höhle des übrigen Uterus hineinsehen, das ganze übrige Ei aber, namentlich von der sich jetzt stark entwickelnden Schleimhaut, wie in einer Zelle eingeschlossen wird.

So geschieht es denn nun, dass, wenn man auf diesem und den zunächst folgenden Stadien den an der Stelle des Eies ganz prallen und gespannten Uterus auch noch so vorsichtig unter Wasser oder an der Luft öffnet, dennoch, wenn man endlich die Schleimhaut über dem Eie trennt, auf einmal die Uterinzelle unter Ausfliefsen einer gewissen Menge einer ganz krystallhellen und, wie es scheint, eiweifshaltigen Flüssigkeit zusammensinkt, ohne dass man auch nur im Geringsten bemerken kann, dass dabei eine Eihülle zerrissen wird. In der That ist dieses auch von allen früheren Beobachtern nicht bemerkt worden. Wenn man aber die so eben vorausgegangenen Stadien und dann wieder die späteren, wo man das Ei unverletzt aus dem Uterus herausbringen kann, kennt und berücksichtigt, so kann es keinem Zweifel unterworfen sein, dass auch jetzt eine Eihülle vorhanden sein muss, welche jene Flüssigkeit einschliefst und den Uterus ausdehnt, mit letzterem aber auf das Innigste vereinigt und zugleich äufserst zart ist. Von ihrer Gegenwart kann man sich auch direct überzeugen, wenn man die Schleimhaut des Uterus von den Polen des Eies aus mit gröfster Vorsicht trennt. Dann kommen eben diese Pole des Eies von der Schleimhaut nicht eingeschlossen zum Vorscheine; nun aber, wenn man die Trennung noch weiter fortzusetzen sucht, reifst die äufsere Eihaut ein und der Uterus sinkt zusammen.

Auf dem jetzt zu betrachtenden Stadium ist dann aber die Keimblase innerhalb der äufseren Eihaut noch ganz frei. Wenn deshalb auch letztere einreifst, so kommt dennoch erstere als ein elliptisches oder bald citronenförmig gestaltetes, frei liegendes Bläschen zum Vorscheine und kann leicht zur Untersuchung aus dem Uterus herausgenommen werden; doch ist sie allerdings so zart, dass, wenn man nicht unter einer Flüssigkeit arbeitet, auch sie sehr leicht platzt, zusammensinkt und man gar nichts mehr zu sehen bekommt. Etwas später wird die Sache noch schwieriger und schlimmer. Dann hat sich die Keimblase mit ihrem äufseren Blatte, an die äufsere Eihaut dicht angelegt und durch diese auch an den Uterus. Wenn man nun die Schleimhaut des letzteren über dem Eie trennt, so reifst nicht nur die äufsere Eihaut, sondern auch die Keimblase mit ein, und man sieht dann meist gar nichts, wenn man nicht äufserst vorsichtigt ist und die Verhältnisse genau kennt, wovon ich später noch mehr mittheilen werde. —

In diesen Verhältnissen, die wohl beachtet werden müssen und die ich erst durch viele Erfahrungen kennen lernte, sind viele Angaben und Klagen der früheren Beobachter begründet, welche theils die äufsere Eihaut nicht bemerkt haben, wie z. B. die Herren Prevost und Dumas, oder selbst das ganze Eichen nicht fanden, wie es zuweilen Hrn. v. Baer und immer Hausmann ging, welcher Letztere daher selbst zu dieser Zeit das Ei noch nicht vorhanden glaubte.

XLIII. Am 23sten August 1840 untersuchte ich eine Hündin, welche sich vor 14 Tagen zum letzten Male hatte belegen lassen. Es zeigten sich in dem rechten Uterus zwei, im linken drei Eier, welche bereits an kleinen Anschwellungen desselben zu bemerken waren (Fig. 31. A.). Wenn ich nun ein ein Ei enthaltendes Stück des Uterus unter einer Flüssigkeit öffnete, so fiel dabei die Zelle des Uterus zusammen, ohne dass ich das Zerreifsen der äufseren Eihaut wahrnemen konnte, und im Inneren schwamm ganz frei die Keimblase (Fig. 31. B.). Dieselbe war an beiden Polen schwach ausgezogen, einer Citrone gleich, gegen 2 P. L. lang und etwas über 1 P. L. breit. Sie hatte den schon oft beschriebenen Zellenbau, der vorzüglich noch an den hellen glänzenden Kernen erkennbar war, während die Zellen unter einander verschmolzen waren. Der Fruchthof war rund und in der Mitte etwas heller (Fig. 31. C.). An diesen Eichen entdeckte ich zuerst die Zusammensetzung der Keimblase aus zwei Blättern, dem animalen und vegetativen, woran ich bis dahin nicht im Entferntesten bei einem so höchst zarten und feinen Bläschen gedacht hatte. Die Veranlassung dazu gab eine eigenthümliche Veränderung, welche die Eichen in dem Fruchthofe durch den Aufenthalt im Wasser erlitten, welche ich hier schildern will, theils weil Andere dieselbe Erfahrung machen könnten, theils weil ich sie in Beziehung auf später zu erörternde Streitfragen für wichtig halte. Es geschah nämlich hier zuerst, was auch sonst bei Aufenthalt der Keimblase in einer heterogenen Flüssigkeit zu geschehen pflegt; die Keimblase wurde sehr zusammengezogen und der Fruchthof bei seiner verschiedenen Dichtigkeit halbkugelig über die Ebene der Keimblase hervorgetrieben. Während ich nun eins dieser Eichen unter der Loupe betrachtete, löste sich allmälig der dunkele Rand des Fruchthofes von der Continuität der übrigen Keimblase ab, der Fruchthof zog sich noch stärker zusammen und bildete nun statt eines Kreise seine Ellipse. Zu meinem Erstaunen wurde aber dadurch die Keimblase nicht geöffnet, sie sank nicht zusammen, und als ich der Möglichkeit davon näher nachforschte, entdeckte ich unter dem Mikroskope, dass sich unter dem losgelösten Theile des Fruchthofes noch eine sehr zarte Lage von polyedrisch gegen einander angedrängten Zellen herzog, welche die Keimblase noch verschloss. Ja, ich konnte sogar den oberen dickeren Theil des Fruchthofes gänzlich mit der Nadel entfernen, ohne dass die Keimblase hier geöffnet wurde. Anfangs war mir diese Erscheinung ganz räthselhaft und ich theilte auch mein Befremden dem damals gerade in Heidelberg bei mir anwesenden Hrn. Dr. Krohn aus Petersburg mit. Später aber löste sich mir das Räthsel. Die Keimblase bestand nämlich hier, wie immer zu dieser Zeit, aus ihren zwei dicht an einander anliegenden Blättern. In beiden ist auch der Fruchthof durch eine an dieser Stelle dichtere Anhäufung des Materials an Zellen, Zellenkernen und Körnchen entwickelt, vorzugsweise aber ist dieses in dem oberen, animalen Blatte der Fall, und hier ist wieder das Material des Fruchthofes in seiner Peripherie dichter als in seinem Centrum. Wenn nun die dem Eichen zugesetzte heterogene Flüssigkeit in der ganzen Keimblase eine Contraction und Condensation aller sie constituirenden Zellen bewirkt, so entwickelt sich zwischen dem dichter angehäuften Material des Fruchthofes und dem seine Peripherie begrenzenden Theile des animalen Blattes eine verschiedenartige Spannung, und die Folge davon ist, bei der gleichzeitig schon beginnenden Maceration, dass eine Zusammenhangstrennung zwischen der Peripherie des Fruchthofes und dem in ihn übergehenden animalen Blatte eintritt. In dem vegetativen Blatte, wo das Material in dem Fruchthofe nicht so dicht angehäuft ist, ereignet sich dieses Alles nicht, daher bleibt durch dieses die Keimblase geschlossen, wenn auch der animale Theil des Fruchthofes ganz getrennt wird. Ich habe diese Erfahrung auch deshalb in Extenso mittheilen wollen, damit man sieht, dass ich zu der Unterscheidung der beiden Blätter der Keimblase nicht durch Speculation und als Nachfolger einer Theorie, sondern durch directe Beobachtung gekommen bin. Seitdem wurde ich ein Anhänger der sogenannten v. Baer'schen Theorie, wenn man ein Factum der unmittelbaren Beobachtung so nennen will. —

XLIV. Am 16ten November desselben Jahres untersuchte ich eine Hündin, welche sich Sonntag, am 1sten November, nicht mehr belegen liefs und nach Aussage des Verkäufers den Montag vorher zuerst belegt worden war. Die Eier waren schon äufserlich an leichten Anschwellungen des Uterus zu erkennen, vier auf der einen, drei auf der andern Seite, obgleich in jedem Eierstocke nur drei Corpora lutea vorhanden waren, so dass ein Graaf'sches Bläschen zwei Eier eingeschlossen haben musste. Die Eier waren genau auf demselben Stadium wie die vorigen. Auch bei ihnen sank der Uterus bei Trennung der Schleimhaut über dem Eie unter Zerreifsung der äufseren Eihaut zusammen und die Keimblase lag dann frei in der Uterinzelle. Allein am dritten Tage danach, wo also die Maceration schon bedeutend fortgeschritten war und die Theile ihre Spannung ganz verloren hatten, gelang es mir doch noch, die Uterinschleimhaut über dem Eie so zu trennen, dass ich mich auf das Bestimmteste von der Gegenwart der äufseren Eihaut überzeugte, obgleich ich ihre Continuität nicht erhalten konnte. Der Fruchthof dieser Eier war auch rund und nur in der Mitte etwas heller.

Wenn die Eier sich nun so weit entwickelt haben, so schreiten sie jetzt in der nächsten Zeit äufserst rasch fort. Der Fruchthof wird zunächst elliptisch, dann birnförmig, dann bisquit- oder guitarrenförmig und in seiner Längenaxe erscheint ein heller Streifen, die sogenannte Primitivrinne. Da hiermit nun aber die ersten Spuren des Embryo auftreten, so breche ich hier einstweilen den Faden ab, um über die bis jetzt mitgetheilten Beobachtungen noch einige Bemerkungen zu machen, und meine Ansichten über die in ihnen geschilderten Veränderungen der Eier auszusprechen. —

Der wichtigste Vorgang, welchen die vorstehenden Beobachtungen kennen lehrten, ist unzweifelhaft die Entwicklung der Keimblase aus den Kugeln, in welche wir am Ende des Eileiters und im Anfang des Uterus den Dotter zerlegt sehen. Ueber diesen Vorgang hat bis jetzt noch kein anderer Beobachter etwas veröffentlicht, als ich selbst. Bei dem Kaninchen, wo sich ganz dasselbe ereignet, habe ich (Entwicklungsgeschichte des Kanincheneies S. 89.) den Vorgang so hingestellt, dass, wenn die Dottertheilung vollendet ist, sich nun jede Kugel mit einer Zellhülle umgiebt, deren Kern jetzt der helle Centraltheil jener Kugel, deren Inhalt die Molecüle der Dotterkugel sind. Von diesen so entstandenen Zellen glaubte ich sodann, dass sie sich polygonal gegen einander drängten, unter einander und wohl auch unter Hinzukommen einer Intercellularsubstanz, verschmölzen, abplatteten und so eine Membran, eben die Keimblase darstellten.

Ich muss gestehen, dass ich auch für den Hund die Thatsachen noch auf keine bessere Weise combiniren kann. Es scheint, dass hier, ehe die Kugeln sich mit Zellmembranen umgeben, die ganze Kugel eine Art Expansion, ein Aufquellen erfährt, vermöge dessen die Dotterkörnchen mehr von einander entfernt werden und der helle Kern zum Vorscheine kommt. Die bei dem Hunde weit charakteristischeren Dotterkörnchen, als bei dem Kaninchen, machen es hier möglich, die Veränderungen und Schicksale, welche das ursprüngliche Material des Eies bei seiner Entwicklung erfährt, genauer und sicherer zu verfolgen, als bei dem Kaninchen. Ich kann hier bestimmt sagen, dass während die Dotterkörnchen früher, so lange sie die Kugeln bildeten, sicherlich von keiner Zellmembran umschlossen sind, sie später, wenn sie mehr von einander entfernt, jene Ringe oder Kreise bilden, ebenso sicher von einer solchen Zellmembran umhüllt sind. Ich konnte letztere bestimmt erkennen und sah die Molecülarbewegung, welche die Körnchen innerhalb der Zelle vornahmen. Es ist daher auch gewiss, dass der helle Kern, oder das Bläschen, welche man in den früheren Dotterkugeln bemerkt, später der Kern dieser Zellen ist, und deshalb musste ich mich schon oben gegen die Ansicht des Hrn. Dr. Kölliker erklären, welcher gefunden, dass diese hellen Centralgebilde der Dotterkugeln bei mehreren Thieren, namentlich Eingeweidewürmern, kernhaltige Zellen sind, welche er als eigentliche Embryonalzellen bezeichnet, in die sich der ganze Dotter nach und nach umwandelt. Bei dem Hunde werden die Centralgebilde der Dotterkugeln der letzten Dottertheilung nach Allem, was ich darüber beobachten konnte, unmittelbar die Kerne der ersten eigentlichen Zellen, welche die Keimblase bilden.

In den Dotterkugeln sind aber jene Centralgebilde unzweifelhaft Bläschen und wir haben daher allerdings den Fall, dass Bläschen die Rolle von Zellenkernen spielen. Indessen habe ich schon oben bemerkt, dass ich deswegen doch nicht der Ansicht beitreten kann, dass alle Kerne Bläschen sind. Denn so wie hier die Beobachtung die Bläschennatur darthut, so widerspricht sie in anderen Fällen, wie z. B. bei dem Kerne des Keimbläschens.

Während des raschen Wachsens des ganzen Eies und der Keimblase findet sicher auch eine Bildung neuer Zellen Statt und in gleichem Grade nimmt die Zahl der Dotterkörnchen in den bereits vorhandenen Zellen ab, bis dass dieselben alle, mit Ausnahme derer in dem Fruchthofe, verschwunden sind. Ich ziehe daraus den Schluss, dass sie eben zu der neuen Zellenbildung verwendet werden und dass vielleicht jedes Dotterkörnchen der Kern einer neuen Zelle wird, obgleich ich mit Ausnahme des angeführten Parallelismus zwischen der Vermehrung der Zellen und der Verminderung der Dotterkörnchen, keine directen Beobachtungen zur Stütze dieses Schlusses habe. Es scheint, dass sodann die gebildeten Zellen sehr bald mit einander verschmelzen, so dass Augenblicke vorkommen können, wo man sehr wenige eigentliche Zellen sieht und nur noch deren Kerne übrig sind. Wenigstens erkläre ich es mir bis jetzt so, dass während ich zuweilen ganz entschieden den Zellenbau an der Keimblase, auch freie primäre Zellen erkennen konnte, ich in anderen Fällen nur noch die Kerne und Spuren der Zellen beobachtete. Es könnte indessen auch sein, dass hier ein Fall eintritt, dessen auch Henle in seiner Allgem. Anat. S. 188 u. 198 gedacht hat, dass nämlich die ganze Cytoblastemschichte eine einfache Haut bildet, in welcher die Kerne liegen, ohne dass es je zur Ausbildung isolirter Zellen kommt; sie verschmelzen gewissermafsen früher, als sie gebildet sind.

Was die so auffallende und schöne regelmäfsige Stellung der Dotterkörnchen in den ersten sich bildenden Zellen in concentrischen Kreisen um den hellen Kern herum betrifft, die dem Hundeeie auf diesen Stadien ein so eigenthümliches, wahrhaft brillantes, auch von v. Baer bemerktes Ansehen giebt, so vermutet Henle in seiner Allgemeine Anatomie S. 161, dass dieselbe dadurch herbeigeführt werde, dass die Dotterkörnchen im Inneren nach und nach verschwänden, während die an der Peripherie übrig blieben. Der Anschein von Ringen müsse unter dem Mikroskope entstehen, wenn Körnchen gleichmäfsig über eine Kugelfläche ausgebreitet sind, weil jedes Mal nur eine durch die Kugel gelegte Ebene sich im Focus befinde. Dieses hätte nun allerdings sehr gut der Fall sein können; allein wiederholte sehr genaue Beachtung dieses Punktes hat mich überzeugt, dass es sich dennoch nicht so verhält. Veränderung in der Stellung des Mikroskopes würde die von Henle vermuthete Anordnung der Dotterkörnchen sogleich haben erkennen lassen. Allein es zeigte sich dabei gerade ganz bestimmt, dass besonders, wenn die Zahl der Körnchen in jeder Zelle schon abgenommen, dieselben genau nur in einer Ebene liegen. Ich glaube dieses nur mit einer schon vorhandenen Abplattung der Zelle in Verbindung bringen zu können.

Die Zellenproduction in der wachsenden Keimblase ist ein Punkt meiner ganz besondern Aufmerksamkeit gewesen. Es wird schwerlich einen Ort geben, wo man diesen wichtigsten organischen Vorgang so einfach und übersichtlich beobachten zu können erwarten dürfte. Dennoch bin ich hierin nicht glücklich gewesen. Ich habe Zellen auf allen Stadien ihrer Bildung gesehen. Noch ganz kleine, die eben den Kern umgaben, und in allen Gröfsen; mit ganz wasserhellen und mit molecülarem Inhalt, endlich sehr selten Zellen mit zwei Kernen, nie eine Zelle in einer andern eingeschlossen. Entweder ist daher diese Art der Zellenbildung und Vermehrung sehr selten, oder es müsste mich ein besonderes Missgeschick verfolgt haben. Zur Entscheidung solcher Fragen gehört allerdings eine sehr grofse Vervielfältigung der Beobachtungen. Mögen meine Vorarbeiten Anderen solche Erleichterung gewähren, dass sie auf diesen Punkt ihre Aufmerksamkeit noch mehr concentriren können. Die Frage nach der Zellenbildung ist sicher eine der wichtigsten; es möchte keinen Ort geben, wo man sie vor Täuschungen gesicherter beantworten kann, als gerade bei dem Säugethiereie.

Was den Fruchthof betrifft, so glaube ich, dass er seinen Ursprung aus einigen von der Theilung des Dotters übrig bleibenden Kugeln nimmt, welche sich nach und nach in Zellen umwandeln, vermehren, und dass er durch vorzugsweise hier erfolgenden Massenansatz, der anfangs in Elementarkörnchen oder Molecülen auftritt, wächst und sich ausdehnt. Allein auch hier will ich die mir gebliebenen Zweifel nicht verdecken. Es wird gewiss bei Jedem die Frage entstehen, ob die Anlage zu diesem Fruchthofe, dem wesentlichsten Theile des Eies, nicht schon von Anfang an im Dotter vorhanden sein möge. Ich habe darüber nichts beobachten können; nur macht es mich unsicher, dass ich unter den oben mitgetheilten Beobachtungen zwei Mal zwischen den Dotterkugeln ein Häufchen kleiner blasser Zellen sah, deren Ursprung und Bedeutung ich nicht kenne. Nur wer die Schwierigkeiten dieser Beobachtungen kennt, wird es begreiflich finden, wie ich nach Untersuchung von mehr als hundert Eiern, doch noch über einen solchen Punkt zweifelhaft sein kann. Auch für ihn wünsche ich mir glücklichere, aber auch vorsichtige Nachfolger. —

Für eins der wesentlichsten Resultate meiner Beobachtungen halte ich die Nachweisung der beiden Blätter der Keimblase. Die Entwicklung des inneren oder vegetativen Blattes erfolgt später, als die des animalen, welches das unmittelbare Product der Metamorphose des Dotters ist. Das vegetative ist eine vom Fruchthofe peripherisch sich weiter ausbreitende Zellenbildung und Ablagerung an der Innenfläche des animalen Blattes. Ich hebe es nochmals hervor, dass ihre Annahme nicht Folge einer Theorie oder Hypothese, sondern Thatsache der Beobachtung ist, welche auch Anderen zu demonstriren ich mich anheischig mache. Daher fühle ich mich auch ganz unberührt von einem theoretischen Conflicte, in welchen mich neuerdings Hr. Dr. Reichert hineinzuziehen sich bemüht hat, indem er eine von ihm aufgestellte und zwar sogar ideale Entwicklungstheorie der von mir befolgten und von Hrn. v. Baer entlehnten gegenüberstellt. Soweit Hrn. Dr. Reichert's Theorie auf Beobachtungen basirt, welche er beim Frosche, aber auch bei dem Vogel angestellt haben will (Das Entwicklungsleben im Wirbelthierreiche. Berlin 1844.) und ebenso für die Säugethiere anzunehmen scheint, und so weit mir dieselbe so verständlich geworden, dass ich sie für Andere verständlich wiedergeben kann, beruht sie wesentlich auf folgenden Angaben:

Das Erste, was sich nach Hrn. Dr. Reichert als Entwicklungsproduct des Eies bildet, ist bei den eierlegenden Thieren eine den Dotter bald ganz umhüllende, oberflächliche Schichte von polyedrisch sich an einander anlegenden Zellen, die durchaus in kein Gebilde des zukünftigen Embryo wesentlich mit eingeht, sondern denselben nur zum Schutze und zur Stütze dient, die er die Umhüllungshaut genannt hat. An diese lagern sich sodann von innen her die den Embryo künftig darstellenden Gebilde schichtweise an, welchen er verschiedene Bezeichnungen gegeben hat, auf die es hier nicht nöthig ist, einzugehen. Wie aus dem Berichte der Königlichen Akademie der Wissenschaften zu Berlin vom Monate

Juli 1842, S. 220, und aus der neuesten Schrift des Hrn. Dr. Reichert hervorgeht, scheint er für die Säugethiere einen gleichen Vorgang zu postuliren. Die Schichte von Zellen, welche sich aus den Dotterkugeln bildet, und die ich Keimhaut genannt habe, nennt er auch hier die Umhüllungshaut. Der Fruchthof oder Embryonalfleck entsteht als ein Haufen von Zellen unter der Umhüllungshaut und breitet sich allmälig unter Bildung neuer Zellen an der ganzen inneren Fläche dieser Umhüllungshaut aus. In dieser Schichte, nicht in der Umhüllungshaut, entstehen die ersten Anlagen des Embryo innerhalb des Fruchthofes. —

Ich kann über diese Angaben, was das Frosch- und Vogelei betrifft, keine Entscheidung geben, da ich ersteres auf's Neue zu untersuchen noch keine Zeit und Gelegenheit finden konnte, bei dem Vogeleie aber mir es unmöglich wurde und unmöglich scheint, durch directe Beobachtung über das angegebene Verhältniss Auskunft zu erhalten. Dafür ist aber gerade das kleine durchsichtige Säugethierei ganz besonders geeignet, sich durch directe Beobachtungen von den obwaltenden Verhältnissen zu unterrichten. Es müsste und würde hier leicht sein, sich davon zu überzeugen, ob der Fruchthof eine unter der von mir Keimblase genannten Zellenlage auftretende Bildung ist, also von derselben bedeckt wird, oder ob derselbe in der Ebene derselben liegend, nur der Centraltheil derselben ist. Nun aber kann man sich leicht überzeugen, dass der Fruchthof weder jetzt noch später von einer solchen Lage polyedrischer Zellen bedeckt ist, sondern dass dieselben unmittelbar in seine Peripherie übergehen, und die Elemente des Fruchthofes (Zellen, Zellenkerne und Elementarkörnchen) nach Entfernung der Zona oder äufseren Eihaut ganz unbedeckt zu Tage liegen. Ein einigermafsen im Gebrauche des Mikroskopes geübter Beobachter, wird sich leicht durch verschiedene Stellung des Mikroskopes von der Richtigkeit dieser Angabe überzeugen können. Wegen dieses Punktes habe ich in einer der obigen Beobachtungen auch vorzüglich auf jene Erscheinung aufmerksam gemacht, wo sich wegen der Einwirkung einer heterogenen Flüssigkeit auf das verschieden dichte Material des Fruchthofes und der sich in seiner Peripherie ansetzenden Keimblase der Fruchthof in seinem animalen Blatte ablöste. Ein solches Ereigniss wäre bei einer Einrichtung nach Reichert's Angabe gar nicht oder erst nach Zerstörung seiner Umbüllungshaut möglich gewesen.

Da sich nun auf diesen Ausgangspunkt die ganze Theorie des Hrn. Dr. Reichert stützt und ich denselben zum wenigsten bei den Säugethieren als durchaus irrig erkannt habe, so ist es auch unnöthig, weiter irgend auf diese Theorie einzugehen, wie zwingensollende Raisonnements dafür Hr. Dr. Reichert auch anführen mag. Ich kenne kein anderes Kriterium für irgend eine Theorie, als das der aufmerksamen, nüchternen und denkenden Beobachtung, und wo diese widerspricht, ist für mich auch der Theorie das Urtheil gesprochen. — Noch will ich indessen bemerken, dass mir bei Thieren, deren Embryo kein Amnion besitzt, wie eben Frösche und Fische, eine Einrichtung, wie Dr. Reichert sie schildert, aus allgemeinen Gründen noch wahrscheinlicher ist. Das animale Blatt der Keimhaut der Säugethiere wird, indem es das Amnion bildet, zu einer solchen Umhüllungshaut, wie wir später noch sehen werden.

Dass Hr. v. Baer auch an der Keimblase der Säugethiereier zwei Blätter annimmt, habe ich bereits oben erwähnt, zugleich aber auch, dass man leider vermisst, ob diese Annahme ein Schluss der Analogie oder Resultat der Beobachtung ist. Es bleibt mir daher nur übrig, auch noch zu erwähnen, dass auch Hr. Coste, zwar nicht in seiner Ovologie du chien, aber in seiner allgemeinen Exposition der Entwicklung des Säugethiereies, Embryogénie comparée. p. 113. und in seiner Ovologie du lapin. p. 460. an der vesicule blastodermique zwei und drei Lagen unterscheidet, auch auf diese Unterscheidung l. c. p. 119. eine Théorie de l'enveloppe extérieure et de la formation du canal intestinal, gründet. In der That werden wir sehen, dass zu den zwei bis jetzt von mir unterschiedenen Blättern der Keimblase, später noch ein 'drittes, das Gefäfsblatt, hinzukommt. Auch will ich nicht in Abrede stellen, dass Hr. Coste vorzüglich, wie er selbst sagt, später zwei Blätter an der Nabelblase unterschieden hat. Allein ich muss bemerklich machen, dass die von mir unterschiedenen und nachgewiesenen Blätter sich ganz anders verhalten, als Herr Coste es von den seinigen angiebt, wie sich später noch genauer herausstellen wird. Ich gründe auf ihre Unterscheidung keine Theorie, sondern werde nur die Thatsachen der Beobachtung über ihr Verhalten angeben.

Das Ei des Hundes erhält nach meinen vorstehenden Beobachtungen weder im Eileiter, noch im Uterus Eiweifs umgebildet. Diese ganz zuverlässige Thatsache unterscheidet das Ei dieses Thieres sehr bemerkenswerth von dem Eie des Kaninchens, welches, wie ich gezeigt habe, eine sehr bedeutende Schichte Eiweifs im Eileiter erhält und auch noch im Anfange des Uterus besitzt. Dasselbe verschwindet alsdann indessen auch bei dem Kaninchen bald, indem es sich mit der Zona vereinigt und mit ihr die äufsere Eihaut darstellt, welche bei dem Hundeeie diese Zona allein bildet. Es ist daher auf diese Bildung von Eiweifs kein grofses Gewicht zu legen; und hat dasselbe gar keinen wesentlichen Einfluss auf die Gestaltung des Eies und seiner Hüllen. Um so unbedeutender ist es daher, dass Hr. Dr. Reichert in seiner letzten Schrift mir einen grofsen Vorwurf daraus gemacht hat, dass ich gesagt habe, das Eiweifs »verbinde« sich mit der Zona zur Bildung der einfachen äufseren Eihaut, anstatt dass ich hätte sagen sollen, es diene »als Nahrungssubstanz«. Ich denke, Jeder wird die Aufnahme und Verbindung einer Substanz mit einem Organe oder Organismus für gleichbedeutend mit einer Ernährung durch dieselbe halten. Indessen hat mir Hr. Dr. Reichert auch noch den Ausdruck »verwachsen« untergeschoben, welcher indessen ganz auf seine Kosten fällt, da ich mich desselben nirgends bedient habe. Von der Schleimhaut des Uterus wird in dieser Periode auch kein anderes Gebilde geliefert, welches bestimmt wäre, dem Eie einen Ueberzug zu ertheilen, z. B. eine sogenannte Decidua, worüber bei dem nächsten Stadium noch etwas Näheres anzugeben sein wird. —

Auf der Zona oder der äuferen Eihaut entstehen die Zotten, als ein Ansatz organischer Elemente in eigenthümlicher Form. v. Baer hat geglaubt, diese Zottenbildung schon bei Eiern von ⅓—½ P. L. im Durchmesser beobachtet zu haben. Obgleich die Gröfse des Eichens kein absoluter Mafsstab für das Stadium seiner Entwicklung ist, so muss ich doch bemerken, dass ich nie bei so kleinen Eiern den Anfang von Zottenbildung gesehen habe. Die meinigen waren bereits 1½—2 P. L. grofs. Der ganze Vorgang dieser Zottenbildung aber erscheint als ein eigenthümlicher, für welchen auch ich keine Analogie anzugeben vermag. So lange aber bei der Angabe über denselben kein factischer Irrthum nachgewiesen wird, so lange wird Hr. Reichert deshalb vergeblich dagegen demonstriren. Ich theile mit, was ich bei möglichst sorgfältiger und keineswegs gedankenloser und unbewusster Beobachtung bemerken konnte. Weichen diese Angaben von sonst bekannten Vorgängen und Vorstellungen ab, so erweckt dieses allerdings nicht jenes befriedigende Gefühl vo n Sicherheit und Einheit, nach welchem man strebt. Allein es charakterisirt in meinen Augen einen Naturforscher hinlänglich, wenn er sich erlaubt, solche Beobachtungen, statt durch sorgfältig angestellte andere Beobachtungen, nur nach „allgemein anerkannten anatomisch physiologischen Principen“ verwerfen zu wollen, wie Hr. Dr. Reichert. Würden die ersten Anfänge der Zotten in der Form von Zellen und Zellenkernen erscheinen, so würde Hr. Dr. Reichert wahrscheinlich nichts dagegen haben. Da sie dieses nicht thun, so muss die Beobachtung falsch sein!!? Zum Glück oder zum Unglück sind die „allgemein anerkannten anatomisch physiologischen Principe“ noch so sparsam an Zahl, besonders bei der Frage nach den Elementar-Vorgängen organischer Bildungen, dass die Mehrzahl besonnener Naturforscher wohl noch nicht geneigt sein wird, mit Hrn. Dr. Reichert apodictische Veto's einzulegen, wo gegen dieselben scheinbar verstofsen wird.

Was die Zeitverhältnisse dieses ersten Entwicklungsstadiums der Eier im Uterus betrifft, so lässt sich darüber schon deshalb nichts Bestimmtes erwarten und aussagen, weil die Eier schon zu verschiedenen Zeiten in den Uterus eintreten. Sodann schreitet auch höchst wahrscheinlich noch in diesem Stadium die Entwicklung bei verschiedenen Individuen verschieden schnell fort; im Anfange besonders langsam, später schneller, indem in der letzten Zeit die Eier in 24 Stunden um das Dreifache ihres Durchmessers wachsen können. Sowie ich aber oben festsetzen konnte, dass man unter den gewöhnlichen Verhältnissen die Eier nicht vor dem achten, neunten Tage nach der ersten Begattung im Uterus erwarten könne, so glaube ich ebenso sagen zu können, dass man nicht leicht vor dem einundzwanzigsten Tage nach der ersten und dem zwölften bis vierzehnten Tage nach der letzten Begattung die erste Spur des Embryo finden wird. Die zuletzt beschriebenen Stadien, wo das Ei schon an einer leichten Anschwellung des Uterus erkennbar und die Zona schon mit der Uterinschleimhaut innig vereint ist, habe ich 11, 13, 14 und 15 Tage nach der letzten Begattung, die man gewöhnlich leichter ermitteln kann, als die erste, gefunden. Wenn daher die Herren Prevost und Dumas sagen, sie haben die erste Spur des Embryo am zwölften Tage gesehen, so muss ich annehmen, dass sie gerade von der allerletzten Begattung an gerechnet haben. Mit der Zeitrechnung des Hrn. v. Baer (Commentar etc. S. 181 und folgende) stimmt dagegen die meinige am meisten überein.

Die das Ei in dem Uterus fortbewegenden Kräfte sind höchst wahrscheinlich nur die Contractionen des Uterus, wenigstens habe ich von einem Flimmer-Epithelium der Schleimhaut desselben und einer Wirkung eines solchen auf die Eier nie etwas bemerken können. Dass durch diese Contractionen des Uterus die Eier von einer Seite dessel-

ben auf die andere hinübergeführt werden können, halte ich für eine sehr bemerkenswerthe, aber sicher ausgemachte Thatsache. Denn wenn man gleich vielleicht sagen könnte,
dass die Zahl der gelben Körper in den Eierstöcken kein sicheres Urtheil begründeten,
weil sowohl Eier abortiren, als auch mehrere in einem Graaf'schen Bläschen enthalten
sein könnten, so halte ich es doch für sehr unwahrscheinlich, dass sich dieses gerade in
der Weise combiniren sollte, dass, was auf der einen Seite abortirt wäre, gerade durch
Ueberzahl auf der andern Seite ersetzt worden wäre. Vielmehr hängt dieses Ueberwandern
wohl überhaupt mit dem unbekannten Gesetze zusammen, welches die Vertheilung der
Eier in dem Uterus auch auf derselben Seite bestimmt, so dass sie Raum zu ihrer späteren
Entwicklung haben. —

Das Ei des Hundes von der Zeit des Auftretens der ersten Spur des Embryo bis zur Entwicklung aller wesentlichen Eitheile und Organe.

Es war eins der wichtigsten Resultate der Untersuchungen der Herren Prevost und Dumas, dass sie zuerst darthaten, dass die ersten Rudimente des Embryo der Säugethiere in durchaus ähnlicher Weise wie die des Vogelembryo erscheinen, wie unvollkommen auch ihre Angaben und Abbildungen dieser ersten Spuren sein mögen. Ihre Beschreibung der Eier des Hundes von diesem Stadium ist folgende, p. 128: »L'Embryon se reconnait donc aisément sur les ovules de douze jours; mais sa forme et ses dimensions varient. Ceux qui nous paraîtroient les moins avancés ne sont plus ovales, et possèdent au contraire exactement la forme d'une poire qu'on supposerait très régulière. A la première inspection on peut y reconnaître trois parties. La tête de la poire est cotonneuse, marquée de petites tâches plus opaques que la membrane, parfaitement arrondie, et limitée par un bord frangé circulaire et deprimé légèrement. La queue est lisse, sillonée de quelques plis très faibles et profondement sinueuse au point où elle se réunit avec le corps de la poire. Celui-ci forme une espèce de bande ou de zône circulaire plissée longitudinalement avec une sorte de regularité. Mais elle est surtout rémarquable à cause d'une depression subcordiforme, qui s'observe à la partie supérieure. C'est le siège du développement de l'Embryon et celui peut déja s'y reconnaître. On voit en effet une ligne plus noire ou plus épaisse partir du centre de l'écusson et aboutir à sa pointe. En suivant les progrès du développement, nous verrons, que celle ligne est la moelle épinière ou son rudiment; c'est donc par elle que commence l'évolution du nouvel animal!

Si l'on examine des oeufs plus avancés . . . . ., l'ovule est devenu lisse dans toute sa surface, sauf l'endroit où se trouve le foetus. La ligne primitive est plus longue; elle s'est entournée d'un bourrelet saillant parallel à sa direction, et l'on observe dans la partie élargie de l'écusson une espèce d'arc de cercle relevé en bosse. L'écusson lui-même n'est plus subcordiforme; il est devenu ovale-lancéolé.

Plustard, l'écusson a prés l'apparence d'une lyre, le croissant s'est prolongé, et dessine à l'intérieure de celle-ci une ligne qui lui est entièrement parallèle, et le bourrelet qui environne le rudiment nerveux commence à perdre sur ses bords sa direction droite.«

Sie suchen sodann noch durch Beobachtungen bei dem Kaninchen zu beweisen, dass diese ligne primitive est bien réellement le rudiment de la moelle épinière. Aufserdem wollen sie die Eier selbst noch zu dieser Zeit complètement libres in dem Uterus gefunden haben, während sie die Veränderungen des letzteren selbst an der Stelle, wo die Eier sich befinden, ganz richtig beschreiben. —

Hr. v. Baer war in seinen in der Epistola und dem Commentare dazu niedergelegten Untersuchungen nicht so glücklich, die Eier des Hundes auf dem Stadium der ersten Erscheinung des Embryo zu beobachten. Er konnte an Eiern vom zwanzigsten Tage nach der ersten und siebenzehnten nach der letzten Paarung, nur eins so weit herausbringen, dass er jenen Primitivstreifen eben erkannte. Der dann zunächst von ihm meisterhaft untersuchte und beschriebene Embryo war schon ansehnlich weiter, und ich werde seiner später Erwähnung thun. Dennoch sprach er schon damals seine Ueberzeugung aus, dass sich der Embryo der Säugethiere genau ebenso entwickle, wie der der Vögel. In seiner Entwicklungsgeschichte, Bd. II. S. 189. schildert er aber nach fortgesetzten Beobachtungen diese erste Entwicklung, sowie ich dieses schon oben mitgetheilt habe. S. 28. sagt er dann, dass die weitere Entwicklung des Primitivstreifens ebenfalls gerade ganz wie beim Vogel fortschreite. Ich werde daher das, was er hierüber S. 69. desselben Bandes sagt, hier kurz anführen. Hier giebt er an, dass sich zuerst in der sogenannten Keimhaut eine hellere Mitte (Area pellucida) von einer dunkeleren Peripherie (Area opaca) scheide. Der durchsichtige Theil scheidet sich aber nochmals in eine Mitte und eine Peripherie. Die Mitte erhebt sich in Form eines länglichen Schildes und dieses ist der zukünftige Embryo. Er ist, wenn auch schildförmig, doch gleich anfangs länglich, und seine Längenaxe macht einen rechten Winkel mit der Längenaxe des Eies. Das Erste, was in ihm erkennbar wird, ist ein in der Axe des Schildes sich erhebender Wulst, der Primitivstreifen (Nota primitiva); von diesem aus erheben sich zu seinen Seiten zwei Wülste, wobei der Primitivstreifen selbst unkenntlich wird und in seiner Mitte eine sehr dünne, aus dunkelen Kügelchen bestehende Linie erscheint. Diese Linie ist die Wirbelsaite (Chorda spinalis), die Axe des Stammes des Thieres. Die beiden Wülste zu ihren Seiten sind die beiden Rückenhälften, und er nennt sie Rückenplatten (Laminae dorsales), und sie haben daher anfangs zwischen sich eine Rinne oder einen Halbkanal. Ihre oberen Kämme erheben sich, dann neigen sie sich von beiden Seiten gegen einander, verwachsen und bilden den Rücken. Dabei bilden sie zwischen sich einen Kanal; dieser ist der Kanal der Wirbelsäule. In ihm scheidet sich das Material für Rückenmark und Gehirn aus, welches auch anfangs als eine Röhre erscheint, die er die Medullarröhre nannte. Die äufsere Partie des oben erwähnten Schildes ist bestimmt, später die Brust- und Bauchwandungen zu bilden; v. Baer nannte sie daher die Bauchplatten (Laminae ventrales).

Dieser Schilderung der ersten Bildungsvorgänge des Embryo und der dabei eingeführten

Terminologie sind die deutschen Embryologen und Physiologen fast sämmtlich gefolgt, ohne wesentliche Abänderungen zu machen, und ich kann mich damit begnügen, zu bemerken dass R. Wagner in seinen Icones physiologicae. Tom. I. Tab. VI. Fig. 9. B. c. noch das Ei eines Hundes mit dem sogenannten Primitivstreifen abbildet. Nur Hr. Dr. Reichert weicht nach seinen Untersuchungen beim Frosch- und Vogelei, die aber, wie aus dem Berichte der Königlichen Akademie der Wissenschaften zu Berlin und seiner neuesten Schrift hervorgeht, von ihm auch für das Säugethierei bestätigt worden sind, von dieser Schilderung beträchtlich ab, indem sich seine ferneren Angaben an das schon oben rücksichtlich seiner sogenannten Umhüllungshaut Gesagte anschließen. Nachdem nämlich diese Umhüllungshaut (unsere Keimblase) gebildet ist, erfolgt nach Reichert an der Innenfläche derselben, da wo wir den Fruchthof fanden, die Bildung und Ablagerung einer Zellenschichte in Form eines länglichen Ovales, welches durch einen in der Längenaxe verlaufenden helleren, weißlichen Streifen in zwei Theile getheilt wird. Diese ovale Scheibe, welche offenbar v. Baer's Schildchen und dem zukünftigen Embryo entspricht, ist nach Reichert die Uranlage des centralen Nervensystemes, welches daher anfänglich als eine membranartige Zellenschichte erscheint. Der helle Streifen in ihrer Längenaxe, den v. Baer Primitivstreifen nannte, ist keine erhabene Leiste, sondern eine seichte Rinne, die Primitivrinne, entstanden in Folge der zu ihren beiden Seiten sich entwickelnden Urhälften des centralen Nervensystemes. Bei der weiteren Entwicklung ziehen sich letztere beiden gegen die Mitte hin zusammen, werden etwas dicker und erheben sich mit ihren äußeren Rändern. Die primitive Rinne gleicht sich aus und es entsteht eine Furche, die Rückenfurche, umgeben von zwei Wällen. Diese Wälle, die also dem Centralnervensystem angehören, sind v. Baer's Rückenplatten. Diese Wälle umwachsen dann die Rückenfurche und vereinigen sich über derselben mit ihren Rändern und zwar von dem vorderen, dem Gehirn entsprechenden Ende nach hinten fortschreitend, und das anfangs membranartig ausgedehnte Centralnervensystem verwandelt sich so allmälig in eine Röhre. (Vgl. Reichert's Entwicklungsleben im Wirbelthierreiche S. 117 und folgende.).

Hieran knüpft nun Reichert auch eine veränderte Darstellung der Entwicklung der übrigen Gebilde des Embryo. Ich brauche aber dieselbe nicht weiter zu verfolgen, da sie auf der Richtigkeit des von seinen Untersuchungen bis jetzt Mitgetheilten beruht und daher auch als irrig aufgefasst erscheinen muss, wenn ich das Erstere als irrig erwiesen habe. Ich will nur noch erwähnen, dass die Herren Coste und Delpech in ihrem Mémoire sur la génération des Mammifères et la formation des Embryons. p. 66., wenn ich sie recht verstanden habe, darin eine der Reichert'schen ähnliche Ansicht aufgestellt haben, dass sie ebenfalls die gesammte erste Anlage des Embryo für die Stränge des Centralnerversystemes des zukünftigen Embryo gehalten haben. In seinen späteren Untersuchungen, Embryogénie comparée. hat Hr. Coste wenig oder nichts über die erste Entwicklung der Embryonen mitgetheilt. Er beschreibt nur im Allgemeinen die Formveränderungen des Fruchthofes, seiner Tâche embryonnaire, und die Abschnürung derselben, indem sie sich zum Embryo ausbildet, von der Vésicule blastodermique, wodurch diese in die Vésicule ombilicale umgewandelt wird. Genauere und hier durchaus nöthige Details fehlen ganz. Kürzlich habe ich noch aus den Comptes rendus, 1843, gesehen, dass auch Hr. Serres sich bei seinen Untersuchungen über das Vogelei überzeugt hat, dass der sogenannte Primitivstreifen keine Substanzbildung, sondern eine Spalte oder Rinne ist, welche die Embryonal-Anlage in zwei Theile theilt.

Was Hr. Dr. Barry in der zweiten Reihe seiner embryologischen Untersuchungen (Philosoph. Transactions. 1839. P. II.) von der ersten Entwicklung des Embryo, die er aus einer Zelle ableitet, sagt, ist mir durchaus unverständlich geblieben, und wahrscheinlich auch ihm selbst nicht recht klar geworden.

Ich werde nun wieder meine eigenen Beobachtungen mittheilen, aus welchen mein Urtheil über die Angaben meiner Vorgänger eine abgeleitete Folge sein wird. Ich glaube so, wie bei dem Kaninchen, so auch bei dem Hunde die erste Entwicklung der Embryonen vollständiger verfolgt und beobachtet zu haben, als irgend einer meiner Vorgänger, wenn gleich auch ich diese Beobachtungen in noch gröfserer Zahl angestellt zu haben wünschen möchte. Das Hauptmittel, durch welches meine Beobachtungen in unmittelbarer Reihenfolge angestellt werden konnten, war das auch schon bei dem Kaninchen angewendete, nämlich das successive Ausschneiden einzelner die Eier enthaltender Theile des Uterus aus dem lebenden Thiere. Die Entwicklung schreitet, wenn der Embryo auftritt, so aufserordentlich schnell fort, die Veränderungen folgen so rasch auf einander, und andererseits ist die Zeitrechnung bei der Hündin so unsicher, dass man höchst wahrscheinlich auch durch eine zehnfach gröfsere Zahl von Thieren, als mir zu Gebote standen, nicht so weit kommen würde, als es mir durch dieses Mittel gelang. Ich erhielt durch dasselbe bei einem und demselben Thiere zwei, drei und vier verschiedene Stadien in der Aufeinanderfolge von 6 — 12 Stunden.

Die Operation ist leicht, fast schmerzlos und, wenn die Thiere nicht zu unruhig sind, äufserst schnell abgemacht. Ich öffne die Bauchhöhle in der unteren Bauchgegend, gerade in der Linea alba, um Blutung zu vermeiden, durch einen etwa 2 — 3 Zoll langen Schnitt. Wenn die Harnblase nicht gefüllt ist, gelingt es dann leicht, ein ein Ei enthaltendes Stück des Uterus vorzuziehen, ohne dass irgend ein anderes Eingeweide vortritt. Ich führe dann eine doppelte Ligatur durch das Mesometrium und schnüre die eine unter, die andere über der das Ei enthaltenden Stelle des Uterus um denselben in nicht zu grofser Nähe von dem Eie zu, und schneide hierauf mit der Scheere das Stück des Uterus aus. Die Thiere äufsern dabei nur sehr wenige Schmerzen. Nun bringe ich Alles in die Bauchhöhle wieder zurück und lasse eine der Ligaturen zu der Wunde heraushängen, die durch die Naht geschlossen wird. Nach 6 — 12 Stunden öffne ich die Naht wieder, entferne die durch das Exsudat verklebten Wundränder so schonend als möglich von einander, ziehe an der Ligatur den Uterus mit einem zweiten Eie hervor und verfahre mit diesem wieder ebenso. Wenn die Thiere ruhig waren, so habe ich dieses Verfahren, falls Eier genug vorhanden waren, viermal wiederholt, ohne dass die Entzündung zu heftig wurde. Immer gelingt dieses freilich nicht, die Thiere sträuben sich, es tritt die Harnblase, eine Darmschlinge, mehr von dem Uterus als man wünscht, aus der Wunde hervor; dann wird die

Entzündung heftiger und dann muss man sich mit zwei oder drei Stadien begnügen. Nur so lange das Ansehen des Uterus und der Eier ganz normal war, setzte ich das Verfahren fort. Sobald ich die geringste Spur von Entzündung an ihnen merkte, so schnitt ich nun entweder sogleich den ganzen Uterus aus, oder liefs das Thier tödten. Es ist daher nicht zu befürchten, dass ich pathologische Zustände untersucht habe. Solche Veränderungen entwickeln sich in diesen zarten Gebilden sogleich so deutlich und stark, dass gewöhnlich an gar keine weitere Beobachtung mehr gedacht werden kann, so wie sie nur eingetreten sind.

Ich habe oben die Entwicklung des Eies so weit verfolgt, dass sich die Zona pellucida als äufsere Eihaut, nachdem noch die ersten Anfänge der Zottenbildung auf ihr bemerkbar geworden, so innig an den Uterus angelegt hatte, dass sie nicht mehr von dessen Schleimhaut entfernt werden konnte. Wenn sie daher bei Eröffnung des Uterus mit zerrissen war, so erschien dann die Keimblase noch ganz frei in der Zelle des Uterus, bestehend aus zwei Blättern, dem äufseren animalen und dem inneren vegetativen. An einer Stelle bemerkte man den Fruchthof, welcher entweder noch rund oder schon elliptisch und eiförmig gestaltet, eine hellere Mitte und eine dunkelere Peripherie wahrnehmen liefs.

Auch noch auf dem nächsten Stadium, welches kaum einige Stunden später sein kann, ist das Verhältniss im Allgemeinen dasselbe.

XLV. Sonnabend, am 19ten Juni 1841, öffnete ich einer Hündin den Unterleib, von welcher mir der Verkäufer versichert hatte, dass sie Montag, am 30sten Mai, zum ersten und am 5ten Juni zum letzten Male belegt worden sei. Allein der Uterus zeigte noch nirgends bemerkbare Anschwellungen und ich nähte daher die Wunde wieder zu. Freitag, am 24sten, Morgens 10 Uhr, nahm ich die Hündin wieder vor und fand nun, nach Eröffnung des Unterleibes, den Uterus an mehreren Stellen leicht angeschwollen (Fig. 32. A.), worauf ich ein Ei mit dem entsprechenden Stück des Uterus ausschnitt und die Wunde wieder schloss. Bei der Eröffnung des Uterus unter wässerigem Eiweifs floss eine wasserhelle Flüssigkeit aus, die Uteruszelle sank zusammen und in ihr zeigte sich die Keimblase citronenförmig gestaltet und in ihrem längsten Durchmesser gegen drei Linien grofs (Fig. 32. B.) noch ganz frei mit diesem längsten Durchmesser im Längendurchmesser des Uterus. Schon mit unbewaffnetem Auge bemerkte man an ihr einen birnförmig gestalteten Fruchthof mit seinem Längendurchmesser im Querdurchmesser des Eies und also auch des Uterus. Unter dem einfachen Mikroskope (Fig. 32. C.) zeigte sich der Fruchthof als bestehend aus einer dunkeleren mehr ovalen Peripherie und einer helleren Mitte. In letzterer aber machte sich jetzt eine dunkelere birnförmige Figur sehr bemerkbar, in deren Längenaxe ein heller Streifen verlief, welcher mit seinem einen Ende das zugespitzte Ende dieser birnförmigen Figur fast erreichte, von dem abgerundeten aber ziemlich weit abstand. Zu beiden Seiten des hellen Streifens, besonders an dessen unterem Ende, herrschte die meiste Dunkelheit. Sämmtliche Unterschiede von hell und dunkel scheinen gröfstentheils nur durch die verschiedene Vertheilung des Materials hervorgebracht zu werden, so dass dasselbe in dem erwähnten hellen Axenstreifen am sparsamsten, zu seinen beiden Seiten am reichlichsten vorhanden war, jener Streifen selbst daher nichts Anderes, als eine Vertiefung oder Rinne war. Es gelang mir auch, beide Blätter der Keimblase von einander zu trennen. Beide bestanden unter dem Mikroskope deutlich aus kernhaltigen Zellen, welche im animalen Blatte schon mehr mit einander verschmolzen und mit Molecülen gefüllt, im vegetativen noch isolirter und heller waren.

Am Abend desselben Tages, um 10 Uhr, also nach zwölf Stunden, wurde das ganze rechte Horn des Uterus dieser Hündin ausgeschnitten, welches noch zwei Eier enthielt, welche ich des andern Tages um 11 Uhr untersuchte. Das Verhältniss der Eier zum Uterus war noch dasselbe (Fig. 34. A.), die Keimblase aber ansehnlich gewachsen, volle vier Linien im Längendurchmesser, ihre Gestalt citronenförmig und die Poole stark ausgezogen (Fig. 34. B.). Der Fruchthof war auch gröfser, leicht mit unbewaffnetem Auge erkennbar und bisquit- oder guitarrenförmig gestaltet. Unter der Loupe (Fig. 34. C.) zeigte er einen fast runden, ziemlich ausgedehnten dunkelen peripherischen Hof. Dieser umschloss einen ovalen, fast ganz hellen, und in diesem erschien wieder der helle Streifen, aber viel deutlicher entwickelt mit einem oberen, rundlichen Ende und einem unteren, lancettförmig zugespitzten. Die dunkele Partie um diesen herum war jetzt viel bestimmter und mit scharfen Grenzen in dem hellen Fruchthofe entwickelt; sie hatte eine bisquitförmige Gestalt. Wenn ich das Ei in einem Uhrgläschen mit Flüssigkeit so drehte, dass ich den Fruchthof in einer Profilansicht zu sehen bekam, so erkannte ich unter der Loupe sehr deutlich, dass derselbe Streifen in der Längenaxe des Fruchthofes eine Vertiefung, die dunkele Partie zu seinen Seiten eine Erhöhung bildete; jener also eine Rinne zwischen dieser war (Fig. 34. D.). — Das zweite Ei war noch zurück und kaum weiter als das vom vorhergehenden Morgen. —

Am Morgen nach der letzten Operation, um 8 Uhr, crepirte diese Hündin. Es zeigte sich eine ziemlich starke Entzündung, besonders der Harnblase; der linke Uterus dagegen war nicht afficirt und enthielt noch drei Eier. Das unterste Ei in ihm war das gröfste. Ich öffnete den Uterus unter Flüssigkeit von der Mesenterialseite aus, und als ich dabei zuletzt die Schleimhaut über dem Eie auf das Vorsichtigste trennte, bemerkte ich, dass jetzt die Keimblase in dem gröfsten Umfange des Eies nicht mehr frei war, sondern sich, mit Ausnahme der Stelle, wo ich den Uterus öffnete und wo der Fruchthof sich befand, dem Uterus und also auch der äufseren Eihaut auf das Innigste angelegt hatte. Nur mit der gröfsten Mühe und mit Verletzung des äufseren oder animalen Blattes gelang es mir noch, die Keimblase zu lösen. Als ich sie sodann unter die Loupe brachte, zeigte sich der Fruchthof nicht ganz genau mit seiner Längenaxe in der Queraxe des Eies, sondern etwas schief stehend. Er bestand aus einem äufseren rundlichen, dunkeleren Hofe, der sich bedeutend über die Fläche des Eies ausgedehnt hatte. Dieser umschloss einen ganz hellen durchsichtigen, ovalen Hof, und in diesem zeigte sich nun die Figur des vorigen Eies schon ganz deutlich zum Embryo entwickelt. Anstatt der Rinne erschien in der Längenaxe dieses Hofes das Centralnervensystem in seiner bekannten ersten Erscheinung, d. h. es bestand aus zwei schmalen, parallel neben einander laufenden, sich durch ihre helle glasartige Beschaffenheit auszeichnenden Streifen. Nach unten an dem leicht erkennbaren Schwanzende des Embryo liefen dieselben lancettförmig aus einander. Nach oben gegen das Kopfende zeigten sie drei hinter einander liegende Ausbuchtungen, deren beide hintersten klein, die vordere gröfser war. In dieser vordersten war das Kopfende des Embryo etwas vornüber gebeugt und also jene Streifen ebenfalls, so dass man ihren vorderen Uebergang in einander nicht vom Rücken aus, sondern nur von der Bauchseite sehen konnte. Bei dieser Ansicht gingen die beiden hellen Streifen durch eine in der Mitte etwas vorspringende Spitze in einander über, wodurch die beiden vorderen Ecken dieser Ausbuchtung etwas stärker vorragten und so den Kundigen schon die erste Anlage der Augen erkennen liefsen. In der Mitte des ganzen Embryo, wo die beiden Streifen des Rückenmarkes dicht an einander lagen, bemerkte man drei bis vier dunkele viereckige Plättchen zu beiden Seiten, die Anfänge der Wirbel.

Der Körper des Embryo hatte im Ganzen noch die Form der Anlage in dem gestern untersuchten Eie, war aber doch schon viel bestimmter und stärker ausgebildet. Nach vorne war der zukünftige Kopf durch eine Einbiegung an den Seiten angedeutet, ebenso das hintere Ende. In der Mitte trat die Masse weiter heraus. Mit seinen äufseren Rändern verlief der Körper an den Seiten und unten noch unmittelbar in das animale Blatt der Keimblase. Das Kopfende aber hatte sich so stark entwickelt, dass es über die Ebene dieses Blattes erhoben war und sich gleichsam von ihm schon abgeschnürt hatte, wobei sich eine Höhle in ihm zu entwickeln begonnen, welche wir als den vorderen Theil der Visceralhöhle bezeichnen wollen. Bei genauerer Zerlegung zeigte es sich, dass der ganze bis jetzt gebildete Embryo nur dem oberen oder animalen Blatte der Keimblase angehörte, und dessen verdickte und entwickelte Central-Partie ausmachte. Das innere oder vegetative Blatt ging dagegen an der unteren oder inneren Fläche der Embryonal-Anlage, ihr allerdings dicht anliegend, vorbei, ohne einen wesentlichen Antheil an der Bildung aller beschriebenen Theile zu nehmen. Nur nach oben zog es sich in die in dem Kopfende sich bildende Visceralhöhle mit hinein und kleidete diese innerlich aus. — Von einem Herzen- und Gefäfssysteme bemerkte ich noch keine Spur, obgleich ich nicht zweifle, dass solche schon vorhanden war, allein meine Aufmerksamkeit wurde zu sehr durch die Ermittelung der genannten Verhältnisse in Anspruch genommen, als dass ich sie auch noch auf diesen Punkt hätte richten können. Noch ist zu erwähnen, dass bei dieser Hündin der rechte Eierstock vier, der linke ein Corpus luteum zeigte, während doch beide Hörner des Uterus vier Eier enthielten. Es musste daher nicht nur abermals eine Wanderung der Eier von einer Seite auf die andere stattgefunden haben, sondern auch ein Zwillingsei vorhanden gewesen sein.

XLVI. Die Reihenfolge, welche die vorige Beobachtung darbietet, wurde wesentlich ergänzt und vervollständigt durch eine andere, welche ich am 19ten und 20sten Januar 1843 anstellte. An ersterem Tage, um 9 Uhr Morgens, öffnete ich einer Hündin den Unterleib, von welcher mir der Verkäufer nur sagen konnte, dass sie vor drei Wochen belegt worden sei. Der Uterus zeigte Anschwellungen von 6‴ Länge und 4½‴ Breite (Fig. 33. A.).

Ich schnitt eine derselben aus. Bei der Eröffnung des Uterus sank die von ihm gebildete Zelle wie früher zusammen, ohne dass das Zerreifsen der äufseren Eihaut zu bemerken oder zu verhüten war. Frei in derselben flottirte die citronenförmig gestaltete Keimblase (Fig. 33. B.), welche sich bei der Berührung mit der heterogenen Flüssigkeit alsbald stark zusammenzog. In ein Uhrgläschen gebracht, war der Fruchthof schon mit unbewaffnetem Auge zu erkennen, und unter der Loupe (Fig. 33. C.) zeigte sich seine Beschaffenheit zwischen der der ersten und zweiten vorausgehenden Beobachtung stehend. Zu äufserst markirte sich ein etwas dunkeler eiförmiger Hof, der sich nur wenig von der übrigen Keimblase abgrenzte. Er umschloss einen helleren Raum, in welchem sich abermals eine birnförmig gestaltete Mitte durch stärkere Massenansammlung wie ein Schildchen auszeichnete. In der Längenaxe der letzteren zeichnete sich ein sehr heller, gegen das breite Ende abgerundeter, gegen das schmale lancettförmig zugespitzter Streifen aus, dessen nächste ihn umgrenzenden Ränder wieder etwas dunkeler waren. Das untere Ende dieses birnförmig gestalteten Schildchens war von einem schmalen ganz durchsichtigen Streifen umgeben. Wenn ich das Ei im Profil betrachtete (Fig. 33. D.), so erkannte ich ganz deutlich, dass der helle Streifen eine Vertiefung, eine Rinne, zwischen den beiden ihn zunächst begrenzenden Ansammlungen war, welche das birnförmige Schildchen bildeten, und die auch etwas über die Ebene der Keimblase hervorragten. Die Rinne selbst mochte ⅖ — ¾ Linien lang sein. Ihr lancettförmiges Ende erreichte den Rand des schmaleren Endes des Schildchens fast, ihr abgerundetes stand von dem entgegengesetzten weiter ab. Unter dem zusammengesetzten Mikroskope waren die Ränder der Rinne und ihr Boden, so wie ihr Offenstehen nach oben durch die Stellung des Mikroskopes sehr bestimmt zu unterscheiden. Die beiden Blätter der Keimblase gelang es mir auch hier wieder recht deutlich von einander zu trennen und zu unterscheiden, wobei es sich abermals herausstellte, dass die oben beschriebenen Bildungen bis jetzt sämmtlich nur dem oberen oder animalen Blatte angehörten, unter welchem das vegetative noch ganz glatt vorbeilief.

Desselben Abends, 9 Uhr, also nach 12 Stunden, nahm ich ein zweites Ei mit einem Stück Uterus aus der Hündin heraus. Allein die Ligatur vom Morgen hatte demselben zu nahe gelegen. Ich fand, als ich es am andern Morgen untersuchen wollte, dass es zu Grunde gegangen.

Ich schnitt also jetzt abermals nach 12 Stunden, Morgens 9 Uhr, ein drittes Ei aus dem linken und noch eins aus dem rechten Uterus aus. Jetzt hatte sich auch die Keimblase mit ihrem äufseren Blatte rundherum, mit Ausnahme der nächsten Umgebung des Fruchthofes, so innig an den Uterus und die äufsere Eihaut angelegt, dass es ganz unmöglich war, denselben zu öffnen, ohne das Ei zu zerreifsen. Dieses ist das Stadium, wo alle früheren Beobachter so unglücklich waren, nie etwas zu sehen, weil in der That, nach Zerreifsen der Eihäute, nichts mehr vorhanden zu sein scheint, und man ganz bewandert sein muss, um dann doch noch den Embryo zur Untersuchung auffinden und herausfördern zu können. Meine früheren Erfahrungen machten es mir indessen auch dieses Mal möglich, den Fruchthof und Embryo wohlerhalten zur Untersuchung auf ein Glasplättchen zu bringen. Derselbe war in den abgelaufenen vierundzwanzig Stunden bedeutend fort-geschritten und stand zwischen der zweiten und dritten Beobachtung des vorigen Fal-les. Die genaueste Untersuchung belehrte mich über neue und wichtige, mir bis dahin unbekannt gebliebene Verhältnisse der ersten Bildung des Centralnerversystemes (Fig. 35-A. u. B.).

Das Schildchen in der Mitte des Fruchthofes der vorigen Beobachtung hatte jetzt schon ganz unverkennbar die Form des Körpers des Embryo angenommen und sich durch Massenzunahme, besonders an dem Kopfende, bedeutend verdickt, so dass dieses ansehn-lich über die Ebene der Keimblase hervorstand, sich auch ganz vorne schon etwas im Winkel vornüber gebeugt hatte. In der Längenaxe des Embryonalkörpers verlief noch die nach oben offenstehende Primitivrinne. In der Mitte hatten sich ihre Ränder schon fast an ein-ander gelegt, doch so, dass man noch in die Rinne hineinsehen konnte. Nach vorne stan-den dieselben in drei in zunehmender Weite auf einander folgenden Buchten weit aus ein-ander und gingen in dem vornüber gebogenen Ende des Kopfes mit einem in eine mittlere Spitze auslaufenden Rande in einander über. Nach hinten liefen diese Ränder in einer lancettförmig gestalteten Figur allmälig in den Körper aus. Die die Rinne zu beiden Sei-ten begrenzende Körpermasse war in gleicher Weise nach vorne am stärksten, hinten schwächer entwickelt. Sie bildet das, was v. Baer die Rückenplatten nannte. Das Bemerkenswertheste aber war, dass die innersten Ränder dieser beiden, die Rinne zwischen sich fassenden Kämme bereits jenes, die Centralnervenmasse im frischen Zustande auszeichnende glasartig durchscheinende Ansehen angenommen hatten, so dass daher entweder die innerste, die Rinne zwischen den Rückenplatten bildende Lage von Zellen sich in Nervenzellen me-tamorphosirt hatte, oder eine besondere Schicht neuer solcher Nervenzellen in der Rinne abgelagert worden war. Nach hinten an dem lancettförmigen Ende der Rinne, wo deren Ränder weniger entwickelt waren, war auch diese Entwicklung von Nervenzellen noch nicht erfolgt. In der Tiefe der Rinne konnte ich einen der Länge nach in ihr verlaufenden etwas dunkeleren Streifen unter dem Mikroskope erkennen, von welchem ich vermuthete, dass er der Chorda dorsalis entspricht. In der Mitte des Embryonalkörpers waren in den Rückenplatten auch bereits 6—8 dunkelere, viereckige Plättchen, die Anfänge der Wirbel, entwickelt. An den Aufsenrändern des Embryonalkörpers, welche nach v. Baer die Bauchplatten heifsen, war das animale Blatt rund um diese herum abgerissen. Sein ganzer peripherischer Theil war an dem Uterus sitzen geblieben; nur sein centraler Theil, eben der Körper des Embryo, war auf dem vegetativen Blatte und mit diesem vereinigt geblieben. Endlich war der ganze Körper des Embryo, von der Rückenseite betrachtet, etwas gewölbt, von unten concav, kahnförmig ausgehöhlt. Von einem Herzen oder Gefäfs-systeme entdeckte ich keine Spur.

Desselben Tages, Abends 9 Uhr, schnitt ich der Hündin das fünfte und letzte Ei mit einem entsprechenden Stücke des Uterus aus. Das Thier hatte daher die Operation viermal überstanden, war aber nichts destoweniger noch ganz munter, so dass ich jetzt, unter Zurücklassung der Eileiter und Eierstöcke, die Wunde sorgfältig schloss und das

Thier leben liefs. Es erholte sich bald vollständig und diente mir später zu einer andern interessanten Beobachtung. —

Dieses fünfte Ei war abermals in den verflossenen 12 Stunden ansehnlich gewachsen und bildete schon eine starke Anschwellung am Uterus. Bei Eröffnung des letzteren ging es übrigens wie bei dem vorigen Male. Das Ei zerriss wegen seiner Befestigung an dem Uterus, und ich hatte grofse Mühe, den Embryo mit seiner nächsten Umgebung herauszubekommen, zumal, da er nicht an der Mesenterialseite lag, an welcher ich eingedrungen war (Fig. 36. A. u. B.). Der Embryo war in seiner gestreckten Lage 2¼ P. L. grofs. Die Primitivrinne war jetzt in ihrer gröfsten Ausdehnung geschlossen, indem sich die Rückenplatten mit ihren zur Nervenmasse entwickelten Rändern an einander gelegt hatten. So war also aus der Rinne ein Rohr entstanden, dessen Wandungen von Nervensubstanz gebildet wurden, welches wir mit v. Baer mit dem Namen des Medullarrohres belegen können. Die Primitivrinne selbst wird dadurch der bekanntlich bei vielen Thieren permanent bleibende, bei den meisten Säugethieren und dem Menschen schon im Embryo verschwindende Rückenmarkskanal. Nach oben bestanden noch die sich zum Gehirne ausbildenden Erweiterungen dieses Kanales. Die vorderste derselben, welche ich als vordere primitive Hirnzelle bezeichne, war die bedeutendste. Sie war mit dem vordersten Theile des Kopfes selbst bereits in einem ziemlich starken Winkel nach vorne übergebogen. An ihren beiden vorderen Ecken besafs sie ein Paar Ausbuchtungen, die Rudimente der Augen. Auf sie folgten mehrere schwächere Erweiterungen, welche die mittlere primitive Hirnzelle bildeten, und wohl nur durch die Einwirkung der zugesetzten Flüssigkeit aus einer einfachen Erweiterung entstanden waren. Hieran schloss sich die dritte und hinterste unsprüngliche Erweiterung des Medullarrohres, oder Hirnzelle, welche nach oben offen steht und mit ihren Rändern und einem spitzen Winkel nach hinten in das Medullarrohr selbst übergeht. Das Schwanzende des Medullarrohres war noch nicht geschlossen. Die jetzt auch bereits zur Nervenmasse entwickelten Ränder der Rückenplatten hatten sich hier noch nicht ganz mit einander vereinigt, wodurch die bei Säugethieren allerdings nur vorübergehende Bildung des sogenannten Sinus rhomboidalis entsteht. In den Rückenplatten hatten sich zu beiden Seiten des Medullarrohres 10—12 viereckige Plättchen, die Rudimente der Wirbel, entwickelt. Die Aufsenränder des Embryonalkörpers, die Bauchplatten, waren jetzt auch schon stärker ausgebildet, verliefen aber unten und in der gröfsten Ausdehnung des Embryo noch ganz gerade und flach in die Ebene der Keimblase. Am vorderen Ende des Kopfes dagegen hatten sie sich nach unten gegen einander gelegt und durch ihre von vorne nach hinten weiter schreitende Vereinigung sowohl eine Ablösung dieses ganzen vorderen Endes des Embryo von der übrigen Keimblase bewirkt, als sich auch eben dadurch in diesem vorderen Körperende eine Höhle, der vordere Theil der Visceralhöhle, entwickelt hatte. Betrachtete man daher den Embryo von der Bauchseite, so konnte man von hier aus in diese Höhle hineinsehen. Die Eingangsstelle in dieselbe wurde schon seit lange nach C. F. Wolff die Fovea cardiaca, nach v. Baer der obere Eingang in die Visceralhöhle genannt. An den Rändern der Bauchplatten waren wiederum die abgerissenen

Partien des mit der äufseren Eihaut und dem Uterus vereinigten animalen Blattes zu sehen, welches bei der Lösung des Embryo zerrissen worden war. Ueber dem Kopfe des Embryo markirten sich auf gleiche Weise einige kleine bogenförmige Falten, aus welchen sich derselbe zurückgezogen zu haben schien. An dem Schwanzende des Embryo zog es sich, ehe es abgerissen war, in einer bogenförmigen Falte über dieses Ende herüber. Diese Falten sind die Anfänge einer zuerst jetzt über den Kopf und Schwanz des Embryo herüberrückenden Falte des animalen Blattes, welche bestimmt ist, das Amnion zu bilden, wovon noch weiter unten die Rede sein wird.

Bei diesem Embryo war ferner schon das Herz und ein peripherisches Gefäfsnetz entwickelt. Das Herz hatte sich in der vorderen oder unteren Wandung des vorderen Theiles der Visceralhöhle entwickelt, der Lage nach zwischen dem animalen und vegetativen Blatte. Es bestand aus einem schon stark gekrümmten Kanale, welcher, wenn man sich den Embryo, auf dem Rücken liegend, vor sich denkt, zuerst nach links und hinten, dann stark umbiegend nach rechts und vorne, und zuletzt in einem eben solchen Bogen umbiegend, nach dem Kopfe zu sich wendet. Hier spaltete er sich in zwei Aeste, welche unter dem vornübergebogenen Kopfende verlaufend, nicht weiter verfolgt werden konnten. Nach dem Schwanze zu lief er an der Stelle, bis zu welcher bereits die Schliefsung der Visceralhöhle und die Abschnürung des Embryo erfolgt war, ebenfalls in zwei Arme aus, welche nun mit dem peripherischen Gefäfsnetze in Verbindung standen. Dieses schien eben in seiner ersten Entwicklung begriffen, doch zeichneten sich die Gefäfsrinnen schon durch eine schwach gelbliche Färbung aus. Indessen konnte ich das ganze peripherische Gefäfsnetz nicht übersehen, da die Keimblase zu dicht um den Embryo herum abgerissen war. Wahrscheinlich war indess schon jetzt dieses peripherische Gefäfsnetz in einer eigenen Schichte oder Lage zwischen dem der äufseren Eihaut dicht anliegenden animalen und dem vegetativen Blatte entwickelt, obgleich ich dasselbe nicht als solches in diesem Falle getrennt präparirt habe.

Aus vorstehenden Beobachtungen geht, wie ich glaube, Folgendes hervor:

Die erste Spur des Embryo ist, wie v. Baer richtig bemerkte, eine scheibenförmige Massenansammlung in dem Centrum des animalen Blattes der Keimblase und des Fruchthofes in Form eines länglichen Schildchens, welches die Anlage des zukünftigen Körpers des Embryo ist. Ich glaube, dass hierüber die Reihenfolge meiner Beobachtungen keinen Zweifel lässt, und dass Dr. Reichert irrt, wenn er dieses Schildchen für die Uranlage des Centralnervensystems hält.

Dieses Schildchen wird gleich von Anfang seiner Ausbildung an durch eine Rinne in zwei gleiche Hälften getheilt. Ich muss Dr. Reichert gegen v. Baer beistimmen, dass sich hier nicht ein Primitivstreifen, sondern eine Primitivrinne findet. Der Irrthum ist leicht erklärlich, da die Ränder der Rinne sich leicht bei Zusatz einer heterogenen Flüssigkeit berühren, und daher eine dunkele Linie hier erscheint. Dr. Reichert ist zwar in seiner letzten Schrift (Beiträge S. 11.) bemüht, diese meine Bestätigung seiner Angaben zurückzustofsen, indem er behauptet, was ich Primitivrinne nenne, sei die Rückenfurche (s. oben).

Ich kann ihm aber nicht helfen, darauf zu bestehen, dass ich seine Primitivrinne meine,
und glaube auch, dass meine Abbildungen das ganz entschieden darthun. Wahrscheinlich
wird er dieses nun selbst anerkennen, da ich mich allerdings überzeugt habe, dass das Rudiment des Centralnerversystems auf andere Weise entsteht, als ich dieses früher geglaubt
und geschildert habe.

Ich war nämlich früher der Ansicht v. Baer's beigetreten, dass sich der zwischen
den Rückenplatten befindliche Halbkanal, also die Primitivrinne, früher zu einem Kanale
umwandle, ehe die Bildung der Nervenmasse in diesem durch neue Ablagerung oder Differenzirung der inneren Lage dieses Kanales erfolge (v. Baer, Entwicklungsgeschichte. II.
S. 102 u. 103.). Hiergegen spricht der Bericht der Königlichen Akademie der Wissenschaften zu Berlin, Juli 1842, S. 218. über meine Entwicklungsgeschichte des Kaninchens,
Zweifel aus, welcher sich darauf gründet, dass bei dem Frosche die oberflächliche schwarze
Dotterschichte, welche über die die Primitivrinne bildenden Leisten hinweggeht, beim
Schliefsen der Rinne zum Kanale mit abgeschnürt werde und sich hernach im Inneren des
hohlen Rückenmarkes finde. Eben deshalb hatte auch Hr. Dr. Reichert geschlossen, dass
jene die Rinne zwischen sich lassenden Leisten schon die Anlage des Centralnervensystems
selbst seien. Meine oben mitgetheilten Beobachtungen vermitteln nun alle diese Wider-
sprüche auf das Vollständigste. Es geht daraus hervor, dass zwar jene Uranlagen zu beiden Seiten der Rinne nicht von Anfang an und in ihrer ganzen Ausdehnung Nervensubstanz sind, dass aber doch ehe die Rinne sich schliefst, ihre diese Rinne zunächst begrenzende und auskleidende Schichte sich zu Nervensubstanz entwickelt oder differenzirt. Dadurch geschieht es dann allerdings, dass, wenn nun die Rinne sich schliefst, eine sie etwa
auskleidende, besonders gefärbte, oberflächliche Schichte in's Innere des Rückenmarkes zu
liegen kommt, die Rinne also Rückenmarks-, nicht, wie es nach meiner früheren Ansicht erfolgt sein würde, Rückgrats-Kanal wird. Dieses Stadium, in welchem diese
Differenzirung der die Primitivrinne begrenzenden inneren Schichte zu Nervensubstanz
erfolgt, geht schnell vorüber, und die Beobachtung muss so genau und an so frischen
Embryonen, bei welchen das verschiedene Ansehen der Theile diese Differenzirung allein
erkennbar macht, angestellt werden, dass ich mich nicht sehr wundere, dasselbe früher
übersehen zu haben. Unzweifelhaft war aber bei Fig. 53. meiner Entwicklungsgeschichte
des Kanincheneies diese Differenzirung schon eingetreten, wurde aber bei ihrer geringen
Ausbildung von mir übersehen, während ich die erfolgte Schliefsung der Rinne richtig erkannt hatte, und erst auf dem folgenden Stadium Fig. 54. die Nervenmasse bei ihrer jetzt
stärkeren Entwicklung erkannte. Das durch die Primitivrinne in zwei Hälften getheilte
Schildchen im Centrum des Fruchthofes und des animalen Blattes der Keimblase ist anfangs
ganz indifferente Körperanlage des Embryo. Ihre die Rinne begrenzende Lage wird durch
weitere Entwicklung und Differenzirung Nervenmasse; die diese zunächst begrenzende Partie Rücken, die äufsere Partie vordere Körperwand. Will man die Primitivrinne dann,
wenn sich ihre Umgebung stärker entwickelt und zu Nervenmasse differenzirt hat, Rückenfurche nennen, so habe ich nichts dagegen, halte es aber für unnöthig, da das Gebilde

dasselbe bleibt, bis die Schliefsung zum Kanale erfolgt ist, wo es dann auch einen andern Namen, Rückenmarkskanal, verdient. Endlich will ich noch bemerken, dass ich auch bei allen diese Vorgänge betreffenden Beobachtungen nichts von Dr. Reichert's Umhüllungshaut, welche über den Embryo herübergehen müsste, bemerkt habe. Alle Bedenken, Zweifel und Unmöglichkeiten, welche er (a. a. O. S. 13.) gegen meine, diese Umhüllungshaut ausschliefsende Darstellung dieser hier besprochenen Vorgänge erhebt, existiren für mich nicht, da sie durch das factisch Vorliegende beseitigt werden.

Aus den oben mitgetheilten Beobachtungen geht ferner hervor: dass das Centralnervensystem von allen Organen des Embryo das zuerst als solches erkennbare ist. Seine Scheidung in Gehirn und Rückenmark ist auch eine ursprüngliche, indem man zu jeder Zeit die zum Gehirn werdenden Theile von dem für das Rückenmark bestimmten unterscheiden kann. Die erste Form, in welcher jenes auftritt, sind drei hinter einander liegende Erweiterungen der Medullarröhre, Vorderhirn, Mittelhirn und Hinterhirn. Aus ersterem bilden sich die Augen schon sehr früh, als zuerst zu unterscheidende Sinnesorgane, und von Anfang an getrennt, als ein Paar vorne und an den Seiten hervorwachsende Ausstülpungen hervor. Gleich nach dem Centralnervensysteme entsteht das Herz und ein peripherisches Gefäfssystem in den Eihäuten. Die Entstehung beider ist gleichzeitig; die früheste Form des Herzens auch bei Säugethieren die eines Kanales. Schon sehr früh fängt das Blut an sich zu färben, namentlich ehe noch irgend eine auch nur indirecte Gefäfsverbindung mit der Mutter entstanden ist. Ueber die Bildung und Natur der Blutkörperchen werde ich noch später Beobachtungen mittheilen.

XLVI. An die Eier und Embryonen der letzten Beobachtung schlossen sich diejenigen an, welche ich am 12ten März 1838 bei einer grofsen Hündin untersuchte. Obgleich sie indessen nicht viel weiter waren, so fand sich doch hier der bemerkenswerthe Unterschied, dass es verhältnissmäfsig leicht gelang, die ganzen Eier unverletzt aus dem Uterus herauszubringen, während dieses bei allen zuletzt beobachteten ganz unmöglich war. Nur an einer Stelle, nämlich dicht über dem Rücken des Embryo, gelang dieses immer nur mit einer kleinen Zerreifsung, ein Verhältniss, welches mir erst später klar wurde. Diese Eier waren ungefähr ¾ Zoll grofs im Längendurchmesser und hatten eine citronenförmige Gestalt. Sie hatten äufserlich ein zartes körniges Ansehen, welches durch die die äufsere Eihaut besetzenden Zotten hervorgebracht wurde, welche sich aus ebenso vielen kleinen Löcherchen der angeschwollenen Schleimhaut des Uterus herauslösten. Die äufsere Eihaut überzog den Embryo nicht ganz, sondern lag an dessen Rücken wie in einer Ellipse ausgeschnitten lose auf ihm, schlug sich hier nach innen um und ging nun als ein sehr feines durchsichtiges Häutchen, besonders über das Kopf- und Schwanzende des Embryo herüber, um sodann an den Rändern seines Körpers in ihn überzugehen. Es war, als wenn der Embryo hier nackt und unbedeckt an der Schleimhaut des Uterus angelegen hätte; aber gerade hier war auch, wie ich oben bemerkte, bei der Loslösung der Eier aus dem Uterus immer eine Zerreifsung bemerkbar geworden. Es kostete mir sehr viele Mühe, alle diese Verhältnisse durch genaue Untersuchung der Eier unter der Loupe mit feinen Nadeln zu ermitteln, aber erst später, als ich die früheren und nachfolgenden Stadien kannte, gelang es mir, über dieselben in's Reine zu kommen.

Auf den vorigen Stadien sahen wir schon, dass das animale Blatt der Keimblase sich mit seiner ganzen Peripherie an die äufsere Eihaut und durch diese an den Uterus angelegt hatte. Dieser Process war nun noch weiter auf den Embryo zu fortgeschritten. Allein dieser als centraler Theil des animalen Blattes hat keine Bestimmung, sich an die äufsere Eihaut anzulegen. Wenn der peripherische Theil sich daher dennoch auch über ihm an die äufsere Eihaut anlegen will, so muss er sich zuerst über den Rücken des Embryo herüberziehen. Dieses war in der vorigen Beobachtung schon so weit geschehen, dass dadurch Kopf und Schwanz des Embryo von einer sich über sie herüberziehenden Falte des animalen Blattes bedeckt worden waren. An den Rändern dieser Falten war das animale Blatt bei der Lösung des Eies zerrissen. Jetzt nun hatte sich dieser Process noch weiter entwickelt. Die Falte des animalen Blattes war noch weiter über den Kopf und Schwanz des Embryo und auch schon etwas von den Rändern aus über ihn herübergerückt, hatte dabei natürlich den Embryo überzogen und sich nun über seinem Rücken an die äufsere Eihaut angelegt. Nur in jenem ovalen Ausschnitt über dem Rücken des Embryo war dieses noch nicht erfolgt; daher lag er hier nackt. Indem sich aber ferner die äufsere Eihaut nun mit dem animalen Blatte vereinigt hatte und durch dieses verstärkt worden war, so gelang es jetzt wieder, beide von ihrer durch die Zotten der ersteren bewirkten Verbindung mit dem Uterus zu lösen. Nur in jener ovalen Stelle über dem Rücken des Embryo war diese Vereinigung der äufseren Eihaut mit dem animalen Blatte noch nicht erfolgt. Daher wollte es auch nicht gelingen, erstere hier von dem Uterus zu lösen. Die Eier erschienen hier wie angewachsen und liefsen sich erst nach einer Zerreifsung der äufseren Eihaut trennen.

Auf dem folgenden Stadium, welches ich in dieser Beziehung sogleich hier mit erwähnen will, werden wir sehen, dass das animale Blatt sich rund herum um den Embryo so weit über seinen Körper herüber gezogen hat, dass die vorderen, hinteren und seitlichen Ränder der herüberrückenden Falte sich über seinem Rücken in einem Punkte berühren und vereinigen. Dass innere Blatt der Falte liegt dann der ganzen oberen Fläche des Embryo, ihn dicht bedeckend, an, und bildet eine Hülle für ihn, welche man das Amnion genannt hat. Das äufsere Blatt aber hat sich dann gleichmäfsig von der Peripherie gegen diesen Schliefsungspunkt fortrückend, ganz mit der äufseren Eihaut vereinigt. Jetzt gelingt es, diese auch an dieser Stelle von dem Uterus zu lösen. Das Ei ist rund herum von einer zottigen Eihaut umgeben, der Embryo liegt in keinem Theile auch nur scheinbar unbedeckt. An dem Schliefspunkte der Falte bleiben aber die beiden Blätter derselben noch eine Zeit lang vereinigt. Der Embryo erscheint an seinem Rücken mit einem Punkte seines ihm dicht anliegenden Amnions mit der äufseren Eihaut verwachsen. Endlich löst sich auch dieser Punkt. Der Embryo im Amnion ist ganz frei, und der übrige peripherische Theil des animalen Blattes ganz von ihm getrennt, hat sich mit der äufseren Eihaut vereinigt. Diesen so sich abhebenden und trenuenden peripherischen Theil des animalen Blattes hat

v. Baer die seröse Hülle genannt. Indem sie sich mit der ursprünglichen Eihaut vereinigt, wird diese zum Chorion, oder der bekannten zottentragenden äufseren Eihaut für den ganzen Rest des Eilebens. —

Die unter dem Namen Chorion oder Lederhaut in der Ovologie bekannte Eihaut ist daher bei den Säugethieren eine zusammengesetzte Bildung. Sie entsteht dadurch, dass sich das animale Blatt der Keimblase, indem es sich unter Bildung des Amnions, als sogenannte Hülle, mit der ursprünglichen Eihaut, der Zona pellucida, welche als Dotterhaut bezeichnet wurde, verbindet und mit ihr verschmilzt. Sie ist daher keine dem Eie von aufsen, vom Uterus her, umgebildete Eihülle, sondern ein Product seiner eigenen Entwicklung. Wo indessen das Chorion später Blutgefäfse besitzt, da ist seine Bildung hiermit noch nicht beendet. Aus sich und in sich entwickelt dasselbe niemals Blutgefäfse. Diese werden ihm erst durch die später zu erwähnende Allantois zugeführt, welche alsdann auch noch mit den genannten Theilen verschmilzt. Dieses geschieht, wie wir noch sehen werden, auch bei dem Hunde. Da es aber nicht überall erfolgt, z. B. bei dem Menschen nicht, auch nicht bei den Nagern, wo das Chorion seine Blutgefäfse durch Vereinigung mit der Nabelblase erhält, so betrachte ich dieses nicht als wesentlich zu seiner Bildung.

Es ist aber diese Bildung des Chorions und Amnions in ihrem Zusammenhange zuerst von Hrn. v. Baer bei dem Vogelei entdeckt und beschrieben, aber auch für das Säugethierei bestätigt worden (Entwicklungsgeschichte II. S. 184.). Bei den Säugethieren beschreibt indessen v. Baer die Bildung des Chorions, was den Antheil der äufseren Eihaut betrifft, etwas anders als ich. Er glaubt nämlich, wie ich oben schon angegeben habe, dass das Ei der Säugethiere überall im Uterus um die ursprüngliche Zona pellucida oder Dotterhaut Eiweifs umgebildet erhalte. Er nimmt dann an, dass die äufsere Schichte desselben zu einer Membran erstarre, welche dann die äufsere Eihaut bilde, während die unter ihr liegende Zona oder Dotterhaut sich auflöse und verschwinde. Erstere vereinigt sich dann mit der serösen Hülle und stellt mit ihr und der Allantois das Chorion dar. Nun habe ich in meiner Entwicklungsgeschichte des Kanincheneies gezeigt, dass dasselbe nicht in dem Uterus, sondern schon in dem Eileiter Eiweifs umgebildet erhält; dass dieses sich später mit der Zona zur Bildung der äufseren Eihaut und dann erst diese wieder mit dem peripherischen Theile des animalen Blattes oder der serösen Hülle zur Darstellung des Chorions vereinigt. Das Hundeei erhält gar kein Eiweifs umgebildet, und ich gestehe, dass ich es auch für die Eier der Wiederkäuer und Pachydermen in der von v. Baer angegebenen Weise bezweifle, obgleich derselbe es hier am bestimmtesten angiebt (a. a. O. S. 185.). Erhielten sie Eiweifs, so glaube ich, dass sie es, wie beim Kaninchen, im Eileiter erhalten würden, und dass es sich wie bei diesen verhalten werde. Dass dieses nun wenigstens beim Schweine nicht geschieht, davon hat mich die Beobachtung von eben in dem Uterus angelangten Schweineeiern überzeugt. Gewiss aber passt seine Lehre nicht für den Hund und das Kaninchen, und ich kann daher nicht zugeben, dass das Eiweifs einen wesentlichen Antheil an der Bildung des Chorions nimmt, da es bei mehreren Thieren fehlt, wo sich das Chorion übrigens auf gleiche Weise entwickelt. Rücksichtlich der Bildung des Amnions und der Umwandlung des animalen Blattes in die seröse Hülle drückt sich Hr. v. Baer auch etwas anders aus. Er betrachtet nämlich die Bildung der Amnionfalte durch den peripherischen Theil des animalen Blattes als den primären uud, wenn ich so sagen soll, selbstständigen Vorgang. Indem dadurch das Amnion gebildet wird, bleibt der übrige Theil des animalen Blattes als seröse Hülle übrig, die sich nun an die äufsere Eihaut anlegt. Ich glaube dagegen, durch die Beobachtung zu der Ansicht geführt worden zu sein, dass das Anlegen des peripherischen Theiles des animalen Blattes an die äufsere Eihaut das Primäre ist, und dass eben hierdurch das Ueberziehen des Embryo durch die Amnionfalte herbeigeführt wird. Auch ist es wohl gewiss, dass man die Bildung der Amnionfalte solcher Gestalt begreiflicher findet, als wenn man ihre Entstehung rund herum um den Embryo und das Herüberrücken über denselben als einen durch eine unbekannte Triebfeder bewirkten Vorgang betrachtet. —

Einen heftigen Gegner hat aber meine Darstellungsweise der Bildung des Chorions beim Kaninchen an Dr. Reichert erhalten (Beiträge etc. S. 7.). Derselbe wirft mir vor, dass ich das Chorion als ein Entwicklungsproduct des Eies und nicht des Uterus bezeichne, während ich doch sage, dass das Eiweifs vom Eileiter geliefert, sich mit der Zona vereinige und auch die Zotten der äufseren Eihaut als einen Ansatz von aufsen entstehen lasse. In Beziehung auf das Eiweifs hat er mir dabei untergeschoben, dass ich sage, es verwachse mit der Zona. Dieses habe ich, wie ich schon oben erwähnte, nirgends gesagt, sondern nur, dass es sich mit ihr zur Darstellung einer einzigen dünnen Haut vereinige. Sodann kann ich dieses Eiweifs nicht als wesentlich zur Bildung der äufseren Eihaut und des Chorions erkennen, weil es sich, wie schon gesagt, bei dem Hunde und wahrscheinlich auch noch bei anderen Thieren, gar nicht findet. Die Zona findet sich aber überall und ist ein wesentlicher und zwar ursprünglicher Eitheil. Was die Zotten betrifft, so erscheinen sie allerdings zuerst als ein Ansatz an die äufsere Eihaut von aufsen; ein Vorgang, dessen Natur auch mir dunkel ist, insofern ich keinen analogen kenne. Allein meine Angabe ist Resultat der unmittelbaren Beobachtung. Wenn Hr. Dr. Reichert diese widerlegt, so bin ich zufrieden. Will man daraus einen Antheil des Uterus an der Bildung des Chorions ableiten, so habe ich nichts dagegen. Mir scheint es unwesentlich. Die Hauptsache ist das Gebilde, worauf die Zotten stehen, und dieses ist ein Eitheil, die Zona.

Zweitens wirft mir Hr. Dr. Reichert die Behauptung der Persistenz dieser Zona aus einem zweifachen Gesichtspunkte vor. Erstens, indem ich dabei behaupte, dass sich das feste homogene, structur- und texturlose Gebilde der Zona in Zellen verwandle, Cytoblastem werde und sich mit einer andern aus Zellen bestehenden Membran, der serösen Hülle, vereinige und verwachse, und daraus doch wieder ein Chorion werde, welches nur aus einer einfachen Zellenschichte bestehe. Nun erdichtet es aber Hr. Dr. Reichert, dass ich irgendwo sage, die Zona verwandle sich in Zellen. Dieses ist mir nirgends eingefallen, sondern ich habe gesagt, dass die Zona, welche immer ein homogenes Gewebe bleibt, so lange man sie als solche unterscheiden kann, sich mit der aus

Zellen gebildeten serösen Hülle vereinige. Warum dieses nicht erfolgen könne, sehe ich nicht ein, besonders nicht, wenn es factisch ist, denn Niemand hat erwiesen, dass ein solcher Vorgang gegen irgend ein Bildungsgesetz anstöfst. Warum soll sich nicht eine Zellenlage an ein anderes häutiges Gebilde anlegen können, welches nicht aus Zellen besteht? Dann findet es Hr. Dr. Reichert zweitens gegen die Analogie, dass ich die Zona als Dotterhaut wenigstens ideal persistiren lasse, da dieses sonst nirgends erfolge, sondern sich die Dotterhaut im Verlaufe der Entwicklung immer auflöse. Nach dem Berichte der Königlichen Akademie der Wissenschaften S. 221. lässt deshalb auch Hr. Dr. Reichert die Zona sich ganz auflösen und das Chorion entsteht allein aus seiner Umhüllungshaut (d. h. meiner, dem animalen Blatte der Keimblasse angehörenden, serösen Hülle), welche durch Zellenproduction hohle Zotten abschickt. Nun lehrt man allerdings, dass die Dotterhaut bei dem Vogeleie schwindet, nachdem die seröse Hülle den Dotter umwachsen hat; auch ist mir dieser Punkt keineswegs entgangen, wie S. 119. meiner Entwicklungsgeschichte des Kaninchens beweiset. Ich habe dort selbst die Erscheinung (nicht blofs die Analogie) angegeben, welche mich vermuthen liefs, dass die Zona schwinde und die seröse Hülle allein die äufsere Eihaut bilde, nämlich weil man bei dem Kaninchen sowohl als Hunde zu einer gewissen Zeit an den Polen des Eies ein schleimiges häutiges Wesen bemerkt, welches die sich auflösende Zona sein könnte. Ich habe aber ferner auch bestimmt angegeben, was mich veranlasste, diesen Glauben aufzugeben, d. i. nämlich, weil ich die erste Bildung der Zotten auf der Zona, wenn sie noch bestimmt als solche existirt, beobachtet hatte, worin mir v. Baer und Dr. Barry beistimmen. Ist dieses aber der Fall, so kann die Zona sich überall, wo Zotten das Ei bleibend bedecken, nicht auflösen, denn eine Substituirung derselben durch neue ist mir in der Art nicht denkbar. Bei dem Hunde aber bleiben die Zotten, sowie auch bei dem Menschen; hier ist es also nicht möglich, die Theilnahme der Zona an der Bildung des Chorions aufzugeben, bis Hr. Dr. Reichert die Bildung der Zotten auf andere Weise wird erwiesen haben.

Es ist gewiss, der ganze Streit ist factisch höchst unbedeutend. Es wird in der Erscheinung auf Eins hinauslaufen, ob die seröse Hülle sich mit der Zona so verbindet, dass beide ein Gebilde darstellen, oder ob die Zona aufgelöst und durch die seröse Hülle substituirt wird. Auch sind wir in der Hauptsache einig, dass nämlich das Chorion ein Entwicklungsproduct des Eies ist und nicht von aufsen acquirirt wird. Durch directe Beobachtungen, wenn die meinigen nicht so genannt werden können, halte ich es für unmöglich, die Sache auszumachen. Ich bin aber auf den Streit eingegangen, weil Hr. Dr. Reichert ein grofses Aufsehen daraus macht, und weil dieses Beispiel sehr gut den Unterschied in unserer beiderseitigen Verfahrungsweise darlegt. Er richtet seine Beobachtungen und Angaben nach der Analogie und theoretischen Ansichten; ich glaube, dass sich letztere stets nach ersteren richten müssen. Ich gebe die Theorie sogleich auf, sobald sie sich nicht mit den Factis vereinigen lässt, und halte die Natur nicht in so enge Grenzen eingeschlossen, wie sie unser auf wenige Erkenntnisse gestützter kurzsichtiger Blick überall gerne ziehen möchte.

Die Lehre des Hrn. v. Baer über die Bildung des Amnions und die damit in Zusammenhang stehende Umwandlung des peripherischen Theiles des animalen Blattes in die seröse Hülle, sowie über den Antheil der letzteren an der Bildung des Chorions, ist in Frankreich ganz unbeachtet und unbekannt geblieben, und auch in Deutschland hat man sie, wie Hr. v. Baer sehr richtig bemerkt, zum grofsen Nachtheil der Lehre von den Eihäuten bei den Säugethieren und dem Menschen, vernachlässigt. Dieses rührt unstreitig davon her, dass der Vorgang schwierig zu schildern und daher schwer verständlich zu machen ist. Die Beobachtung klärt ihn sogleich auf; allein diese selbst ist, wo möglich, noch schwieriger. Das animale Blatt der Keimblase, oder auch der sogenannten Keimhaut des Vogeleies, ist so fein und zart, und die Amnionfalte liegt dem Embryo als ein ganz durchsichtiges Häutchen so dicht an, dass sehr grofse Aufmerksamkeit dazu gehört, um sie und ihr Verhalten zu beobachten. Dennoch ist es gewiss, dass nur nach diesem und durch dieses Verständniss die Verhältnisse, in denen man in früher Zeit eben während der Bildung des Amnions und Chorions die Eier findet, erklärlich werden, und alle Schwierigkeiten sich lösen, sobald man mit diesem Vorgange hinlänglich vertraut ist. Ich hoffe vorzüglich durch meine Abbildungen und durch die Tafel der Durchschnitte dieses Verständniss zu erleichtern. In England hat Hr. Thomson (Edinb. med. and surg. Journal. 1839, Nov. 148, p. 119.) die Bildungsweise des Amnions nach der Lehre v. Baer's bei Katzen, Kaninchen und Schaafen bestätigt, und auch Beschreibungen junger Eier und Embryonen vom Menschen gegeben, welche für diese dasselbe darthun, insofern er bei diesen die Embryonen mit einem Punkte ihres Rückens an das Chorion angeheftet fand. Dieses ist aber gerade dann der Fall, wenn sich die Amnionfalte eben über dem Embryo geschlossen, und ihr äufseres Blatt sich als seröse Hülle an die äufsere Eihaut angelegt hat, um mit dieser das Chorion zu bilden. —

In Frankreich hat vor Kurzem Hr. Serres auf's Neue die einst von Döllinger und Oken und dann besonders von Pockels aufgestellte Ansicht vertheidigt, dass der Embryo sich aufserhalb des Amnions, dieses sich aber unabhängig von jenem entwickle, und der Embryo sich dann in das Amnion hineinsenke (Ann. des sc. nat. XI. p. 234.). Ich kann zu diesem Unternehmen nur sagen, dass ich überzeugt bin, dass Niemand, der selbst frühe Embryonen von Vögeln und Säugethieren, und nicht blofs so leicht hin und meistens pathologische abortirte menschliche Ovula untersucht hat, diese Ansicht irgend vertheidigen kann. Dennoch theile ich die Gründe mit, worauf Hr. Serres seine Ansicht stützt, und will sie kurz beleuchten. Es beruft sich derselbe nämlich auf Fälle, wo man 1) den Embryo ohne Amnion, 2) den Embryo auf dem Amnion, 3) das Amnion ohne Embryo gefunden haben will. Ad 1) Könnte es wirklich Fälle geben, wo das Amnion sich nicht entwickelt hat, oder nach seiner Entwicklung zerstört wurde; sie wären jedenfalls pathologisch. Allein ich halte sie für sehr selten. Viel häufiger entstehen solche Angaben dadurch, dass bei der sehr schnellen Entwicklung des menschlichen Eies in frühester Zeit, das Amnion sich, wenn das ganze Ei und der Embryo noch sehr klein sind, oft so dicht an das Chorion anlegt, ja abnorm selbst mit demselben vereinigt, dass bei der aufserordenlichen Feinheit dieser Hüllen beide sehr schwer von einander zu trennen und zu erkennen sind.

Ich habe Fälle der Art genug gesehen, wo man glaubte, das Amnion fehle, und bei recht genauer Untersuchung fand es sich doch. Ad 2) Ist es erwiesen und deutlich, dass das Ei von Pockels, auf welches sich Serres beruft, ein pathologisches war. Die Aussage Burdach's, dass auch er Fälle der Art gesehen und von Weber, Breschet und Velpeau solche erfahren habe, ist sicher zu unbestimmt, um darauf einen Beweis zu bauen, besonders da Burdach sonst rücksichtlich der Bildung des Amnions der Ansicht v. Baer's folgt. In Serres' eigenem Falle soll der Embryo kein Amnion gehabt und statt dessen an seinem Nabelstrange ein abgeplattetes, an das Chorion angeheftetes Bläschen gesessen haben, welches Serres ohne Weiteres für das Amnion erklärt. Vielmehr könnte man, der Beschreibung nach, dasselbe für die Allantois halten, wie sie besonders die beiden neueren Fälle von R. Wagner und J. Müller zeigen. Die anderen von Serres erwähnten Fälle besitzen noch weniger Beweiskraft. Es wäre aber auch möglich, dass man in ihnen die Zeit vor sich hatte, wo der Embryo sich noch von der Keimblase abschnürte und die Keimblase mit dem Amnion verwechselt wurde, obgleich mir dieses nicht sehr wahrscheinlich ist, da diese kostbaren Eichen noch sehr zart und klein gewesen sein müssten. Ad 3) Könnte es ebenfalls sein, dass eine Verwechselung mit der Keimblase geschehen, und man ein Ei vor sich gehabt hätte, aus Chorion und Keimblase bestehend, ehe auf letzterer der Embryo erscheint. Allein Fälle der Art sind nicht gemeint, die Eier waren alle gröfser. — Unzweifelhaft waren es aber solche, gar nicht seltene, wo der Embryo abgestorben war und sich aufgelöst hatte. Ich stehe daher nicht an, alle Beobachtungen, welche man zur Stütze für jene Theorie beigebracht hat, entweder für pathologisch oder für falsch interpretirt und beobachtet zu halten. Dazu berechtigt das, was wir über Entstehung des Amnions durch directe Beobachtung wissen.

Sehr zu verwundern ist es, dass Hr. Prof. Mayer in Bonn, welcher doch die Arbeiten v. Baer's, sowie auch meine Nachweisung der Bildung des Amnions bei dem Kaninchen kennen muss, vor Kurzem in einem Schreiben an Hrn. Serres (Comptes rendus. T. XVII. p. 179. L'Experience. 1843.) der Ansicht des Hrn. Serres auf's Neue beigetreten ist. Die von ihm citirte Beobachtung und Abbildung des Eies einer Katze in den Actis nat. curiosor. zeigt ganz deutlich, dass er ein Ei vor sich hatte, in welchem der Embryo sich mit dem Kopfe in die Nabelblase eingesenkt hatte. Das Amnion, welches höchst fein und zart, dem Embryo ganz dicht anliegt, hat er übersehen; die Allantois hält er für die Nabelblase! —

Dagegen hat Hr. Coste neuerdings, wie ich aus den Comptes rendus. 1843. T. XVI. u. XVII. ersehen habe, v. Baer's Theorie nach meinen Beobachtungen beim Kaninchen auch für die Säugethiere angenommen, und somit seine frühere Lehre zurückgenommen, welche auf theoretischen Missverständnissen beruhte, und mit der Beobachtung nicht zu vereinigen war.

Ich kehre nun zu der Beschreibung der oben erwähnten Eier und Embryonen vom 12ten März 1838 zurück, welche ich verlassen, um die Bildung des Amnions und Chorions im Zusammenhange darzustellen.

Unter der Zotten tragenden Eihaut dieser Eier (d. i. also unter dem aus Vereinigung von seröser Hülle und äufserer Eihaut entstandenen Chorion) kam nun eine zweite Eihülle zum Vorschein, nämlich das vegetative Blatt der Keimblase, mit welchem das inzwischen sich weiter entwickelt habende Gefäfsblatt genau verbunden war. Beide standen mit dem Embryo in genauer Verbindung, zu dessen Beschreibung ich nun übergehe.

Im Ganzen war derselbe noch gerade gestreckt, nicht gekrümmt, und nur sein vorderes Kopfende noch etwas stärker im rechten Winkel vornüber gebogen, als dieses schon bei dem zuletzt beschriebenen Embryo der Fall war. In der Mittellinie seines Rückens zeichneten sich leicht das Centralnervensystem, das Rückenmark und die drei vorderen blasigen Erweiterungen des Gehirns aus. An der vordersten Erweiterung waren die beiden seitlichen Ausbuchtungen, die Augenblasen, nun schon viel stärker abgeschnürt. Aber auch weiter nach hinten, neben der dritten Erweiterung war jeder Seits ein heller kleiner Kreis, gebildet von einem Bläschen, zum Vorscheine gekommen, das Ohrbläschen oder das zukünftige Labyrinth. Man lehrt gewöhnlich, dass auch dies eine seitliche Ausbuchtung aus der hintersten Gehirnblase sei, wie das Auge aus der vordersten. Ich muss gestehen, dass ich mich davon bei Säugethierembryonen, bei welchen ich doch die Entwicklung der Augen auf diese Weise sehr vollständig beobachtet habe, nicht überzeugen konnte. Die Ohrbläschen scheinen sich mir ganz unabhängig von der Medullarröhre zu bilden, und erst später allerdings mit der hintersten Hirnzelle in Verbindung zu treten, sowie dieses meine Abbildungen späterer Embryonen zeigen werden. Entweder muss daher der Zusammenhang der Ohrbläschen mit der Medullarröhre in früher Zeit schwer zu sehen sein, z. B. sehr aus der Tiefe hervorkommen, oder das Ohrbläschen entwickelt sich selbstständig und auf andere Weise wie das Auge.

Zu beiden Seiten des Rückenmarkes war schon eine grofse Zahl von Wirbelanlagen zu bemerken. Der Körper des Embryo hatte unterdessen fortgefahren, sich von der Keimblase, d. h. ihrem vegetativen und Gefäfsblatte, zu sondern und abzuscheiden. Das vordere Drittel war schon ganz frei, der vordere Eingang in die Visceralhöhle daher weiter nach hinten vorgerückt, indem sich, wie ich schon oben darlegte, die äufseren Ränder der Embryonalanlage, die Visceralplatten, von vorne nach hinten fortschreitend, an einander legen. Der vordere Theil der Visceralhöhle war daher auch schon ansehnlicher entwickelt. An dem hinteren oder dem Schwanzende hatte derselbe Process begonnen, d. h. indem sich auch hier die äufseren Ränder des Embryonalkörpers, die Visceralplatten, von hinten nach vorne vorschreitend gegen einander neigen und vereinigen, hatte sich auch dieses hintere Ende von den Eihäuten abgeschnürt, und zugleich eine Höhle, den hinteren oder unteren Theil der Visceralhöhle, in sich entwickelt. Den Eingang in diese nannte C. F. Wolff Foveola inferior, v. Baer den unteren Eingang in die Visceralhöhle. In der Mitte stand der Leib des Embryo noch weit offen, die Ränder seines Körpers hatten sich aber doch auch hier schon etwas nach unten und innen gewölbt, und der ganze Körper war daher von der Bauchseite etwas concav ausgehöhlt. Man hat daher die Gestalt des Körpers des Embryo auf diesem Stadium auch wohl mit einem Pantoffel verglichen, was nicht unpassend ist. Das vegetative Blatt kleidet auf diesem Stadium die ganze innere Fläche des Embryonalkörpers, ihm dicht anliegend und ihn zum Theil mit bildend, aus; zieht sich daher auch in den vorderen und hinteren Theil der Visceralhöhle mit hinein, und ich kann hier sogleich bemerken, dass es hier das obere und untere Ende des Darmrohres zu bilden anfängt.

Vorn, gleich unter dem vornüber gebogenen Kopfende des Embryo, bemerkte man auf beiden Seiten zwei kleine vorstehende Zapfen, von denen die beiden vorderen die gröfseren waren, und sich von beiden Seiten gegen einander neigend, in der Mitte unter dem übergebogenen Kopfende berührten. Dieses sind die ersten sogenannten Kiemen - oder Visceral- oder Schlundbogen, und die zwischen ihnen befindlichen Spalten die Kiemen- oder Visceral- oder Schlundspalten.

Es ist mir nicht möglich, hier auf die in Deutschland entstandene und ausgebildete Lehre von diesen Kiemen - oder Visceralbogen der Embryonen einzugehen, und ich begnüge mich, in dieser Hinsicht auf meine Entwicklungsgeschichte der Säugethiere und des Menschen hinzuweisen, S. 400. Ich will nur bemerken, dass man in Frankreich diese Lehre entweder nicht beachtet, oder falsch verstanden hat. Wenn nämlich gleich der berühmte J. Fr. Meckel einst die Ansicht aussprach, dass vielleicht die Embryonen höherer Thiere und des Menschen in früher Zeit, wo sie niederen Thieren ähnlich gebildet seien, auch vielleicht statt durch Lungen durch Kiemen athmeten; wenn gleich Rathke, als er später die betreffenden Bildungen bei Säugethier- und Vogelembryonen entdeckte, sie wegen ihrer vollkommen gleichen Lage und Beziehung zu dem Gefäfssysteme wie die Kiemenbogen bei den Fischen, auch hier Kiemenbogen nannte: so ist es doch, seit man dieselben wirklich entdeckt hat, in Deutschland Niemand eingefallen, diese Gebilde für die Athemorgane der Embryonen zu halten. Sie tragen nie wirkliche Kiemen, obgleich sie, wie gesagt, die vollkommen analogen Bildungen der Kiemenbogen der Fische sind. Vielmehr haben die sehr sorgfältigen Beobachtungen, welche Rathke, Huschke, v. Baer, J. Müller, Valentin, Reichert u. A. über diese Gebilde anstellten, auf das Sicherste dargethan, dass sie mit der Bildung der Gesichts- und Kieferknochen, sowie der Gehörknöchelchen, des äufseren Gehörgangs und der Eustachischen Röhre in nächster Beziehung stehen und, kurz gesagt, diejenigen Gebilde sind, welche die zu dem Kopfe gehörigen Eingeweide oder Visceralhöhle, nämlich Mund und Schlund, auf gleiche Weise einschliefsen, wie die Rippen die Eingeweidehöhle der Brust und die Bauchmuskeln die des Bauches, weshalb man sie auch Kopfrippen genannt hat. Es beruht daher auch gänzlich auf einem Missverständnisse, wenn Hr. Serres neuerlichst gegen die Bedeutung und Function dieser sogenannten Kiemenbogen als Athemorgane des Fötus zu Felde gezogen ist.

Diese Visceralbogen sind ursprünglich auf dem Stadium, auf welchem wir sie hier entstehen sehen, Streifen sich verdickender Substanz in den Visceralplatten, welche von dem der Gehirnkapsel der Embryonalanlage entsprechenden Theile ausgehen und hinter derselben nach unten convergiren. In gleichem Maafse, wie sich in ihnen die Visceralplatten verdicken, in gleichem Maafse schwindet die zwischen dem vordersten Bogen und der Gehirnkapsel, und zwischen den einzelnen Bogen liegende Substanz, so dass hier bis in die Visceralhöhle durchdringende Spalten entstehen. Die vorderste dieser Spalten zwischen dem vorderen Bogen und der Gehirnkapsel bildet den vorderen Eingang in die Visceralhöhle und wird später, wenn sich alle Theile um sie herum ausbilden, zum Munde und zur Mundhöhle. Die übrigen heifsen Visceralspalten und verwandeln sich zum Theil in bleibende Gebilde, zum Theil werden sie wieder durch Substanz ausgefüllt.

Auf dem hier besprochenen Stadium waren nun schon zwei dieser Visceralbogen entwickelt, so dass wir sie also sehr früh, schon bei einem Embryo, der etwa 24 Stunden alt ist, und sehr schnell hervorbrechen sehen. —

Endlich waren bei diesen Embryonen Herz und Gefäfssystem so weit entwickelt, dass nun der erste Kreislauf des Blutes vollständig ausgebildet war. Das Herz war noch immer ein stark S-förmig gebogener Kanal. Nach vorn ging er in zwei Bogen über, welche sich auf jeder Seite wieder in zwei an den Visceralbogen vorbeilaufende Aeste spalteten. Diese traten, im Bogen an den genannten Visceralbogen vorbeigehend, von beiden Seiten vor der Wirbelsäule zu einem Stamme zusammen. Jene Gefäfsbogen sind die sogenannten Aortenbogen, der Stamm ist die absteigende Aorta. Diese theilte sich sogleich wieder in zwei Aeste, welche nun zu beiden Seiten der Wirbelsäule längs der ganzen Länge des Embryo nach abwärts verliefen. v. Baer nannte diese die unteren Wirbelarterien. Sie schickten in gleichen Abständen seitliche Aeste ab, welche aus dem Körper des Embryo hinaus in die Ebene der Keimblase übertraten und hier in ein Capillarnetz übergingen. Diese Aeste heifsen die Nabelblasenarterien. Aus diesem Capillarnetz sammelte sich das Blut in einem netzförmigen Ringgefäfse, welches, im Kreise die beiden Pole des Eies umfassend, dem Embryo gerade gegenüber sich der Länge nach an dem Eie hinzog, so dass, wenn man sich das Ei hier aufgeschnitten und auseinandergelegt denkt, dasselbe einen Kreis um den ganzen Embryo bilden würde. Man hat dieses Gefäfs den Sinus oder die Vena terminalis genannt. Aus ihr und dem Capillarnetze entstehen zwei stärkere von vorn und zwei viel schwächere von hinten gegen den Embryo hintretende Gefäfse, die sich auf beiden Seiten in einen Stamm vereinigen, welcher die Nabelblasenvene heifst. Diese gehen gerade an der Stelle, bis zu welcher sich der Embryo von der Keimblase mit seinem Kopfe abgeschnürt hat, in den Herzkanal über und bilden dessen beide unteren Schenkel. Das Blut wird durch die Contractionen des Herzkanales in die Aortenbogen, die absteigende Aorta, die hinteren Wirbelarterien und durch die Nabelblasenarterien in die Keimblase herübergetrieben. Hier geht es theils in die Vena terminalis und mittelbar durch diese, theils direct durch ein Capillarnetz, in die Nabelblasenvenen über, welche es wieder in das Herz führen

Das peripherische Gefäfsnetz ist zu dieser Zeit ganz deutlich in einer eigenen häutigen Lage oder in einem besonderen Blatte, dem Gefäfsblatte, ausgebreitet. Dieses hat seine Lage zwischen dem animalen, jetzt als seröse Hülle abgehobenen und mit der äufseren Eihaut vereinigten, und dem vegetativen Blatte. Es ist und bleibt mit letzterem immer innig vereinigt, kann aber von demselben getrennt und für sich dargestellt werden.

Es war mir bis jetzt nicht möglich, seine allmälige Bildung sowie auch die der Gefäße in ihm genauer zu verfolgen. Doch ist es mir, wie ich oben schon bemerkte, wahrscheinlich, dass die daselbst beschriebenen und angegebenen sternförmigen Zellen die ersten Anfänge dieses Gefäßblattes und der Gefäße sind. Es entwickelt sich unzweifelhaft aus einer eigenen Zellenlage zwischen animalem und vegetativem Blatte, und die Gefäße scheinen aus jenen sternförmigen Zellen zu entstehen, indem deren Ausläufer auf einander stofsen und zu einem Systeme von Kanälchen verschmelzen, wie dieses Schwann für die Entwicklung der Capillargefäße ermittelt und dargestellt hat (Mikroskop. Unters. S. 182.). Doch ist es sehr schwer, diese Zellenlage, so lange sie zwischen dem animalen und vegetativen Blatte liegt, zu erkennen, und für sich in ihrer Entwicklung zu verfolgen. Erst wenn das animale Blatt sich abgehoben und das Blut in den Kanälchen eine röthliche Farbe angenommen hat, kann man dieselben bestimmter erkennen, und dann auch die Zellenlage als ein besonderes Blatt unterscheiden. Ob dieses auch innerhalb des Embryo möglich ist, will ich nicht entscheiden. Doch ist es gewiss, dass sich auch in ihm das Herz und die Gefäße in derselben Ausbreitung zwischen animalem und vegetativem Blatte entwickeln, und wenn sich später der Darmkanal gebildet hat, unterscheidet man an diesem zwei Lagen, deren äufsere dem Gefäfs-, die innere dem vegetativen Blatte anzugehören scheint. Für das Genauere in dieser Beziehung erlaube ich mir abermals auf meine Entwicklungsgeschichte der Säugethiere und des Menschen zu verweisen. —

XLVII. u. XLVIII. Am 25sten Juli 1838 und am 7ten Juni 1841 untersuchte ich zwei Hündinnen, deren Eier auf ganz gleichem Stadium sich befanden. Die erste derselben war, wie ich ziemlich sicher wusste, am 29sten Juni zum ersten und ganz bestimmt am 2ten Juli zum letzten Male belegt worden; die Eier waren daher 27 Tage alt. Die zweite Hündin war ganz bestimmt am 13ten Juni zum ersten und am 20sten zum letzten Male belegt worden. Am 3ten Juli, also 20 Tage nach der ersten und 13 nach der letzten Begattung, öffnete ich ihr den Unterleib. Allein man konnte noch keine Anschwellungen an dem Uterus bemerken und so nähte ich die Wunde wieder zu. Erst am 7ten Juli, Nachmittags 6 Uhr, konnte ich sie wieder vornehmen und fand jetzt die Anschwellungen des Uterus bereits so grofs, dass ich die Hündin tödten liefs. Diese Eier waren also 25 Tage alt, die Zeiten daher bei beiden Hündinnen ziemlich übereinstimmend. Bei der ersten Hündin zeigte jedes Horn des Uterus drei Anschwellungen. Auf jeder Seite enthielt aber ein Ei keine Spur eines Embryo. Vorzüglich bemerkenswerth war es aber, dass der linke Eierstock nur ein, der rechte vier Corpora lutea zeigte. Es musste also abermals eine Wanderung der Eier von einer Seite auf die andere stattgefunden haben und aufserdem ein Zwillingsei vorhanden gewesen sein, genau so wie in Nro. XLI., XLII. und XLIV.

Die Eier waren ziemlich leicht aus dem Uterus ohne Zerreifsung zu lösen; nur gerade über dem Rücken des Embryo erschienen sie wie an dem Uterus angewachsen und die Lösung erfolgte nur unter einer geringen Zerreifsung. Sie waren citronenförmig gestaltet und 8 P. L. lang, 5 P. L. breit (Fig. 38. A.). Aeufserlich waren sie ganz mit Zotten bedeckt, welche nur gerade über dem Rücken des Embryo und an den beiden Polen des Eies fehlten. Bei Entfernung der äufseren Eihaut, des Chorions, zeigte es sich, dass dasselbe in einem Punkte über dem Rücken des Embryo mit dem diesen ganz dicht überziehenden Amnion in fester Verbindung stand (Fig. 38. B.). Nach dem oben Mitgetheilten geht diese Verbindung aus der völligen Schliefsung der Amnionfalte und der Abhebung der serösen Hülle und Vereinigung der letzteren mit der äufseren Eihaut hervor. Eben deshalb adhärirte an dieser Stelle auch noch das ganze Ei an dem Uterus und liefs sich nicht ohne Zerreifsung lösen, da hier die Vereinigung der serösen Hülle mit der äufseren Eihaut noch nicht so weit gediehen war, dass letztere dadurch verstärkt, sich hätte von dem Uterus lösen lassen.

Sodann war es zunächst auffallend, dass der Embryo nicht mehr gerade gestreckt in der Ebene der aus Gefäfs- und vegetativem Blatte bestehenden zweiten Eiblase lag, sondern sich in seinem Kopfende sehr stark vornüber gebeugt und mit demselben in die Eiblase hinein gedrängt hatte. Dieser Process erfolgt in der nächsten Zeit immer stärker, und es hat mir viele Mühe gemacht, mich von dem wirklichen Verhältnisse zu überzeugen, obgleich Vorgänger, z. B. v. Baer, dasselbe schon ganz richtig erkannt hatten. Der von dem Embryo mit seinem Kopfe in die Blase hineingedrängte Theil derselben, ist so vollkommen durchsichtig, so fein und so innig mit dem den Kopf gleichfalls überziehenden Amnion vereinigt, dass es unmöglich ist, ihn für sich darzustellen und zu erkennen. Oeffnet man die Blase und betrachtet das Verhältniss von innen (Fig. 38. D.), so glaubt man den Kopf ganz nackt in die Blase hineinragen zu sehen. Schon mit Mühe überzeugt man sich, dass er noch von dem Amnion überzogen ist, und unmöglich war es mir zu erkennen, dass dieser Ueberzug doppelt ist und von der Eiblase und dem Amnion gebildet wird. Allein in späteren Zeiten, wenn der Embryo sich wieder zurückzieht, wird das Verhältniss ganz klar, und man überzeugt sich, wie wir sehen werden, bestimmt, dass sein Kopf noch jenen Ueberzug hatte. —

Das Verhältniss des Gefäfs- und vegetativen Blattes zum Embryo war im Ganzen noch wie früher. Der ganze vordere Theil des Embryo war von ihnen bis zum Eingang in die Visceralhöhle oder bis zur Fovea cardiaca abgeschnürt, obgleich er sich sodann mit diesem vorderen Ende in sie hereingedrängt hatte. Auch an dem hinteren Ende war die Abschnürung weiter fortgeschritten, und der hintere oder untere Theil der Visceralhöhle dadurch stärker entwickelt. Endlich hatten sich auch die Seitenränder des Körpers des Embryo, die Visceralplatten, so von jenen beiden Blättern gelöst, dass sie frei geworden und diese nun nur noch in der Mitte in der Axe des Körpers mit ihm zusammenhingen. Hier an die Wirbelsäule befestigt, fingen beide Blätter an, sich einander zu nähern, so dass sie hier gewissermafsen eine Rinne bildeten, die vorn in den vorderen oder oberen Theil der Visceralhöhle, hinten in den hinteren oder unteren überführte (Fig. 38. E.). Diese Rinne hat v. Baer die Darmrinne genannt, und die sie zunächst begrenzenden Partien des Gefäfs- und vegetativen Blattes die Darmplatten, da sie, wie wir bald sehen werden, zur Bildung des Darmes verwendet werden.

Das Centralnervensystem des Embryo war noch ungefähr dasselbe geblieben. Zuvörderst also bemerkte man die vordere Hirnblase, aus welcher zu beiden Seiten die beiden Augenblasen, bereits vollkommen als solche erkennbar, hervortraten; doch schien es, als wenn schon jetzt diese Hirnblase sich in den Seitentheilen iherer vorderen Partie stärker zu entwickeln und dadurch in einen vorderen und hinteren Theil zu scheiden anfing. Dieses erfolgt in den nächsten Stadien immer stärker. Der vorne immer stärker hervorbrechende Theil wird, wie wir weiter unten sehen werden, zu den Hemisphären. Der hintere Theil, von dem sich der vordere durch stärkere Entwicklung immer mehr trennt, indem er ihn nach und nach überwölbt und bedeckt, umfasst später die Theile des dritten Ventrikels, namentlich die Sehhügel. Auf dieses folgte nun die zweite ursprüngliche Hirnblase. In ihr war der Kopf stark in einem mehr als rechten Winkel vornüber oder abwärts gebeugt; sie bildet später die Vier-Hügel. Dahinter folgte die dritte ursprüngliche Erweiterung des Medullarrohres, in welcher dasselbe auch jetzt noch weit offen stand, eine rhombische Figur bildend, die mit ihrem spitzesten nach hinten gerichteten Winkel in das Rückenmark überging. An dieser Stelle war der Embryo wieder stark in einem mehr als rechten Winkel vornüber gebeugt, wodurch er mit dem ganzen vorderen Körperende in die von Gefäfs- und vegetativem Blatte gebildete Blasse eingedrängt war. Diese Umbiegungsstelle ist unter dem Namen der Nackenbeuge oder des Nackenhöckers bekannt. Die dem Sinus rhomboidalis der Vögel entsprechende hintere Erweiterung des Medullarrohres war schon fast ganz verschwunden. Zu beiden Seiten des Rückenmarkes hatte sich die Zahl der Wirbel bedeutend vermehrt.

Die Bildung des Herzens und Gefäfssystems war noch ungefähr dieselbe wie auf dem vorigen Stadium. Der Herzkanal hatte sich nur noch stärker in sich selbst S-förmig zusammengekrümmt. Das peripherische Gefäfssystem (Fig. 38. B. u. C.) und der Sinus terminalis waren stärker ausgebildet; die Gefäfse mit rothem Blute gefüllt.

An diesen Embryonen waren ferner vorn an dem Kopfende drei durch Spalten von einander getrennte Kiemen oder Visceralbogen in von vorn abnehmender Gröfse hervorgebrochen. An ihrer inneren Seite gingen drei Aortenbogen vorbei, welche sich weiter nach hinten unter der Wirbelsäule zu einem Stamme vereinigten, der sich bald wieder in die beiden hinteren Wirbelarterien theilte.

XLIX. Am 11ten September 1843 machte ich eine Beobachtung, welche mehrere der bisher beschriebenen Stadien in einer continuirlichen Reihe zeigte, und deshalb von besonderem Interesse ist.

Eine kleine Spitzhündin hatte sich seit Mittwoch, am 23sten August, bis Montag, am 28sten, alle Tage, dann aber nicht mehr belegen lassen. Am 11ten September war sie also 14 Tage seit der letzten Begattung trächtig, und ich schnitt ihr nun Morgens 6½ Uhr aus dem linken Uterus ein Stück mit dem in ihm enthaltenen Eie aus. Letzteres bildete schon eine ganz ansehnliche Anschwellung an dem Uterus. Als ich denselben aber öffnete, zerrissen, trotz der gröfsten Sorgfalt, und obgleich ich unter Wasser präparirte, dennoch sämmtliche Eihäute, die so zart waren, dass man fast nichts von ihnen wahrnahm. Ich hatte sehr grofse Mühe, den Embryo, auch dies Mal mit seiner Längenaxe in der Queraxe des Eies liegend, aufzufinden; doch glückte es mir, ihn ganz unverletzt mit der ihn zunächst umgebenden Partie der Eihäute herauszubringen. Auf ein Glasplättchen gebracht, war er gegen 2 P. L. lang. Das Kopfende war schon von den Eihäuten abgeschnürt und, wie es schien, selbst schon von der Amnionfalte bedeckt gewesen, obgleich diese zerrissen war. Die Primitivrinne war geschlossen und ebenso das Medullarrohr. Vorne waren die drei Hirnzellen gebildet und zu beiden Seiten schon gegen 10 Wirbel angelegt. Das Gefäfsblatt hatte sich einige Linien weit rund um den Embryo herum im Kreise ausgedehnt, und ich erkannte seine Grenzen so genau, wie selten vorher. In ihm waren die Inseln und Rinnen des peripherischen Gefäfsnetzes schon deutlich entwickelt und die Rinnen enthielten primitive noch nicht gefärbte Blutzellen. Der Herzkanal war auch schon gebildet, ja schon ziemlich stark gebogen und contrahirte sich noch bis 11 Uhr rhythmisch in langen Pausen, obgleich der Embryo in kalter Flüssigkeit lag. Durch seine Contractionen sah ich auch die Blutzellen sich selbst innerhalb des Embryo bewegen. Diese ausdauernde contractile Thätigkeit war um so Staunen erregender, da der Herzkanal fast noch aus primären Zellen bestand, die kaum sich in Fasern auszudehnen anfingen. Es war mir sehr angenehm, dass Hr. Dr. C. Vogt aus Neuchatel, als Embryologe allgemein bekannt, bei dieser merkwürdigen Beobachtung als Zeuge zugegen war. Das vegetative Blatt der Keimblase, welches an der Bauchfläche des Embryo glatt anlag und sich nur vorn in die sich bildende Visceralhöhle mit hineinzog, bestand aus verschmolzenen Zellen, in denen sich im frischen Zustande keine Kerne erkennen liefsen. Die Membran erschien unter dem Mikroskope wie aus dunkelen rundlich eckigen Flecken und dazwischen verlaufenden hellen Gängen zusammengesetzt. Das Gefäfsblatt bestand aus dicht auf einander liegenden verschieden grofsen, das Licht wie Fettbläschen stark brechenden Bläschen, in denen nur selten ein Kern zu erkennen war.

Abends 6½ Uhr, also nach 12 Stunden, schnitt ich dieser Hündin ein zweites Stück des linken Uterus mit einem Eie aus, welches bereits eine ansehnlich stärkere Anschwellung bildete. Ich konnte es erst am andern Morgen untersuchen, und unterstützt durch die beginnende Maceration und den Nachlass der Turgescenz, gelang es mir, dieses Ei unverletzt mit der äufseren Eihaut herauszubringen. Der Embryo lag an der Mesenterialseite des Uterus, schief mit seiner Längenaxe in der Queraxe des Uterus, war schon ein wenig vornüber gebogen und gegen 2¾ P. L. lang. Die äufsere Eihaut war, wie ich unter dem Mikroskope ganz bestimmt an ihrer eigenthümlichen Beschaffenheit erkannte, noch immer die Zona pellucida; ich konnte sie von den anderen Eihäuten trennen, bemerkte aber auf ihr keine Spur von Zotten, die ich erwartet hatte. Die übrigen Eihäute waren aus Zellen zusammengesetzt, in denen jetzt, nach längerem Liegen im Wasser, auch die Kerne mit Kernkörperchen deutlich zu erkennen waren. Leider verunglückte mir das Ei, als ich eben den Embryo genauer untersuchen wollte, doch erkannte ich noch, dass das Herz ein noch wenig gebogener Kanal war, der, sowie auch die

Gefäße noch keine rothen Blutzellen enthielt. Das Amnion schien noch nicht geschlossen zu sein.

Ich hatte an diesem Morgen, um 6½ Uhr, also abermals nach 12 Stunden ein drittes Stück Uterus mit einem Eie aus der rechten Seite ausgeschnitten, welches ich nun sogleich ebenfalls untersuchte. Das Ei war abermals deutlich gewachsen; allein es gelang mir nicht, es unverletzt aus dem Uterus herauszubringen. Es zerriss, als ich diesen an seiner Mesenterialseite öffnete. Da der Embryo aber an der entgegengesetzten Seite lag, so glückte es mir, ihn mit den ihn umgebenden Eihäuten bis an seinen Rücken hin zu lösen, wo er mit dem Uterus verwachsen zu sein schien, und sich nur unter Zerreifsung trennen liefs. Da der Embryo bereits ganz in sein Amnion eingeschlossen war, welches letztere eben über seinem Rücken an den Uterus an einem Punkte wie festgewachsen schien, so war hier das Stadium vorhanden, wo die Zona sich mit dem peripherischen Theile des animalen Blattes nach Bildung des Amnions an den Uterus dicht angelegt hat, jener Theil des animalen Blattes aber noch mit dem Amnion in Verbindung steht. — Der Embryo war gestreckt 3 P. L. lang, in seiner natürlichen Lage aber schon sehr stark mit seinem Kopfende vornüber und in die vom vegetativen und Gefäfsblatt gebildete Blase hineingedrängt. Von den Hirnblasen hatte sich die vorderste schon in Vorder- und Zwischenhirn zu scheiden angefangen. Das Auge war schon stark von letzterem abgeschnürt, allein noch eine hohle mit der Hirnhöhle in Verbindung stehende Blase. Daher zeigte es, von vorn angesehen, einen sehr hellen Mittelpunkt. Dieser ist aber nicht etwa die Linse, von der noch keine Spur vorhanden war, sondern wird nur durch das Durchscheinen der Hirnhöhle hervorgebracht. Auch das Ohrbläschen war vorhanden, allein kein Zusammenhang desselben mit dem Hinterhirn zu entdecken. Der Herzkanal war stark S-förmig gebogen; das Gefäfsblatt hatte sich fast über das ganze vegetative Blatt ausgedehnt. Die Gefäfse enthielten rothes Blut, aber noch deutliche Zellen mit einem Kerne. Der vordere Theil der Visceralhöhle war in dem vornüber nach unten gebogenen vorderen Theile des Embryo schon stark entwickelt, auch waren schon zwei Visceralbogen hervorgebrochen. Auch das hintere Ende des Embryo war bereits etwas von der Keimblase abgeschnürt; vom Darmrohre aber, von der Allantois oder den Wolff'schen Körpern war noch keine Spur vorhanden.

Am Abend desselben Tages, 6½ Uhr, wurde endlich das vierte und, wie es schien, letzte Ei mit dem entsprechenden Stücke des Uterus ausgeschnitten, welches abermals ansehnlich gröfser geworden war. Ich musste seine Untersuchung auf den folgenden Tag versparen. Allein es gelang doch nicht, es ganz unverletzt aus dem Uterus herauszubringen, sondern die deutlich mit Zotten besetzte äufsere Eihaut blieb theilweise an dem Uterus, theilweise auf der von Gefäfs- und vegetativem Blatte gebildeten Blase sitzen, welche letztere indessen unversehrt und geschlossen blieb. Ich untersuchte zuerst die Zotten, die frühesten, welche ich nach dem früher beschriebenen ersten Erscheinen derselben auf der Zona gesehen hatte. Sie bildeten unregelmäfsige conische Zapfen, die aus dicht gedrängten und verschieden grofsen hellen Bläschen, den Fettbläschen sehr ähnlich, bestanden, in welchen ich keinen Kern erkennen konnte (Fig. 38. H. u. I.). Wenn sie, auf einem Glasplättchen liegend, unter dem Mikroskope betrachtet wurden, so markirten sie sich immer mit dunkelem doppelten Rande und hellerer Mitte, so wie früher die ersten Anfänge auf der Zona. Um die beiden Pole des Eies herum zogen sich bereits ein Paar schmale, schmutzig rothgrüne Zonen, die später dem Hundeei ein so ausgezeichnetes Ansehen geben. Die rothgrüne Masse derselben bestand aus unregelmäfsig braunrothen Körnchen (veränderten Blutzellen?). Das Amnion war ganz geschlossen und von der serösen Hülle abgetrennt. Der Embryo war stark gekrümmt und mit seinem vorderen Ende in die von Gefäfs- und vegetativem Blatte gebildete Blase eingedrängt. Ausgestreckt war er 4 P. L. lang. Das Centralnervensystem und die Kreislaufsorgane waren verhältnissmäfsig weiter fortgeschritten. Ebenso war der vordere Theil der Visceralhöhle noch mehr ausgebildet, allein der Darmkanal als solcher noch ebenso wenig wie die Allantois oder Wolff'schen Körper entwickelt. Dagegen waren jetzt drei Visceralbogen hervorgebrochen. Besonders genau beschäftigte ich mich mit dem Bau der sich eben entwickelnden Placenta, worüber ich indessen weiter unten berichten werde.

Die Hündin, von welcher ich diese vier Eier in 36 Stunden entnahm, genas nach dieser Operation sehr bald vollkommen. Allein nach fünf Wochen, während welcher Zeit man ihr nichts angemerkt hatte, erkrankte sie und crepirte, wie die Section zeigte, an einer sehr heftigen Peritonitis.

L. Am 18ten November 1842, Morgens 8 Uhr, schnitt ich einer Hündin, welche seit 14 Thgen belegt sein sollte, ein Stück des linken Uterus mit einem Eie aus. Sie war aber sicher schon länger trächtig; denn die Eier bildeten schon ansehnliche Anschwellungen an dem Uterus, und das Ei und der Embryo waren fast genau auf demselben Stadium, wie die zuletzt beschriebenen. Am hinteren Ende des Embryo war es indessen vorzugsweise zu bemerken, dass er schon etwas weiter entwickelt war. Bei genauerer Untersuchung desselben zeigte es sich nämlich, dass dieses hintere Körperende sich nicht nur vom Gefäfs- und vegetativen Blatte bereits mehr isolirt hatte, sondern dass die letzteren sich auch hier schon so vereinigt hatten, dass sie ein in dem hinteren Ende des Embryo blind endigendes kurzes Rohr bildeten (Fig. 39.). Dieses Rohr ist das Endstück des Darmes, der Enddarm, und es entsteht dadurch, dass sich Gefäfs- und vegetatives Blatt, welche an der Wirbelsäule angeheftet sind, von beiden Seiten gegen einander neigen, und erst, wie auf dem vorigen Stadium, eine Rinne, dann durch Vereinigung der Ränder dieser Rinne ein Rohr bilden. Die Vereinigung erfolgt von vorn und von hinten gegen die Mitte fortschreitend. Die vordere Vereinigung und die dadurch bewirkte Bildung des Anfangstheiles des Darmes, die höchst wahrscheinlich auch bei diesen Embryonen schon erfolgt war, gelang es mir nicht, zu Gesicht zu bekommen, da dieser Theil von dem Herzen und der unteren Wand der Visceralhöhle zu sehr bedeckt wird, eine Präparation aber bei einem so zarten und kleinen Embryo noch nicht ausführbar war. Das hintere Ende des gebildeten Darmes aber war leichter zu beobachten.

Die Bildung des Darmes aus dem vegetativen und Gefäfsblatte der Keimhaut des Vogeleies hat bekanntlich zuerst C. F. Wolff entdeckt und beschrieben (De formatione intestinorum. Nov. Act. Petropol. Tom. XII. et XIII.). Sie wurde von mehreren deutschen Beobachtern später bestätigt und noch genauer ermittelt, namentlich von v. Baer. Es ergab sich, dass die Bildung des Darmes auch bei den Säugethieren ebenso erfolgt, und ich habe dies auf das Vollkommenste bestätigt gefunden. Ich erlaube mir auch in dieser Beziehung auf meine Entwicklungsgeschichte der Säugethiere und des Menschen S. 293. zu verweisen, und bemerke hier nur einstweilen, dass, wie sich auch noch weiter beim Hunde zeigen wird, durch die Bildung des Darmes im Embryo, die vom Gefäfs- und vegetativen Blatte der Keimblase gebildete Blase sich in die sogenannte Nabelblase umwandelt. Man drückt dieses gewöhnlich so aus: »Dass sich der Darm aus der Nabelblase bilde.« Allein es verhält sich vielmehr umgekehrt; die Bildung des Darmes bedingt die Umwandlung der früheren, vom Gefäfs- und vegetativen Blatte gebildeten Blase in die Nabelblase. Auf dem hier betrachteten Stadium hatte dieser Process eben angefangen. Das Endstück und höchst wahrscheinlich auch das Anfangsstück des Darmes waren eben gebildet, während die ganze Mitte noch eine nach der Bauchseite offene Rinne darstellte, deren Ränder eben in die Nabelblase übergingen.

An dem hinteren Ende des Embryo hatten sich aber noch weitere Gebilde zu entwickeln angefangen. Zunächst hatte sich dieses hintere Ende in eine rundliche Spitze auszuziehen begonnen, die Schwanzspitze. Dann aber bemerkte ich hier an diesem Ende unten zwei schwache hügelige Hervorragungen (Fig. 39. A.), von welchen ich die Ueberzeugung habe, dass sie der erste Anfang der unter dem Namen der Allantois bekannten Eiblase waren. Hierfür spricht das nächste Stadium, wo diese Hügel sich schon deutlich zu dieser Blase zu gestalten angefangen hatten. Ich glaube, dass Niemand bisher bei Säugethieren die Bildung dieser Blase so früh gesehen hat, als ich. Hr. Coste z. B. hat sie nur später gesehen, und Embryogénie p. 411 sagt er: »La genèse de cette vésicule chez le chien est encore à faire.« Ueber ihre Entwicklungsweise sind überhaupt die Beobachter nicht einig. v. Baer, Rathke, Valentin u. A. halten sie für eine von Anfang an hohle Ausstülpung aus dem Endstücke des Darmes. Hr. Coste hält sie für eine unmittelbare Entwicklung der Keimblase, an deren Bildung die Lagen dieser Keimblase alle Theil nehmen (Embryogénie p. 114 u. 135), und hat diese seine Ansicht durch schematische Abbildungen versinnlicht, glaubt also auch, dass sie von Anfang an hohl sei. — Hr. Dr. Reichert hat über ihre erste Bildung beim Hühnchen eine ganz andere Lehre aufgestellt (Entwicklungsleben S. 186.). Nach ihm ist der erste Keim zur Allantois doppelt, und sie entsteht anfangs als zwei von dem hinteren Körperende des Embryo sich entwickelnde solide Zellenmassen, die mit dem Ausführungsgange der Wolff'schen Körper in Verbindung stehen.

Ich bin in meinen beiden früheren Schriften dieser letzten Angabe nur insofern beigetreten, als ich ebenfalls die Allantois anfangs nicht hohl, sondern aus einer Zellenmasse bestehend fand, die sich freilich sehr schnell zu einer Blase entwickelt. Dagegen konnte ich weder den doppelten Ursprung, noch die anfängliche Verbindung mit den Wolff'schen Körpern bestätigen, und leugnete letztere geradezu, weil ich den Anfang der Allan-

tois vor dem Anfang der Wolff'chen Körper gesehen zu haben glaubte (Entwicklungsgeschichte des Kanincheneies S. 127.). Beides muss ich nach diesen späteren Untersuchungen wenigstens für den Hund widerrufen. Ich glaube mich sowohl auf diesem als auf
dem nächsten Stadium überzeugt zu haben, dass die erste Anlage für die Allantois wirklich doppelt ist. Ferner waren hier, wo die Allantois zuerst hervorkam, auch die
Wolff'schen Körper schon vorhanden. Ohne weitere Präparation war freilich nichts von
ihnen zu sehen. Nachdem ich aber den Embryo in der Mitte seines Körpers quer durch-
geschnitten hatte, und nun unter der Loupe das Gefäfs- und vegetative Blatt von ihrer
Anheftung an der Wirbelsäule trennte und nach dem Schwanzende zurückschlug, erkannte ich
an diesen Blättern angeheftet zwei sich von beiden Seiten von den Wirbelplättchen ablösende
schmale Streifen, in welchen bei hinlänglicher Vergröfserung und durchfallendem Lichte
die zarten Schläuche der Wolff'schen Körper auf das Deutlichste zu erkennen waren (Fig.
39. B.). Zwischen ihnen befand sich eine Vertiefung, welche dem runden Rückenmarke
entsprach. Wie sie sich zu den beiden eben hervorbrechenden Hügeln der Allantois verhielten, konnte ich nicht herausbringen. Da sie nun aber gleichzeitig mit diesen vorhanden sind, so ist es möglich, dass sie oder ihr Ausführungsgang schon von Anfang an mit der Allantois in Verbindung stehen, und ich widerrufe daher meinen früheren
Widerspruch für den Hund. Ueberhaupt ist mir das Verhältniss der Allantois auch jetzt
noch nicht klar. Nur so viel ist gewiss, sie oder ihre ersten Rudimente sind anfangs
keine hohle Ausstülpung aus dem Darme, noch aus der Keimblase unmittelbar, wie Hr.
Coste sagt. Sie steht ferner sogleich mit der Körperwand in Verbindung, wird dann
erst hohl, und dabei entwickelt sich auch ihre offene Verbindung mit dem Darme.

Rücksichtlich der Wolff'chen Körper verweise ich wiederum auf meine Entwicklungsgeschichte der Säugethiere und des Menschen S. 340. Wir sehen nur hier, sie entstehen sehr früh als ein Paar Streifen Blastem zu beiden Seiten unter der Wirbelsäule
längs dem ganzen hinteren Endes des Embryo bis zum Herzen. In diesem Blastem mar-
kiren sich sehr früh kleine blinde Schläuche, die mit einem an der äufseren Seite verlaufenden Kanale als Ausführungsgang in Verbindung stehen, welcher letztere später deutlich in die hohle Allantois mündet. Ihr Blastem bleibt, wenn man das vegetative und
Gefäfsblatt von der Wirbelsäule trennt, an letzterem sitzen. Es scheint daher, dass es von
diesem, dem Gefäfsblatte, ausgeht.

An demselben Tage, Abends 8 Uhr, also nach 12 Stunden, schnitt ich derselben
Hündin ein zweites Stück Uterus mit einem Eie aus. Der Embryo war weiter entwickelt
und befand sich auf dem Stadium, welches v. Baer in seiner Epistola p. 2. so vortrefflich
geschildert und gut abgebildet hat. Sein oberer Körpertheil war noch stärker vornüber
gebeugt, und in die vom Gefäfs- und vegetativen Blatte gebildete Blase (Nabelblase) eingedrängt, als bei den früheren Embryonen. Das hintere Körperende fing an, sich etwas
nach links um seine Axe zu drehen. Aus ihm trat die freilich noch sehr kleine, aber
doch schon als Blase entwickelte Allantois hervor (Fig. 40. A.). Sie stand jetzt offenbar mit dem Darme und dessen Höhle in Zusammenhang, zugleich aber auch mit

den unteren Körperwandungen. Sie trug offenbar noch die Spuren der Verschmelzung aus zwei Hälften an sich, indem sowohl ihr höchster freier Rand in der Mitte etwas concav eingebogen war, als auch an ihrer hinteren Wand, wenn man die Blase gegen den Kopf beugte, eine rhombische, in ihre und die Darmhöhle führende Spalte bemerklich war, welche ich ebenfalls als Ueberrest der früheren Trennung beider Hälften betrachte. Dass diese Oeffnung nicht der After war, beweiset ihr Verschwinden auf dem nächsten Stadium. Wurde die Allantois umgekehrt nach hinten zurückgeschlagen (Fig. 40. B.), so sah man ganz deutlich, wie die zu beiden Seiten längs der Darmrinne und dem Darme herablaufenden hinteren Wirbelarterien sich mit ihren Endzweigen, den zukünftigen Nabelarterien, auf der Allantois verzweigten, und durch ein Netz von Capillargefäßen in ein Paar Venen übergingen, welche längs den beiden Seitenrändern des Körpers des Embryo, also in den Visceralrändern, nach vorn verliefen. Rathke hat diese Venen die Cardinalvenen genannt, und sie führen anfangs alles Blut der unteren Körperhälfte in das Herz zurück (S. meine Entwicklungsgeschichte der Säugethiere und des Menschen S. 263.). Die Wolff'schen Körper waren wie am Morgen gebildet.

Die Schliefsung der Darmrinne war von hinten nach vorn etwas weiter fortgeschritten, doch stand sie in der Mitte noch weit offen. Das vordere Körperende verhielt sich noch ziemlich wie früher. Das Herz war stark S-förmig zusammengekrümmt und einzelne Stellen des Kanals fingen an, sich stärker zur Bildung der Kammern und Herzohren zu erweitern. Drei Aortenbogen traten auf jeder Seite aus dem Aortenstamme längs der drei Visceralbogen vorbei. Der vorderste der letzteren hatte an seiner Wurzel, wo er von den Seitentheilen der Schädelkapsel entsprang, einen längs dem vorderen unteren freien Rande der Schädelkapsel hingehenden Fortsatz hervorzutreiben angefangen, aus welchem die Oberkiefer, Jochbeine, Gaumenbeine und Flügelfortsätze entstehen. Hirn, Auge und Ohr werde ich auf dem nächsten Stadium genauer beschreiben.

Am andern Morgen nämlich, um 8 Uhr, also abermals nach 12 Stunden, liefs ich diese Hündin tödten. Es fanden sich noch fünf Eier. Bei zweien derselben war der Embryo pathologisch verändert durch Wasseransammlung. Die drei anderen waren normal und der Embryo abermals einen Schritt weiter gebildet.

Die Eier (Fig. 41. A.) liefsen sich nach einiger Zeit ziemlich leicht unverletzt aus dem Uterus herausschälen. Sie waren citronenförmig gestaltet, 9 P. L. lang 6 P. L. breit Ihre äufsere Hülle bildete das Chorion, ganz mit Zotten besetzt, mit Ausnahme der beiden Pole des Eies, welche wie durch einen Ring von dem übrigen Eie abgeschnürt waren. Nachdem das Chorion vorsichtig über dem Embryo entfernt war, an dessen Rücken es nicht mehr befestigt war, kam derselbe, jetzt halb auf, halb in der vom Gefäfs- und vegetativen Blatte gebildeten Blase (Nabelblase) liegend, zum Vorschein. Sein vorderer Körpertheil war stark vornüber gekrümmt und in die Nabelblase hineingedrängt Der hintere lag mehr auf der Nabelblase, den Rücken wie immer nach oben, das hintere Körperende stark nach rechts um seine Längenaxe spiralförmig gedreht. Aus demselben kam die kleine runde Allantois hervor und hatte sich bereits an das Chorion angelegt.

Ungefähr in der Mitte des Körpers des Embryo (Fig. 41. B.), an der Stelle, bis zu welcher er sich in die Nabelblase eingedrängt hatte, waren die beiden vorderen Extremitäten als ein Paar kleine abgerundete Stummel hervorgebrochen, von den hinteren war noch keine Spur vorhanden. Der ganze Embryo war in das höchst zarte, ihm noch überall dicht anliegende Amnion eingeschlossen. Ich beschäftigte mich bei diesen Embryonen vorzüglich mit Erforschung der Bildung der einzelnen Organe.

Das Gehirn (Fig. 41. D-G.) bestand nicht mehr aus drei auf einander folgenden Blasen, sondern es war jetzt, namentlich in der Vorderhirnblase, die früher schon eingeleitete weitere Sonderung weiter forgeschritten. Die vorderen seitlichen Theile derselben hatten sich nämlich gegen den hinteren Theil viel stärker entwickelt und die ganze Vorderhirnblase war dadurch in zwei Abtheilungen geschieden. Die vordere Abtheilung wurde vorzüglich durch die blasenartig hervorbrechenden vorderen Seitentheile der primitiven vorderen Zelle gebildet, zwischen denen sich eine seichte Furche befand, wodurch diese ganze Partie in zwei Hälften getheilt wurde. v. Baer hat diese Abtheilung jetzt das eigentliche Vorderhirn genannt, und sie entwickelt sich zu den Hemisphären. Sie enthielt in ihrem Inneren jezt noch eine einfache Höhle, welche indessen durch die obere mittlere Einsenkung schon in zwei Hälften getheilt zu werden anfing, welche die späteren Seitenventrikel sind. — Die hintere Abtheilung der ersten primitiven Hirnzelle war dagegen in ihrer Entwicklung zurückgeblieben. Aus ihr traten an den Seiten die beiden hohlen Augenblasen hervor, in welche man aus der Höhle dieser Hirnabtheilung selbst hinein sehen konnte, obgleich sich gerade an der Eingangsstelle im Inneren ein Wulst zu bilden anfing. Diese Abtheilung des Hirns hat v. Baer das Zwischenhirn genannt, sie entspricht dem Raum und der Umgegend des dritten Ventrikels. Jener Wulst wird zum Sehhügel und ihre unterste Partie zieht sich zum Trichter aus. Sie umschliefst jetzt noch eine einfache Höhle; allein wir werden sehen, wie sich später ihre Decke einsenkt, spaltet, die Höhle von den Sehhügeln fast ganz ausgefüllt wird, während das Ganze von den Vorderhirnblasen überwölbt wird und so eine neue Decke erhält. Hierauf folgte die zweite primitive Hirnzelle, in welcher, wie ich schon oben erwähnte, da sganze Medullarrohr stark im Winkel vornüber (nach unten) gebogen ist. Sie war noch von einer einfachen Blase gebildet, deren Markblatt nur nach innen schon starke vorspringende Wülste entwickelt hatte, aber gröfstentheils noch eine einfache Höhle enthielt; diese Erweiterung nennen wir jetzt mit v. Baer das Mittelhirn; es wird später zu den Vierhügeln und seine Höhle zum Aquaeductus Sylvii. — Auf dasselbe folgte endlich die dritte ursprüngliche Hirnzelle, welche sich bis jetzt vorzugsweise nur dadurch auszeichnete, dass in ihrem hinteren Theile das Medullarrohr noch immer nicht durch Nervenmasse geschlossen war, sondern hier in einer rautenförmigen Spalte weit offen stand. Den Schluss bildeten hier allein die Rückenplatten. Das Medullarrohr war hier ansehnlich weit und die Lücke wurde durch eine wasserhelle Flüssigkeit erfüllt, wodurch der Blick sogleich auf diese Gegend gezogen wird. Der offenstehende Raum entspricht dem späteren vierten Ventrikel; die Nervenmasse, die ihn umschliefst, der Medulla oblongata. Von dem kleinen Gehirn war noch keine Spur vorhanden.

Die Augenblasen erschienen von vorne als zwei helle elliptische Ringe, deren Mitte dunkeler war, und in ihrem vorderen unteren Theile wieder einen sehr hellen Punkt zeigte. Da noch kein Pigment gebildet war, so glaubte ich früher, dass dieser helle Punkt mit der Bildung der Linse in Zusammenhang steht. Nach Prof. Huschke soll sich die Linse in einer Einstülpung der äufseren Integumente in die Augenblase bilden, welche sich zu einem Sacke abschnürt, in welchem die Linse entsteht. Diese Lehre ist in Deutschland fast allgemein angenommen worden, obgleich Niemand sie wieder durch directe Beobachtung bestätigt hatte. Dr. C. Vogt will dagegen diese Einstülpung bei der Palée wieder mit der gröfsten Bestimmtheit beobachtet haben (Embryologie des Salmones. p. 77.). Mir war eine solche Beobachtung sowohl bei anderen Säugethierembryonen, als namentlich auch bei den hier besprochenen Hundeembryonen, auch bei Betrachtung der vorderen Fläche der Augen mit starker Vergröfserung, wo eine solche Einstülpung leicht zu erkennen sein müsste, bis jetzt unmöglich. Vielmehr überzeugte ich mich, dass die Linse noch gar nicht gebildet war, und jener helle Punkt nur dadurch hervorgebracht wurde, dass die ganze Augenblase noch hohl war, und man also durch ihre Axe bis in die Hirnhöhle hineinsehen konnte.

An dem zu beiden Seiten der hintersten Hirnzelle liegenden Ohrbläschen war jetzt ein gegen den vierten Ventrikel gerichteter kleiner Zapfen zu bemerken. Allein vergebens bemühete ich mich, von dem vierten Ventrikel aus einen ähnlichen Eingang in das Ohrbläschen, wie vom Zwischenhirn in das Augenbläschen, zu finden.

Das Herz (Fig. 41. H. u. I.) war nun auch schon bedeutend weiter fortgeschritten, und der früher einfach S-förmig gewundene Kanal hatte schon deutlicher die Gestalt des zukünftigen Herzens angenommen. Auch war dasselbe bereits in einen Herzbeutel eingeschlossen. Alle Venen bildeten einen einzigen Stamm, welcher ganz nach hinten lag, und aus dem sich sogleich zwei sackartige seitliche Erweiterungen entwickelten. Diese hält man gewöhnlich für die Vorhöfe. Valentin und Rathke haben aber richtig bemerkt, dass sie den Herzohren entsprechen, der Raum zwischen ihnen den Vorhöfen, die jetzt als solche eigentlich noch nicht gesondert sind. Durch eine stark abgeschnürte Stelle, den sogenannten Canalis auricularis von Haller, gelangt man dann in eine am meisten nach links und vorn gelegene Erweiterung, welche von einer folgenden, vorn uud rechts gelegenen, wieder ziemlich stark abgeschnürt ist. Die Erweiterungen entsprechen den beiden Herzkammern, die aber jetzt noch nicht im Innern von einander geschieden sind. Der Aortenstamm kommt ganz aus der rechten Abtheilung hervor und ist eigentlich ihre unmittelbare Fortsetzung. Er theilte sich noch vorn auf beiden Seiten in mehrere Bogen, deren ich jeder Seits nur drei unterscheiden konnte, obgleich wohl vier vorhanden gewesen sind, welche an der inneren Seite der Visceralbogen vorbeigingen. Diese Bogen setzten unter der Wirbelsäule die absteigende Aorta zusammen, welche sich alsbald wieder in die beiden hinteren Wirbelarterien spaltete. Aus diesen traten noch immer mehrere Darmblasenarterien hervor und verbreiteten sich mit ihren letzten Zweigen auf der Allantois. Von dieser führten die beiden Cardinalvenen wieder das Blut zurück, welche sich oben mit den Darmblasenvenen vereinigten. Das Herz bestand aus kernhaltigen spindelförmigen, d. h. in Fasern übergehenden Zellen, deren ich eine Gruppe mit der Camera lucida gezeichnet habe (Fig. 41. K.).

Das Darmsystem (Fig. 41. L. u. M.) war bei diesen Embryonen nun schon ansehnlich weiter gebildet, obgleich das Darmrohr in der Mitte noch nicht geschlossen war, sondern hier noch eine Rinne bildete, deren Ränder in die Darm- oder Nabelblase übergingen. Vorn unter dem Kopfe waren vier Kiemen- oder Visceralbogen und die zwischen ihnen befindlichen Spalten bemerkbar. Nach Hrn. Dr. Reichert sollen deren nie vier, sondern immer nur drei vorhanden sein. Ich konnte aber sowohl bei diesen Hundeembryonen, als früher bei solchen von Kaninchen bestimmt deren vier unterscheiden, deren letzter freilich, sowie auch die letzte Spalte, sehr klein und wenig entwickelt waren, auch sehr bald wieder verschwinden. An dem vordersten Visceralbogen war dessen vorderer Fortsatz, aus welchem die Oberkiefer, Jochbeine, Gaumenbeine und Flügelbeine entstehen, schon stark entwickelt. Um den vorderen Theil des Darmrohres, welcher hinter dem Herzen und der vorderen Visceralwand verborgen liegt, genauer zu untersuchen, schnitt ich zuerst das Herz weg. Dann führte ich mit einer feinen Scheerenpincette zwei Schnitte an beiden Seiten durch die Basis der Visceralbogen und die vordere Visceralwand bis zu dem noch offen stehenden Theile der Visceralhöhle herab, durchschnitt dann auch den schon gebildeten Enddarm, und brachte nun den ganzen Tractus intestinalis auf ein Glasplättchen, um ihn bei durchfallendem Lichte unter dem einfachen Miskroskope zu untersuchen. Ich konnte nun das ganze Darmsystem und namentlich auch den oberen Theil genau übersehen. Alle zu demselben gehörigen Theile zeichnen sich durch zwei Lagen aus, eine äufsere dickere, dichtere, daher dunkel erscheinende und eine innere schmalere, weniger dichte, daher hell aussehende. Diese zwei Lagen entsprechen den beiden Blättern der Nabelblase, aus welchen das Darmsystem entsteht. Die äufsere dem Gefäfs-, die innere dem vegetativen Blatte.

Zunächst hinter den Visceralbogen zeigte sich eine Erweiterung, die dem Schlund und Kehlkopfe entspricht, von welchem letzteren, sowie von der Zunge, noch nichts gebildet war. Aus dieser Erweiterung entwickelten sich auf beiden Seiten ein Paar von einander getrennte und noch ganz einfache Ausstülpungen, die ersten Rudimente der Lungen. Diese entstehen also zuerst jede gesondert für sich, und vereinigen sich erst später in einem Kanale, der Luftröhre, wenn der vordere Theil sich überhaupt mehr in Schlund, Mund, Kehlkopf und Speiseröhre sondert. Zwischen den Lungen setzte sich nun das Darmrohr weiter nach hinten fort, und zwar seine äufsere dunkele Gefäfslage ganz geradlinig. Die innere vegetative Lage zeigte dagegen auf der linken Seite eine schwache, senkrecht stehende längliche Erweiterung, den Anfang des Magens. Unterhalb des letzteren zeigte das Darmrohr auf beiden Seiten wieder eine seitliche Erweiterung oder Ausstülpung seiner beiden Lagen, deren jede sich auch schon wieder zu spalten begonnen. Diese bilden die ersten Rudimente der Leber. Sie waren wegen der an ihnen vorbeigehenden Gefäfse schwer zu erkennen, und glaube ich nicht, dass irgend Jemand die Bildung der Leber bei Säugethieren bis jetzt auf einem so frühen Stadium gesehen hat, wie ich hier. —

Gleich hinter der Leber ging das Darmrohr in die noch offen stehende Darmrinne über, deren Ränder in die Nabelblase verliefen. Nach hinten aber war die Darmrinne wieder geschlossen, und der **Enddarm** gebildet, der sich als ein ganz gerades Rohr in den hinteren Theil der Visceralhöhle senkte. Die Allantois war, wie gesagt, jetzt schon sehr deutlich als ein Bläschen entwickelt und ihre Höhle stand ganz weit mit der Höhle des Enddarmes in Verbindung; zugleich aber war ihr Stiel auch vollkommen mit der unteren Visceralwand verschmolzen. Eine Afteröffnung konnte ich nicht entdecken. Die **Wolff**schen Körper und ihre Schläuche waren deutlich entwickelt, und erstreckten sich fast von dem Herzen an zu beiden Seiten neben der Wirbelsäule und dem Darme nach hinten. Die Einsenkung ihres Ausführungsganges in die Allantois konnte ich nicht deutlich zur Anschauung bringen, obgleich sie gewiss vorhanden war. Von den Nieren und keimbereitenden Geschlechtsorganen sah ich noch keine Spur.

LI. Fast genau auf demselben Stadium, wie die zuletzt beschriebenen Embryonen, befanden sich die einer Hündin, welche ich am 9ten März 1839 untersuchte; dieselbe sollte seit 24 Tagen belegt sein. Die Eier waren in ihrem Längendurchmesser gegen einen Zoll grofs, äufserlich bis auf die Pole mit Zotten besetzt, diese Pole aber durch einen grünen Ring begrenzt, welcher das Ei der Fleischfresser auszeichnet. Ich habe diesen **Farbestoff** mehrere Male genau mikroskopisch untersucht und fand in demselben 1) spiefsige lange Krystalle, die sich im Wasser bald auflösten. 2) Einen schönen grünen Farbestoff in unregelmäfsigen Körnern, nicht in Zellen. 3) Eine Menge kleiner rundlicher Kügelchen, ebenfalls in Wasser löslich. 4) Gröfsere schwach granulirte, mit einem Kern versehene runde oder etwas längliche Zellen. 5) Eine braune Masse und 6) sparsame gröfsere Fettzellen. Schon vor längerer Zeit hat **Barruel** diesen Farbestoff chemisch untersucht und ihn der Galle ähnlich gefunden, **Breschet** hat dadurch die Theorie von der Athmenfunction der Placenta und der Analogie zwischen Leber und Lunge unterstützen zu können geglaubt (cf. Ann. des sc. nat. 1e Série. T. XIX. p. 379.). — Die Allantois bildete ein kleines kaum erbsengrofsen Bläschen, welches sich eben an das Chorion angelegt hatte.

LII. Dasselbe Stadium beobachtete ich auch noch bei einer dritten Hündin am 10ten August 1840, welche vor 16 Tagen zum letzten Male belegt sein sollte. Alle Verhältnisse, sowohl des Eies als Embryo's, waren in den sieben vorhandenen Eiern genau dieselben, wie früher, welche ich daher hinlängliche Gelegenheit hatte genau zu untersuchen.

LIII. u. LIV. Am 14ten October 1839 und am 21sten Mai 1841 untersuchte ich dagegen die Eier und Embryonen zweier Hündinnen, die beide gleich weit, schon ein entschiedenes Stadium weiter entwickelt waren, als die vorher beschriebenen. Die Eier (Fig. 42. A.) waren über einen Zoll in ihrem Längendurchmesser und, wie immer, citronenförmig gestaltet. Das Chorion war äufserlich mit ansehnlichen Zotten besetzt, mit Ausnahme der beiden Pole des Eies, welche keine solche trugen. Bei ihrer Eröffnung zeigte es sich nun schon, dass die Nabelblase nicht das Innere des Chorions vollkommen ausfüllte, sondern die auf der rechten Seite des Embryo aus seinem unteren Ende herausgetretene Allantois hatte sich jetzt schon so sehr vergröfsert, dass sie die auf die linke Seite des Embryo gewendete Nabelblase an diese Seite des Eies zu drängen angefangen. Die Nabelblase zog sich als ein mehr länglich gewordener Sack in die beiden von dem Chorion gebildeten Pole des Eies mit hinein. Die Allantois dagegen war noch eine rundliche Blase, welche sich rechts mit breiter Basis an das Chorion angelegt und so weit die Nabelblase von diesem abgedrängt hatte. Auf der Nabelblase verzweigten sich die Nabelblasengefäfse, auf der Allantois zwei Nabelarterien und zwei Nabelvenen, und schon hatten sich dieselben so in das Chorion und dessen Zotten hinein zu bilden angefangen, dass sich die Allantois nicht mehr von dem Chorion ablösen liefs. Zwischen diesen beiden Blasen lag der Embryo in seinem Amnion eingehüllt, welches ihn noch dicht umschloss. Er war stark zusammengekrümmt, zuerst mit dem vorderen Theile seines Leibes stark vornüber und dann der hintere Theil spiralförmig von links nach rechts um seine Axe gedreht. Mit seinem Kopfe war er noch in die Nabelblase hineingedrängt, allein lange nicht so stark mehr als früher; ja man konnte den Kopf einigermafsen aus der von der Nabelblase gebildeten Scheide herausziehen, obgleich Nabelblase und Amnion hier nach vorne innig vereinigt waren. Hier zuerst wurde mir jetzt der Mechanismus dieser Eindrängung des vorderen Theiles des Embryo in die Nabelblase völlig klar (Fig. 43.).

Der Embryo (Fig. 42. B—D.) selbst war wegen seiner starken doppelten Krümmung schwer zu untersuchen. Es waren jetzt schon die hinteren Extremitäten hervorgebrochen und an den vorderen schon eine Abtheilung in Unter- und Oberarm zu unterscheiden. Die Verhältnisse des Gehirns waren indessen im Ganzen noch wie auf dem vorigen Stadium, nur waren die beiden Vorderhirnblasen ansehnlich gewachsen, ragten stärker hervor und fingen an das Zwischenhirn immer mehr zu überwölben und zu bedecken. Augen und Ohr markirten sich wie früher. An ersteren war aber noch kein Pigment, wohl aber eine Gefäfshaut und die Linse gebildet. Auch der Anfang der Nase war entwickelt in Form zweier den vorderen unteren Rand der Schädelkapsel einnehmenden, etwas schräg von aufsen nach innen stehenden ovalen Gruben. Das Darmrohr hatte sich nun schon ganz gebildet und war auch in der Mitte geschlossen bis auf eine ganz deutlich offene Communication mit der Nabelblase. Auch machte diese Mitte des Darmes schon eine kleine vorstehende Krümmung, den Anfang einer Darmschlinge, die sich später aus der Bauchhöhle herauszieht. Es war ferner der Magen an dem Darme schon ganz deutlich zu erkennen, und es stand derselbe nicht mehr senkrecht, sondern schon fast horizontal. Vorn am Kopfe war nur noch eine Visceralspalte zu bemerken. Der erste Visceralbogen zeigte sich jetzt deutlicher als der zukünftige Unterkiefer und seine beiden oberen seitlichen Fortsätze waren jetzt schon so weit an der Schädelblase nach vorne gewachsen, dass ihre Bestimmung zu Bildung der Oberkiefertheile schon deutlicher hervortrat, und so der Mund sich zu bilden anfing. Von einer Zunge sah ich noch nichts. — Die Lungen waren ansehnlich weiter gebildet und beide durch eine Luftröhre vereinigt, welche deutlich von der Speiseröhre getrennt war und in die Rachenhöhle überging, woselbst ich indessen auch jetzt noch keine Anlage für den Kehlkopf entdecken konnte. Beide Lungen bestanden aus drei blinden Verzweigungen der Bronchien, von welchen eine der rechten Lunge indessen selbst schon wieder in drei getheilt war. Die Leber war schon ansehnlich und bildete drei rundliche rothe auf dem Magen liegende Wülste, in denen kleine Blindschläuche durchschimmernd erkannt werden konnten. Milz und Pankreas konnte ich noch nicht erkennen. Nach hinten stand die Allantois mit dem Enddarme in deutlich offener Verbindung, und in sie mündeten die Ausführungsgänge der Wolff'schen Körper, welche letztere noch sehr lang und gestreckt waren und ihre Zusammensetzung aus kleinen Blindschläuchen leicht erkennen liefsen. Eine Afteröffnung, Hoden oder Eierstöcke und Nieren konnte ich nicht entdecken. Die Bildung des Herzens war im Ganzen wie früher, nur war die Abschnürung und Entwicklung der einzelnen Theile des Herzens jetzt noch stärker ausgesprochen. Die scheinbar einfache Aorta kam noch ganz aus der rechten Kammerabtheilung und theilte sich in zwei auf beiden Seiten im Bogen nach hinten verlaufende Aeste.

Auf diesem Stadium befindet sich auch das von Hrn. Coste (Embryogénie comparée, p. 412) beschriebene und Pl. IV. Fig. 7, 8 u. 9. abgebildete Ei und Embryo, welches derselbe auf 24 Tage schätzt.

LV. u. LVI. An diese Eier und Embryonen schliefsen sich diejenigen an, welche ich am 8ten December und am 24sten August 1838 beobachtete. Die ersten waren von einer Hündin, welche sich am 9ten November zum letzten Male hatte belegen lassen, die zweiten von einer solchen, die am 30sten Juli zum letzten Male belegt worden war; jene also 24, diese 25 Tage nach der letzten Begattung. Eier und Embryonen (Fig. 44.) waren gröfser als die vorigen, aber im Allgemeinen denselben noch gleich gebildet. Der mittlere zottentragende Theil des Chorions war noch immer der bei weitem vorherrschende, obgleich die zottenlosen Pole auch schon stärker gewachsen waren. Im Inneren war vorzüglich die Allantois stärker gewachsen und hatte die Nabelblase noch mehr an die linke Seite des Embryo gedrängt, ging aber nicht in die Pole des Eies hinein. Der Embryo hatte sich ganz aus der Nabelblase mit dem Kopfe herausgezogen und lag nun frei in seinem Amnion eingeschlossen zwischen Nabelblase und Allantois, von denen jene links, diese rechts aus seinem Unterleibe heraustraten. Brust und Bauch des Embryo waren geschlossen bis auf eine ziemlich grofse Oeffnung des letzteren, welche nun als Nabel bezeichnet werden kann, aus welchem Allantois und Nabelblase heraustraten, mit dem Stiele der letzteren zugleich eine Darmschlinge, in welche dieser Stiel, der nun Nabelblasengang, Ductus omphalo-mesentericus, genannt werden kann, überging, und noch immer eine offene Communication zwischen Darm und Nabelblase herstellte. An dem Gehirne hatte sich die Vorderhirnblase noch stärker entwickelt und nach hinten über das Zwischenhirn herüber gewölbt. Letzteres war in gleichem Grade zurückgeblieben, fing an, sich oben und vorn in der Mitte zu spalten und seine Höhle zu verlieren, indem sich ihre Wandungen zu den Sehhügeln ausbildeten. Auf dem Boden der Vorderhirnblasen waren auch schon zwei Anschwellungen, die gestreiften Hügel, zu bemerken. Die Augen zeigten schon einen schwarzen, von dem vorderen Rande der Chorioidea gebildeten Rand, in welchem sich nach unten und innen ein schmaler farbloser Streifen, die sogenannte Chorioidalspalte befand. Ueber dieselbe und ihre Bildung erlaube ich mir auf meine Entwicklungs-

geschichte der Säugethiere und des Menschen zu verweisen. S. 214. — Von den Kiemen-
oder Visceralspalten war nur noch die Spur einer vorhanden, welche anfing, sich in ihrem
äufseren Theile in den äufseren Gehörgang und das äufsere Ohr zu verwandeln. Eine
Zunge bemerkte ich noch nicht. An der grofsen Curvatur des Magens lag ein kleiner
bohnenförmig gestalteter Körper, die Milz. Von einem Pankreas sah ich noch nichts.
Der Darm war durch ein Mesenterium an die Wirbelsäule befestigt. An der Allantois
war noch keine stärkere Entwicklung ihres hinteren mit dem Darme in Verbindung stehenden Endes zur Bildung der Harnblase zu bemerken. In sie senkten sich die Ausführungsgänge der Wolff'schen Körper ein, welche letzteren sich bis herauf zur Leber erstreckten.
Hoden oder Eierstöcke und Nieren konnte ich auch jetzt noch nicht unterscheiden. —
Das Herz zeigte seine vier Abtheilungen deutlich entwickelt. Die Aorta kam aber immer
noch allein aus der rechten Kammerabtheilung. Sie erschien äufserlich einfach; allein in
ihrem Inneren war sie schon durch eine Scheidewand in zwei Abtheilungen getheilt. Nach
vorn ging sie auf jeder Seite in einen Aortenbogen über. — Hinter dem Herzen lagen
die kleinen Lungen, in welchen sich die Bronchien als blind endigende Kanälchen zahl-
reicher entwickelt hatten.

Auf diesem Stadium befindet sich ein von Bojanus (Acta nat. curios. T. X. P. I.
p. 139.) beschriebenes Ei und Embryo, welche er auf 24 Tage schätzt.

LVII. Die nächsten Eier und Embryonen, welche ich beobachtete, waren von einer
Hündin, welche vom 4ten November 1838 an schon Zeichen der Brunst gegeben hatte,
sich aber erst am 9ten und 10ten belegen liefs. Am 5ten December 1838 liefs ich sie
tödten und die Eier waren daher seit 27 Tagen befruchtet. Sie waren in ihrem Längendurchmesser gegen 2 P. Z. lang. Die Zotten umfassten das Ei in einem starken und
breiten, an seinen beiden seitlichen Zonen sehr schön grün gefärbten Gürtel. Bei der Loslösung des Eies aus dem Uterus blieb die innerste Schichte des Uterus auf den Zotten
sitzen, welche man gewöhnlich Decidua genannt hat, die aber diesen Namen nicht eigentlich verdient, wie ich später genauer erörtern werde, vielmehr ist dieses der mütterliche
Antheil der Placenta. Im Inneren (Fig. 45.) des Eies war die Allantois nun schon so
stark gewachsen, dass sie das ganze Innere des Eies erfüllte und bekleidete, mit Ausnahme
eines schmalen Streifens, wo die Nabelblase an dem Chorion anlag. Namentlich ging sie
jetzt auch in die zottenlosen Pole des Eies mit hinein, wie besonders die, wenn gleich
sparsamen Gefäfse an der Innenfläche des dieselben bildenden Theiles des Chorions zeigten.
Zugleich hatte sich nun auch das eine (äufsere) Blatt der Allantois schon so vollkommen an das Chorion angelegt, dass beide untrennbar mit einander vereinigt waren. Die
Blutgefäfse hatten sich überall in die Zotten hereingebildet, und verdient daher dieser zottentragende Gürtel des Chorions den Namen des Mutterkuchens oder der Placenta, deren
eigenthümliche Form bei dem Eie der Fleischfresser gerade durch das eigenthümliche
Herumwachsen der Allantois an der Innenfläche des Chorions bedingt wird. Dieses
Blatt der Allantois überzog aber auch den in seinem Amnion liegenden Embryo und
die Nabelblase, wodurch auch das Amnion jetzt Blutgefäfse erhielt, die es ursprünglich

und bis dahin nicht hatte. Bei dieser Ausbreitung der Allantois war und ist es nun nicht mehr möglich, das Ei zu öffnen, ohne zugleich mit dem Chorion auch die Allantois zu durchschneiden. Man geräth also dabei in das Innere der Allantois und sieht dabei eben, wie sie einerseits den Embryo, Amnion und Nabelblase überzieht und andererseits auch das ganze Innere des Chorions bekleidet. Man bemerkt dann aber, dass die genannten Theile, Embryo, Amnion und Nabelblase von einer doppelten zarten Hülle überzogen werden, deren oberste gefäfslos ist, die zweite die Stämme der Nabelgefäfse enthält, von denen sich seitlich Zweige zwischen beiden Lagen und auf das Amnion herüber verbreiten. Die Erklärung für diese beiden Lagen findet sich darin, dass, wie ich schon oben bemerkte, die Allantois zwei Blätter hat, deren eines oder äufseres, die Fortsetzung der äufseren Lage des Darmes, oder des Gefäfsblattes; das innere, die Fortsetzung der inneren Darmlage, oder des vegetativen Blattes ist. Diese beiden Lagen der Allantois sind, soweit dieselbe dem Chorion anliegt, vollkommen mit einander vereinigt, und lassen sich weder von einander noch von dem Chorion trennen. Wo die Allantois aber Embryo, Amnion und Nabelblase überzieht, da geht sie sowohl locker über diese Theile her, als auch ihre beiden Lagen von einander getrennt sind. Nur aber in der äufseren, dem Gefäfsblatte angehörenden und unmittelbar über Amnion und Nabelblase hergehenden Lage, finden sich die Blutgefäfse, die innere, dem vegetativen Blatte angehörige Lage dagegen ist gefäfslos. Dieses Verhältniss ist schwer, ja unmöglich zu erkennen und richtig zu deuten, wenn man nicht die ganzen vorhergehenden Verhältnisse richtig erkannt hat, durch welche es indessen seine Aufklärung erhält und, wie ich hoffe, in den vorgehenden Blättern gefunden hat. Auch ist dasselbe bereits von Hrn. v. Baer (Entwicklungsgeschichte. II. S. 239.) richtig erörtert worden. — Die Nabelblase stellt noch immer einen verhältnissmäfsig zur Allantois dickwandigen, von den Nabelblasengefäfsen durchzogenen, länglichen, in beide Pole des Eies hineingehenden Sack dar. Durch einen kurzen Stiel, den Ductus omphalo-mesentericus, geht sie und ihre Gefäfse in die nun fast ganz, bis auf eine rundliche Offnung, den Nabel, geschlossene Bauchhöhle des Embryo über. Dieser Stiel stand mit einer zu dem Nabel heraustretenden Darmschlinge in Verbindung, war aber nun nicht mehr hohl, sondern ein solider Faden. Auch die Allantois mit den Nabelgefäfsen ging durch einen kurzen Stiel durch den Nabel in den Bauch des Embryo über. Dieser Stiel aber war noch ein Kanal und führte zu dem innerhalb des Embryo gelegenen Theile der Allantois, welcher in seinem unteren Theile wieder etwas erweitert war und sich so hier zur Harnblase zu gestalten anfing. Den Stiel aber nennt man bekanntlich den Urachus oder Harngang. Der Urachus mit den Nabelgefäfsen, der Nabelblasengang mit der Darmschlinge und den Nabelblasengefäfsen wurden von dem Nabel umfasst und in eine kurze von dem Amnion gebildete Scheide eingefasst, und stellten so den Nabelstrang dar, der aber noch sehr kurz war. —

Der Embryo selbst (Fig. 45. B.) war ¾—1 P. Z. lang, also nicht länger als die früheren Embryonen, wenn diese ausgestreckt waren. Er war aber nicht mehr so in sich zusammengekrümmt, auch viel dicker und rundlicher, und auf solche Weise ansehnlich vollkommener gebildet. Sowohl an den oberen als unteren Extremitäten konnte man die Finger und Zehen bereits erkennen. Die Visceralbogen waren ganz verschwunden und die Kiefer gebildet. Aus der obersten Visceralspalte hatte sich das äufsere Ohr gebildet. Alle Organe bis auf Speicheldrüsen, Schilddrüse und Thymusdrüse waren entwickelt, welche letzteren ich wenigstens noch nicht mit hinlänglicher Sicherheit unterscheiden konnte. Die früher schon vorhandenen hatten sich weiter ausgebildet.

An dem Gehirn (Fig. 45. C – G.) hatten sich die Hemisphären schon ansehnlich entwickelt, und namentlich das Zwischenhirn oder die Sehhügel schon fast ganz überwölbt und bedeckt. Windungen waren indessen an ihrer Oberfläche noch nicht zu bemerken Die von ihnen umschlossene Höhle war noch ansehnlich und beiden gemeinschaftlich, da der Fornix und Balken noch nicht gebildet waren. An beiden Seiten waren auf dem Boden dieser Höhle ein Paar ansehnliche, an ihrem inneren Rande eingekerbte Wülste, die Corpora striata, zu bemerken. Das Zwischenhirn war in seiner oberen Decke, besonders nach vorne, gespalten, eingesunken und seine Höhle fast verschwunden, indem die Seitentheile sich ausgefüllt hatten, um nun die Sehhügel darzustellen. Eine offene Communication mit der Augenblase war nicht mehr vorhanden. Zwischen beiden Sehhügeln mündete die Höhle des Mittelhirns, der spätere Aquaeductus Sylvii. An der Basis des Gehirns war das Zwischenhirn stark nach unten ausgezogen und bildete hier den Trichter (Infundibulum.). Das Mittelhirn war hinter der Entwicklung der Hemisphären auch bedeutend zurückgeblieben. In ihm erfolgte noch immer die mehr als rechtwinklige Umbeugung des Medullarrohres. Seine Decke war nicht gespalten, auch nicht eingesenkt, so dass die spätere Abtheilung in die Vier-Hügel noch nicht angedeutet war. Die Höhle im Mittelhirn (der spätere Aquaeductus Sylvii) war noch ansehnlich und ging nach hinten in den vierten Ventrikel, nach vorne zwischen die Sehhügel über. Dennoch war der von unten erfolgende Massenansatz zur Ausfüllung dieses Hirntheils schon ansehnlich, indem sich eine starke Marklage, die künftigen Crura cerebri, hier um einen von der Schädelbasis nach einwärts vorspringenden Fortsatz, den sogenannten Balken des Schädels nach Rathke, herumschlug, die nach vorne in die Seh- und Streifenhügel sich fortsetzte. Hinter dem Mittelhirn hatte sich nun auch die hinterste primitive Hirnzelle weiter entwickelt und in zwei Theile geschieden, welche v. Baer das Hinterhirn und das Nachhirn genannt hat. Diese Hirnzelle stand auf den vorigen Stadien an ihrer ganzen hinteren Seite noch weit offen. Nur an ihrer Basis, welche in Zukunft das verlängerte Mark und die Brücke darstellt, war die Bildung von Nervensubstanz erfolgt, und den oberen offenen Raum nannte ich den vierten Ventrikel. Auf diesem Stadium nun hatte sich über den zunächst hinter dem Mittelhirn liegenden Theil dieser Hirnzelle von beiden Seiten ein Markblatt herüberzuwölben angefangen, dessen beide Seitenhälften indessen in der Mitte noch nicht verschmolzen waren. Diese Markblätter sind die ersten Spuren des kleinen Gehirns, durch welches der vordere Theil des Hinterhirns seine Decke erhält, den v. Baer nun als Hinterhirn bezeichnet. Der übrig gebliebene hintere Theil, das Nachhirn, bleibt an seiner oberen Seite immer offen und bildet hier bleibend den vierten Ventrikel, der sich nach hinten in die Höhle des Rückenmarkes, nach vorne in die des Mittelhirns, Zwischen- und Vorderhirns fortsetzt. An der Uebergangsstelle vom Hinterhirn zum Nachhirn ist die Markmasse wieder stark in einem rechten Winkel nach rückwärts gebogen. An dem nach unten vorspringenden Winkel bildet sich in Zukunft die Brücke, und hier entsprang der starke Trigeminus, dessen Ganglion schon deutlich zu erkennen war. Hinter dem Nachhirn biegt sich das Medullarrohr wieder in einem rechten Winkel nach abwärts, wo ersteres in das eigentliche Rückenmark übergeht. Diese an dem Kopfe des Embryo stark nach hinten vorspringende Stelle ist der schon oben erwähnte sogenannte Nackenhöcker.

Der Darm (Fig. 45. B.) war nun auch schon vollkommener ausgebildet. In der durch die Metamorphose der Visceralbogen nun vollständig gebildeten Mundhöhle zeigte sich auf dem Boden die Zunge. Der Magen stand schon fast ganz quer. Der Darm war ansehnlich länger und eine beträchtliche Schlinge, welche mit dem verschlossenen Ductus omphalo-mesentericus in Verbindung stand, ragte zu dem Unterleibe hervor. Die Leber war sehr grofs und in drei Lappen getheilt, deren zwei auf der rechten Seite lagen. Die Milz bildete einen der grofsen Curvatur des Magens dicht anliegenden Streifen. Auch das Pankreas war jetzt vorhanden und befand sich in der Schlinge des Duodenums. Unter der Loupe erkannte man seine Zusammensetzung aus kleinen Blindschläuchen. Seine erste Entwicklung habe ich bei Hundeembryonen, wo sie sehr schnell nach Auftreten der Milz erfolgen muss, nicht beobachtet. Ich glaube aber nicht, dass es sich wie bei Wiederkäuern mit der Milz aus einem gemeinschaftlichen oder wenigstens zusammenhängendem Blastem entwickelt.

Die Lungen (Fig. 45. H.) waren ebenfalls weiter entwickelt. Die Bronchialkanäle hatten sich in dem Blasteme weiter und weiter verzweigt und gewährten ein sehr zierliches und schönes Ansehen. Das Herz (Fig. 45. C.) hatte seine bleibende Form angenommen, die Aorta sich in zwei Stämme gespalten, deren einer aus der rechten Herzkammer undvorne, der andere aus der linken und hinten hervorkam, so dass man den Ursprung der letzteren bei der Ansicht von vorne (Bauchseite) nicht sah, beide Aorten aber etwas mehr nach oben spiralförmig um einander gewunden erschienen. Hinten (Fig. 45. H.) hatte sich der in das Beken hereintretende Stiel der Allantois schon zur Harnblase entwickelt, welche aber durch den Urachus noch mit der Allantois in offenem Zusammenhange stand. In ihre obere Wand mündeten die Ausführungsgänge der Wolff'schen Körper und die Uretheren ein. Die ersteren waren bedeutend verkürzt und hatten sich mehr in den hinteren Theil der Bauchhöhle zurückgezogen. Ueber ihren äufseren unteren convexen Rand verlief der Ausführungsgang, in welchen die geschlängelten Kanälchen des Organs selbst einmündeten. An der inneren Fläche der Wolff'schen Körper lagen ein Paar kleine rundlich eiförmig gestaltete Körper, Hoden oder Eierstöcke. Dieselben bestanden bis jetzt nur aus Zellen und Zellenkernen. Sonst liefsen sich weder Kanälchen noch Bläschen in ihnen erkennen. Von dem Vas deferens oder den Eileitern war noch keine bestimmtere Andeutung vorhanden, nur zog sich längs der Ausführungsgänge der Wolff'schen Körper ein mit diesen ganz verschmolzener Streifen Substanz her, aus welchem sich, wie die Folge lehrt, jene Ausführungsgänge entwickeln. Hinter den Wolff'schen Körpern lagen ganz versteckt die kleinen bohnenförmig gestalteten Nieren, von welchen sich ein Paar zarter Streifen, die Ureteren, gegen die hintere Wand der Harnblase hinzogen. Ueber ihnen lagen die wenig kleineren Nebennieren.

LVIII—LXIII. Oefter habe ich nun auch noch ältere Eier und Embryonen von Hunden untersucht. So am 19ten November 1840 eine Hündin, deren Embryonen 1 P. Z. grofs waren, am 14ten Mai 1838 eine, bei welcher dieselben 1½ P. Z., am 23sten März 1839, deren Embryonen 3 P. Z., am 4ten März 1839, wo sie 3½ P. Z., am 10ten Juni 1838, wo sie 4 P. Z., und am 19ten Juli 1839, wo sie beinahe reif waren, und nach der Herausnahme aus dem Uterus zu athmen anfingen. Allein die Verhältnisse des Eies ändern sich in diesen späteren Zeiten nicht mehr so wesentlich, dass es einer genaueren Beschreibung derselben bedürfte, auch sind dieselben aus früheren Beobachtungen hinlänglich bekannt. Das Ei des Hundes stellt in diesen späteren Zeiten immer einen cylindrischen Sack dar, dessen Mitte von der Placenta in einem breiten Gürtel umfasst wird. Die glatten Seitentheile sind in diesen späteren Zeiten nur verhältnissmäfsig weit gröfser als früher. Die äufsere Eihaut ist das Chorion. Dieses ist, wie die früheren Beobachtungen zeigen, ein sehr zusammengesetztes Gebilde, entstanden 1) aus der Zona pellucida oder Dotterhaut des Eierstockeies, 2) aus dem peripherischen Theile des animalen Blattes der Keimblase oder der serösen Hülle und 3) aus der Allantois, welche alle zu einem einzigen, durch letztere Gefäfse tragenden Gebilde verschmolzen sind. Die Nabelblase oder der peripherische Theil des Gefäfs- und des vegetativen Blattes der Keimblase persistirt als ein länglicher Sack bei dem Hunde bis an's Ende des Eilebens. Auch verbreiten sich auf derselben immer noch die, wenn gleich sparsamen, Vasa omphalo-mesenterica. Sie wird erst mit dem Nabelstrang und den übrigen Eihäuten bei der Geburt abgestofsen. Der Embryo ist immer in sein Amnion eingeschlossen, welches ihm gegen Ende des Eilebens, wo die Menge des Liquor amnii abnimmt, wieder dichter anliegt. Es hat in der späteren Zeit bei dem Hunde Blutgefäfse; denn es hat, so wie auch die Nabelblase, einen feinen Ueberzug von der gefäfsreichen Allantois. Auch lassen sich später nicht leicht mehr zwei Blätter an diesem Ueberzuge, wie in der letzten Beobachtung, unterscheiden, da beide später mit einander verschmelzen.

Auch die Entwicklung der Organe des Embryo halte ich nicht für passend hier noch weiter zu verfolgen. Speicheldrüsen, Schilddrüse und Thymusdrüse treten bald nach dem zuletzt genauer beschriebenen Stadium ebenfalls deutlich auf, ohne dass ich bei den im Ganzen immer kleinen Hundeembryonen bisher im Stande war, ihr allererstes Erscheinen so genau zu beobachten, wie mir dieses bei Rindsembryonen geglückt ist. Die Organe entwickeln sich nur noch histologisch weiter, was hier genauer zu verfolgen nicht in meinem Plane liegt. Ich habe die in dieser Hinsicht bei diesen Embryonen angestellten mikroskopischen Untersuchungen meiner Entwicklungsgeschichte der Säugethiere und des Menschen einverleibt.

Zum Schlusse will ich daher hier nur noch Einiges über die Bildung der Placenta des Hundes im Zusammenhange mittheilen. —

Die sogenannte Schleimhaut des Uterus des Hundes ist ein aus mehreren Elementen zusammengesetztes Gebilde. Ihre Grundlage ist ein Fasergewebe, dessen Fasern denen des Bindegewebes ähnlich sind. In diesem finden sich zahlreiche Drüsen zweier Arten eingelagert. Die einen werden gebildet durch Kanälchen (Fig. 46. A—C.), welche in einem etwas geschlängelten Verlaufe durch die Dicke der Schleimhaut hindurchgehen, und wo sie auf die sogenannte Zellhaut des Uterus aufstofsen, stärker hin und her gewunden, oftmals selbst knäuelartig aufgerollt sind. In ihrem Verlaufe theilen sie sich zuweilen in zwei, auch drei Kanälchen, oft bleiben dieselben aber auch ungetheilt. Zuletzt endigen sie blind und öfter gehen auch zwei Kanälchen in einander über. Stärker vergröfsert sieht man, dass die Kanälchen, besonders gegen ihre blinden Enden hin, überall zahlreiche Aussackungen besitzen. Bei noch stärkerer Vergröfserung erkennt man, dass sie aus einer gleichförmigen Tunica propria bestehen, und in ihrem Inneren eine feinkörnige Masse enthalten, in welcher ich keine Zellen oder Zellenkerne erkennen konnte. Die zweite Art von Drüsen sind zahlreiche kleine und einfache Crypten, welche die ganze obere Schichte der Schleimhaut besetzen. Von ihnen sieht die Schleimhaut, wenn man sie von oben betrachtet (Fig. 47.), wie durchstochen aus. Aufserdem ist endlich die Schleimhaut des Uterus noch von einem Epithelium bekleidet, welches aus sehr kleinen Flimmercylindern besteht. Die Flimmerbewegung, die sie hervorbringen, ist indessen meistens aufserordentlich schwach, ja ich habe mich öfter nicht von ihrem Vorhandensein überzeugen können.

Wir haben nun oben gesehen, so lange bis die Eier bereits einen Durchmesser von 2—2½ Linien erhalten haben und an ihrer Oberfläche noch keine Zotten besitzen, liegen sie ganz frei im Uterus und man bemerkt an der Schleimhaut desselben gar keine Veränderung, aufser dass dieselbe überhaupt zu dieser Zeit turgescirender, blutreicher, sammetartiger als zu anderen Zeiten ist. Wenn dagegen die Eier jene Gröfse erreicht haben, so entwickelt sich die Schleimhaut an dieser Stelle, wo die Eier sich befinden, schnell sehr stark, so dass sie hier bald einen bedeutend nach innen vorspringenden Wulst bildet. Betrachtet man dieselben an der freien Fläche genau, so bemerkt man hier eine grofse Zahl kleiner Löcherchen schon mit unbewaffnetem Auge, und bald, wenn das Ei mit seinen Zotten und dieser Wulst immer mehr zugenommen haben, kann man sich überzeugen, dass die Zotten des Chorions in diese Löcherchen hineinragen (Fig. 48.). Anfangs lassen sich die Zotten des Chorions nach einiger Maceration noch leicht aus jenen Löcherchen herausziehen, bald aber gelingt dieses nicht mehr so leicht, sondern man bewerkstelligt dann viel leichter eine Trennung der ganzen angeschwollenen Partie der Schleimhaut des Uterus, welche auf dem Eie sitzen bleibt. Diese zeigt sodann ein Bläschen- oder Maschen-artiges Ansehen, und die Trennung dieser Schichte erfolgt um so leichter, je weiter das Ei entwickelt ist. Sie bildet die Placenta des Hundeeies. Untersucht man einen Querschnitt der Schleimhaut an der gürtelförmig angeschwollenen Stelle, so überzeugt man sich, dass die Anschwellung hier zwar auch durch nur succulente Infiltration des ganzen

Gewebes, vorzüglich aber durch die sehr starke Entwicklung der oben beschriebenen Uterindrüsen gebildet wird. Die kleinen Löcherchen, welche man an der freien Fläche sieht, sind die Mündungen jener Uterindrüsen, und in sie hinein senken sich die Zotten des Chorions.

Dieses Alles lässt sich nur in früher Zeit, wenn weder die Entwicklung der Uterinschleimhaut und ihrer Drüsen, noch die der Zotten des Chorions schon weit gediehen ist, ermitteln. Später gelingt es nicht mehr, das Verhältniss mit Sicherheit zu enträthseln. Allein es unterliegt keinem Zweifel, dass sich dasselbe in derselben Art weiter fortbildet, wie man es anfangs deutlich erkennen kann. Die Uterindrüsen wachsen fort und fort und mit ihnen die wie in einer Scheide in ihnen steckenden Zotten des Chorions. Beide treiben zahlreiche seitliche Aestchen und Ausbuchtungen hervor, und gehen daher bald eine ohne Zerreifsung unauflösliche Verbindung ein. Auch in den Zotten verbreiten sich die Gefäfse des Fötus, die Nabelgefäfse, und die Arterien gehen in Schlingen in die Venen über. Zwischen den Uterindrüsen verbreiten sich auf gleiche Weise die Blutgefäfse der Mutter, deren Uterinarterien hier auch durch ein Capillarnetz in die Uterinvenen übergehen. Mütterliche und kindliche Gefäfse stehen nirgends in unmittelbarer Verbindung. Das Ganze bildet die gürtelförmige Placenta, an der man daher einen mütterlichen Antheil, gebildet vorzüglich von den stark entwickelten Uterindrüsen und Uteringefäfsen, und einen kindlichen Antheil, gebildet von den Zotten des Chorions und den sich auf ihnen verzweigenden Nabelgefäfsen, unterscheiden kann. Mütterliches und kindliches Blut gehen in Capillarströmchen an einander vorbei. Die Zotten des Chorions sind nicht in venöse Sinus der Uterinvenen eingesenkt, sondern in die sinuösen und sehr vergröfserten Uterindrüsen. Beide Theile der Placenta sind in späterer Zeit so innig mit einander verschmolzen, dass sie sich nicht von einander trennen lassen, sondern der mütterliche Theil stöfst sich unter Zerreifsung der verbindenden Gefäfse und Fasern und des oberen Theiles der sehr entwickelten Drüsen ab. Der Uterus häutet sich an dieser Stelle wirklich, sowie auch eine Regeneration der Schleimhaut und ihrer Drüsen hier eintritt.

Man hat diesen ganzen Vorgang und das Verhältniss bis jetzt meistens nicht richtig erkannt. Die meisten Schriftsteller sprechen auch bei dem Eie des Hundes von einer Decidua. Versteht man darunter, wie gewöhnlich, eine von dem Uterus ausgehende, durch eine Exsudation von seiner Schleimhaut gelieferte Eihülle, so muss ich eine Decidua bei dem Hunde durchaus in Abrede stellen. Sollte es sich aber bestätigen, dass auch die Decidua des menschlichen Uterus vorzüglich nur durch die entwickelten Uterindrüsen gebildet wird; und auch die menschliche Placenta nichts Anderes ist als eine innige Verbindung der stark entwickelten Zotten des Chorions und dieser Uterindrüsen, so würde freilich die Bildung bei dem Hunde ganz analog sein. Einen vollkommenen Ueberzug, wie das Ei des Menschen, wo man deshalb die Decidua auch eine Eihaut nennen muss, bekommt indessen das Ei des Hundes nie, und auch in diesem Sinne muss ich sie durchaus in Abrede stellen. Nur wer die Placenta überhaupt für einen stärker entwickelten Theil der Decidua erklärt, kann behaupten, dass der Hund auch eine Decidua habe.

Hr. v. Baer hat in seinen: Untersuchungen über die Gefäfsverbindung zwischen Mutter und Frucht S. 20. den Bau der Placenta des Hundes nur insofern aufgeklärt, als er den Mangel einer unmittelbaren Communication der Gefäfse von Mutter und Frucht auch für den Hund nachwies. Dennoch entging es ihm nicht, dass der Mutterkuchen nur die verdickte Schleimhaut des Uterus ist, obgleich es ihn befremdete, dass die übrige Schleimhaut des Uterus gegen diesen zirkelförmigen Theil begrenzt erscheint (S. 22). Dieses ist eben nur von der begrenzten stärkeren Entwicklung der Uterindrüsen abhängig.

Hr. Eschricht in Kopenhagen (De organis quae respirationi et nutritioni foetus mammalium inserviunt. Hafniae 1837. p. 13. et sqq.) will bei der Katze einen andern Bau der Placenta gefunden haben, als er mir bei dem Hunde erschien. Nach demselben entwickelt nämlich die Schleimhaut zahlreiche zarte Falten, welche zwischen ähnliche von der Oberfläche des Chorions ausgehende Falten überall fingerförmig eingreifen. Beide Systeme von Falten tragen ein Capillarnetz, in welchem also das mütterliche Blut an dem kindlichen vorbeigeführt wird. Jene von der Schleimhaut des Uterus ausgehenden Falten sind aufserdem nach Eschricht's bestimmter Angabe nicht die entwickelte Schleimhaut des Uterus selbst, sondern ein Exsudationsproduct derselben, denn er will nach Entfernung der Placenta uterina an dieser Stelle die Schleimhaut des Uterus noch erkannt haben. Aufserdem sollen sich übrigens nach ihm (p. 40.) auch bei der Katze die Uterindrüsen finden.

Dagegen stimmen meine Beobachtungen ganz mit denen des Hrn. Sharpey überein, welche derselbe in einer Note zu Dr. Baly's Translation of J. Müller's Physiologie mitgetheilt hat. Derselbe giebt dort auch an, dass sich die Kanälchen der Uterindrüsen in Folge ihrer eintretenden stärkeren Entwicklung, dicht ehe sie sich auf der Schleimhaut münden, jede zu einer Zelle erweitern, welche mit einer grauweifsen Flüssigkeit erfüllt ist und aus welcher der Drüsenkanal sich mit einer feinen Oeffnung weiter in die Tiefe fortsetzt. In diese Zelle senkt sich die Zotte des Chorions ein, welche anfangs hohl ist. Nur diese Zelle schickt, nach Sharpey, auch weitere seitliche Fortsätze aus, in welche sich die Verlängerungen der Zotten hineinziehen. Auch ist es nur dieser Theil der Drüse, welcher bei der Geburt abgestofsen wird. Der tiefer liegende Theil bleibt zurück.

Ich habe mich von diesem speciellen Verhalten ebenfalls genau überzeugt, wie meine beiden Abbildungen Fig. 49 u. 50 zeigen. Sie sind aus einer frühen Zeit genommen, wo die Entwicklung der Placenta eben anfängt. Man sieht hier, dass zwar auch die ganzen Uterindrüsen sich stärker ausgebildet haben, allein vorzugsweise ist es der früher mehr gestreckt verlaufende Anfangstheil des Kanals, der eine zellenförmige sehr bedeutende Erweiterung erfahren hat. Aber auch die kleineren Crypten der Uterinschleimhaut bilden sich sehr stark aus und auch in sie senken sich die Zotten des Chorions hinein, die ich ganz deutlich aus jenen Vertiefungen herausziehen konnte. Uebrigens bin ich nicht der Meinung, dass man von diesem erkannten Baue der Placenta des Hundes sogleich einen Schluss auf den Bau der Placenta überhaupt, auch bei anderen Thieren und dem Menschen ziehen dürfe. Vielleicht kann es sich selbst bei der Katze anders, und sowie Hr. Eschricht es beschreibt, verhalten. Es ist mir wenigstens nicht möglich gewesen, bei dem Kaninchen die Uterindrüsen zu finden, obgleich E. H. Weber (Hildebrandt's Anatomie Bd. IV. S. 507.) sie auch bei diesem gesehen haben will, und ihre Entwicklung nach Reichert auch hier die Placenta bilden soll (J. Müller's Archiv 1842, Jahresbericht, S. CXXX. Anm.). Sie sollen nach Weber hier nicht die Form von Schläuchen, sondern von ovalen Säckchen haben, welche sich mit einer ziemlich engen Oeffnung auf dem Boden von unregelmäßigen flachen Zellen öffnen, die die innere Oberfläche des Uterus, da wo das Ei ihm anliegt, bildet. Dieses stimmt fast mit Sharpey's Angabe beim Hunde überein. Ich glaubte dagegen bei dem Kaninchen eine deutliche Erhebung der Schleimhaut in zahllose feine, von einem Capillarblutgefäßnetze überzogene Fältchen zu erkennen, in welche sich das Chorion mit seinen Gefäßen zur Bildung der Placenta einsenkte, ähnlich wie Eschricht dieses als allgemein beschreibt. Bei dem Menschen, bei welchem, nach den Angaben von E. H. Weber (Müller's Physiologie Bd. II. S. 710.), Sharpey und J. Ried (l. c.), die Uterindrüsen ebenfalls vorhanden sind und sowohl die Decidua als Placenta bilden, hatte ich dieselben früher nicht auffinden können (Entwicklungsgeschichte der Säugethiere und des Menschen. S. 90.). Allein in einem neueren Falle von höchstens 14tägiger Conception, den ich gesondert bekannt zu machen gedenke, habe ich nicht nur diese Uterindrüsen, sondern auch die Entwicklung der Decidua vorzugsweise durch ihre starke Ausbildung auf das Bestimmteste beobachtet.

Ich bemerke hier noch zum Schlusse, dass in der Regel bei der Beschreibung der Embryonen vorne das Kopfende, hinten das Schwanzende, oben die Rückenseite, unten die Bauchseite bezeichnet. In einigen Fällen, wo es sich von selbst leicht ergeben wird, schien es passender, die Beschreibung so zu geben, wie der Embryo vor dem Beschauer auf dem Rücken oder Bauche lag, wo dann oben das Kopfende, unten das Schwanzende, vorn und hinten Bauch- oder Rückenseite bezeichnet.

Resultate.

Aus vorstehenden Untersuchungen über die Entwicklung des Hunde-Eies und -Fötus hebe ich folgende Resultate als die vorzüglichsten kurz hervor.

1. Das unbefruchtete Ei des Hundes im Eierstocke besteht, wie das aller Säugethiere, ja wie aller Thiere überhaupt, aus einer Dotterhaut (Zona pellucida), Dotter, Keimbläschen und Keimfleck. Bei seiner geringen Gröfse $\frac{1}{10}$—$\frac{1}{15}$ P. L. $=\frac{1}{4}$—$\frac{7}{50}$ Millim. ist es auf eigenthümliche Weise in den Eierstock eingelagert, nämlich in eine das Innere des Graaf'-schen Follikels auskleidende Zellenlage, deren nächste das Ei umgebende Partie als sogenannter Discus proligerus an der Zona haften bleibt.

2. Dieses Ei des Hundes reift zu gewissen periodischen Zeiten in dem Eierstocke, während der sogenannten Brunst. Als Zeichen dieser Reife kann man betrachten, dass der Graaf'sche Follikel ungewöhnlich anschwillt, dass das Ei etwas gröfser und voller erscheint, dass die Zellen des Discus proligerus sich in feine Fasern auszuziehen anfangen, und zuletzt auch das Keimbläschen verschwindet. Letzteres geschieht indessen zuweilen erst dann, wenn das Ei den Eierstock schon verlassen hat. Was dabei aus dem Keimflecke wird, ist noch ungewiss.

3. Wenn das Ei vollkommen reif ist, verlässt es den Eierstock und gelangt in den Eileiter, ganz unbekümmert darum, ob die Begattung stattgefunden hat, oder nicht. Findet die Begattung nicht Statt, oder hindert man das Vordringen des Saamens zum Eie, so löst sich das Ei unbemerkt auf. Da indessen zu dieser Zeit sich der Geschlechtstrieb lebhaft äufsert, so erfolgt im Naturzustande gewöhnlich immer die Begattung und Befruchtung. Sie kann schon erfolgen, wenn auch das Ei noch im Eierstocke sich befindet, so dass der Saamen Zeit hat, bis auf den Eierstock vorzudringen und das Ei hier zu befruchten. Sie kann aber auch später erfolgen, wenn das Ei schon in den Eileiter eingedrungen ist. Ei und Saamen begegnen sich dann im Eileiter, und das Ei scheint hier noch 6—8 Tage, nachdem es den Eierstock schon verlasen hat, befruchtungsfähig zu sein. Allein im Ende des Eileiters muss die Befruchtung immer erfolgen, da hier die Entwicklung des Eies schon beginnt, sonst geht das Ei zu Grunde.

4. Die Zahl der Eier, welche bei einer Brunst den Eierstock verlassen, ist verschieden; immer aber treten sie fast zu gleicher Zeit, nie in Zwischenräumen von Tagen, aus, befinden sich immer dicht bei einander im Eileiter und fast immer in ganz gleicher Beschaffenheit. Nicht immer aber treten alle Eier aus allen angeschwollenen Graaf'schen Bläschen aus, sondern zuweilen bleibt eins und das andere der letzteren geschlossen und wird wieder zurückgebildet.

5. Von der inneren Oberfläche des reifen Graaf'schen Follikels entwickelt, sich schon ehe das Eichen ausgetreten ist, eine eigenthümliche Substanz unter der Form von Granulationen, welche, nachdem dann der Follikel sich geöffnet hat und das Ei ausgetreten ist, den sogenannten gelben Körper bildet. Dieser ist immer ein sicheres Zeichen, dass ein Graaf'scher Follikel und ein Ei gereift sind, jener sich eröffnet hat, und dieses ausgetreten ist; aber er ist kein Zeichen von stattgefundener Begattung und Befruchtung. — Die Zahl der gelben Körper entspricht nicht immer der Zahl der ausgetretenen Eier, da zuweilen ein Graaf'scher Follikel zwei und vielleicht selbst mehr Eier enthält.

6. Bei der Befruchtung kommt der Saamen immer in materielle Berührung mit dem Eie. Man findet zuweilen die Spermatozoiden, noch sich lebhaft bewegend, in ansehnlicher Zahl auf dem Eierstocke, immer aber im Eileiter und auf den Eiern. Es ist aber weder erwiesen, noch wahrscheinlich, dass ein Spermatozoide in das Ei eindringt. Die Wirkung des Saamens scheint eher eine chemische zu sein und die Bestimmung der Spermatozoiden, die Mischung des Saamens durch ihre Bewegungen zu erhalten, auch zugleich die Träger desselben abzugeben.

7. Im Eileiter verschwinden die die Zona pellucida bedeckenden Zellen des Discus proligerus allmälig. An ihrer Stelle bildet sich aber beim Hunde kein Eiweifs um die Zona, sondern diese bleibt nackt die äufsere Eihaut. Das Eichen wird nur, während es durch den Eileiter hindurchgeht, etwas gröfser.

8. Im unteren Ende des Eileiters beginnt als erste bestimmte Entwicklungserscheinung des Eies ein in einer geometrischen Progression mit dem Factor Zwei fortschreitender Theilungsprocess des Dotters in immer kleiner werdende Kugeln.

9. Diese Dotterkugeln sind keine Zellen, sondern Agglomerate der Dotterkörnchen ohne eine Hülle. Jede enthält in ihrem Inneren ein helles Bläschen, einem Fettbläschen ähnlich, ohne Kern.

10. Was diesen Theilungsprocess des Dotters bedingt und wo die hellen Bläschen im Inneren der Kugeln herrühren, ist noch ungewiss. Es scheint aber, dass die Theilung des Dotters und der Kugeln von diesen Bläschen bedingt wird, und diese selbst aus dem Keimbläschen oder dessen Kern ihren Ursprung nehmen.

11. Das Ei des Hundes scheint 8—10 Tage nach seinem Austritte aus dem Eierstocke zu gebrauchen, um durch den Eileiter hindurchzugehen. Diese Zeitrechnung ist ungewiss, da man den Zeitpunkt des Austrittes des Eies, der nicht von der Begattung abhängt, nicht kennen kann. Wenn die Hündin sich nicht mehr belegen lässt, so ist das Ei meistens im Ende des Eileiters angelangt. Ist es bereits im Uterus, so lässt sie sich nie mehr belegen. —

12. Die Kräfte, welche den Saamen gegen den Eileiter hin befördern, sind theils die Ejaculation selbst, wodurch er bis in die Spitze des Uterus gelangt; theils die Bewegungen des Uterus und Eileiters; theils endlich die Bewegungen der Spermatozoiden. Die Cilien des Epitheliums des Uterus und Eileiters haben daran keinen Antheil, da die Richtung ihrer Schwingungen von innen nach aufsen erfolgt.

13. Die Kräfte, welche das Ei aus dem Eierstocke in den Eileiter und durch diesen hindurch führen, sind theils die Schwingungen der Cilien des Epitheliums des Trichters und der Schleimhaut des Eileiters, theils die eigenen Bewegungen des letzteren.

14. Im Uterus hat das Ei im ersten Anfange noch ganz das Ansehen wie im Eileiter und der Theilungsprocess des Dotters schreitet noch fort. Dann aber verwandeln sich jetzt die immer kleiner gewordenen Dotterkugeln in Zellen, indem sie sich mit einer zarten Membran umgeben. Die Kerne dieser Zellen sind jene hellen Bläschen im Centrum der Kugeln.

15. Diese aus den Dotterkugeln entstandenen Zellen vereinigen sich sehr baldunter einander und, indem ihre Zahl sich dabei vermehrt, stellen sie durch ihre Verschmelzung und Abplattung eine sehr zarte, der Innenfläche der Zona dicht anliegende Membran dar, welche daher als ein Bläschen erscheint, und von mir Keimblase genannnt wird.

16. Während dieses Vorganges wächst das Eichen durch Aufnahme von Flüssigkeit sehr schnell. Es wird vollkommen durchsichtig und nur bei starker Vergröfserung sieht man, dass die Dotterkörnchen in concentrischen Ringen um die Kerne der Zellen der Keimblase gruppirt sind. Wie die Vermehrung der Zellen erfolgt, ist ungewiss; nur sieht man, dass in gleichem Grade die Zahl der Dotterkörnchen abnimmt, und diese endlich verschwinden.

17. Die Zona pellucida oder Dotterhaut dehnt sich bei dem Wachsen des Eies bedeutend aus, so dass sie ihre beiden Contouren verliert, und eine sehr feine textur- und structurlose Membran wird. Aber sie bleibt noch fortwährend allein die äufsere Eihaut, und auch im Uterus erhält das Hundeei kein Eiweifs umgebildet.

18. An einer Stelle der Keimblase bemerkt man, sobald sie sich aus den Dotterkugeln zu bilden anfängt, einen runden dunkeln Fleck, den Fruchthof, in welchem die Entwicklung des Embryo beginnt.

19. Das Eichen besteht also sodann im Anfange seines Aufenthaltes im Uterus aus zwei in einander eingeschlossenen wasserhellen und einander dicht anliegenden Bläschen, aus der Zona und Keimblase mit dem Fruchthofe der letzteren. Es liegt völlig frei im Uterus und begiebt sich allmälig an diejenige Stelle des Uterus, wo es sich später anheftet. Die Kräfte, welche die Vertheilung der Eier im Uterus bewirken, sind ganz unbekannt, denn kein Organisationsverhältniss des Uterus, der bis dahin ganz unverändert ist, nimmt daran Theil. Allein es ist sehr merkwürdig und sicher bewiesen, dass nicht so sehr selten die Eier der einen Seite durch den Körper des Uterus hindurch auf die andere Seite wandern, um sich gleichmäfsiger vertheilen zu können.

20. Wenn das Eichen eine Gröfse von $1\frac{1}{2}$—2 P. L. $= 3 - 4\frac{1}{2}$ Millim. erlangt

hat, so kann man sich überzeugen, dass an der Innenfläche der Keimblase, von dem Fruchthofe sich nach und nach immer weiter ausdehnend, eine zweite Zellenlage sich bildet, so
dass die Keimblase jetzt zwei Blätter besitzt, deren äuſseres das animale, das innere
das vegetative Blatt genannt wird; weil sich in dem dem ersteren angehörenden Theile
des Fruchthofes die animalen Organe, in dem dem letzteren angehörenden die vegetativen
Organe des Embryo bilden. Diese beiden Blätter sind Gegenstände der Demonstration,
nicht hypothetisch. Wahrscheinlich entsteht sehr bald zwischen ihnen noch eine dritte
Zellenlage, in welcher sich die Gefäſse bilden, daher das Gefäſsblatt. Doch kann dieses
erst später demonstrirt werden, während ihm zu dieser Zeit wahrscheinlich eigenthümlich
gestaltete sternförmige Zellen der Keimblase angehören.

21. Der Fruchthof, bis gegen den 20sten und 21sten Tag nach der ersten Begattung eine gleichförmige Zellenansammlung, fängt nun an, sich in seiner Mitte aufzuhellen,
und man unterscheidet einen dunkeln und hellen Fruchthof.

22. In dem hellen Fruchthofe erscheint die erste Spur des Embryo als eine erst
elliptische, dann bisquit- und guitarrenförmige Lage von Zellen in dem animalen Blatte,
welche in ihrer Lägenaxe von einer hellen Furche durchzogen ist. Die beiden Ansammlungen zu beiden Seiten dieser Furche sind bestimmt, die Leibeswandungen des Embryo
zu bilden, und heiſsen in ihrer die Furche zunächst begrenzenden Partie die Rückenplatten, in der nach auſsen liegenden die Bauch- oder Visceralplatten. Die Furche
heiſst die Primitivrinne.

23. Die erste Spur des Embryo besteht also in der That aus zwei Hälften.

24. In der Primitivrinne bildet sich das Centralnervensystem, Rückenmark und Gehirn, als erstes bestimmt als solches erkennbares organisches System. Das Rückenmark
entsteht weder aus dem Gehirn, noch dieses aus jenem, sondern beide sind differenzirte
Theile des indifferenten Urgebildes.

25. Nach dem Centralnervensystem entwickelt sich zunächst das Herz- und Blutge-
fäſssystem. Auch hier ist weder das Herz noch die Gefäſse, weder Arterien noch Venen
das Primäre, keines entsteht aus dem andern, sondern auch sie sind gleichzeitige differente
Producte einer ursprünglich indifferenten Zellenlage.

26. Zuletzt entsteht aus dem centralen Theile des vegetativen Blattes der Keimblase
das Darmsystem, d. h. Darm, Lungen, Leber, Pankreas etc.

27. Die Art, wie diese Systeme und die zu ihnen gehörenden Organe entstehen und
sich weiter entwickeln, ist bei dem Hunde nicht anders, als bei anderen Säugethieren und
den Vögeln. Die Entwicklung schreitet, nachdem die erste Spur des Embryo erschienen
ist, so rasch fort, dass nach 48 Stunden die drei Hauptsysteme angelegt sind.

28. Unterdessen dass der Centraltheil der Keimblase, der Fruchthof, sich zum Embryo entwickelt, metamorphosiren sich ihre peripherischen Theile zu den Eihäuten.

29. Der peripherische Theil des animalen Blattes umhüllt zunächst als Amnion
den Embryo, und legt sich sodann mit seinem übrigen Theile als sogenannte seröse Hülle
an die Zona an, um mit dieser vereinigt die äuſsere Eihaut zu bilden, auf welcher die

Zotten als anfangs hohle Zellenproductionen sich bilden, welche in die Mündungen der Uterindrüsen eindringen.

30. Der peripherische Theil des Gefäfs- und vegetativen Blattes bildet, während der Centraltheil Darm wird, die Nabelblase, die bei dem Hunde bis an's Ende des Eilebens persistirt.

31. Aus dem unteren Ende des Embryo — wie es scheint, dem Gefäfs- und vegetativen Blatte der Keimblase angehörend — bricht die Allantois hervor. Sie ist in ihren ersten Rudimenten eine doppelte Zellenproduction, die sich aber bald in eine die Nabelgefäfse tragende Blase umwandelt. Sie legt sich an die äufsere Eihaut an, wächst allmälig im Inneren des Eies um Embryo, Amnion und Nabelblase herum und führt so der äufseren Eihaut und dem Amnion Blutgefäfse zu.

32. Das Chorion entsteht sonach aus einer Vereinigung und Verschmelzung der Zona pellucida oder Dotterhaut mit dem peripherischen Theile des animalen Blattes oder der serösen Hülle und mit der Allantois.

33. Wo die Allantois die seröse Hülle und Zona zuerst berührt, da bilden sich ihre Gefäfse durch letztere hindurch in deren Zotten hinein, und stellen mit diesen in ihren zahllosen Verzweigungen den kindlichen Theil der Placenta dar.

34. Der mütterliche Theil der Placenta besteht aus den stark entwickelten Uterindrüsen und den sich zwischen diesen verbreitenden Uterin-Blutgefäfsen. Beide Theile greifen in einander und stellen ohne eine directe Gefäfsverbindung zu unterhalten, den ganzen Mutterkuchen dar, welcher sich bei dem Hunde, wegen des starken Wachsens der Pole des Eies im Verhältnisse zu dem mittleren Theile, als ein Gürtel gestaltet.

35. Auch die Beobachtung der Entwicklungsweise des Hunde-Eies und Embryo bestätigt den Satz, dass alle thierischen wie organischen Gebilde überhaupt sich aus Zellen entwickeln.

Beschreibung der Abbildungen.

Die nachfolgenden Zeichnungen sind sämmtlich von mir selbst nach der Natur und zum Theil mit der Camera lucida gezeichnet worden. Die ersten 28 Figuren sind auch von mir so ausgeführt worden, wie sie vorliegen. Die späteren aber sind nach meinen Originalzeichnungen und grofsentheils auch nach meinen Präparaten von Hrn. Schütter in Bonn unter meiner unmittelbaren Leitung ausgeführt worden. Ich glaube, dass dieselben sich von technischer Seite von selbst empfehlen werden, während ich versichern kann, auf ihre Treue alle Sorgfalt gewendet zu haben.

Die ersten 26 Figuren sind alle 100mal vergröfsert. Die späteren sind meistens 10mal oder 250mal vergröfsert, doch werde ich hier jedesmal die Vergröfserung genauer angeben.

Ich bemerke ferner, dass mit wenigen leicht bemerklichen Ausnahmen alle Figuren bei Beleuchtung von unten, also bei durchfallendem Lichte gezeichnet sind, wobei alle dichteren Partien dunkel, die dünneren hell erscheinen. Dieses verhält sich bei der Mehrzahl meiner Abbildungen zu der Entwicklungsgeschichte des Kanincheneies gerade umgekehrt, worauf also bei etwaiger Vergleichung zu achten ist.

Tabula I.

Fig. 1. Ein Eierstockei des Hundes. Der dunkele Dotter (d) ist umgeben von dem hellen Ringe, der Zona pellucida (c), das ganze Ei aber eingelagert in die aus Zellen zusammengesetzte Membrana granulosa (a), deren dichter um das Ei angehäufte Zellen (b) den Discus proligerus bilden.

Fig. 2. Dasselbe Ei, von den die Zona pellucida umgebenden Zellen der Membr. granulosa und des Discus proligerus gereinigt.

Fig. 3. Dasselbe Ei, mit einer Nadel durch Einschneiden der Zona pellucida eröffnet. Der aus Körnchen gebildete Dotter fliefst aus und mit ihm ein kleines wasserhelles Bläschen (a), das Keimbläschen, in welchem der Keimfleck zu bemerken ist.

Fig. 4. Ein Eierstockei einer brünstigen Hündin aus einem sehr angeschwollenen Graaf'schen Follikel. Charakteristisch und besonders bemerkenswerth an ihm ist, dass die Zellen des Discus proligerus alle nach einer Seite in Fasern ausgezogen sind, welche mit ihren Spitzen auf der Zona pellucida aufsitzen und dem Eie dadurch ein eigenthümliches strahliges Ansehen geben.

16*

Fig. 5. Dasselbe Ei von den der Zona ansitzenden Faserzellen gröfstentheils gereinigt. Man sieht nun den Dotter an einer Stelle von der inneren Fläche der Zona etwas zurückgewichen und hier das Keimbläschen mit einem Segmente aus der Dottermasse hervorsehen.

Fig. 6. Dieses Ei mit der Nadel geöffnet, wobei das Keimbläschen ganz unverletzt und unverändert zu Tage trat.

Fig. 7. Ein Ei ganz aus dem Anfange des Eileiters. Es gleicht einem Eierstockei (Fig. 1.) fast vollkommen, indem die faserige Beschaffenheit der Zellen des Discus wieder ganz verloren gegangen ist; nur bemerkt man, dass diese Zellen anfangen mit einander zu verschmelzen und sich aufzulösen.

Fig. 8. Ein Ei desselben Stadiums, an welchem eine Formveränderung an dem Dotter zu bemerken ist, welche sich zu dieser Zeit meistens aber auf verschiedene Weise ausgebildet findet.

Fig. 9. Ein solches Ei von den Zellen des Discus gereinigt und mit der Nadel geöffnet. Auch auf diesem Stadium sah ich dann mehrere Male, aber nicht immer, das Keimbläschen oder wenigstens eine ihm ganz ähnliche Zelle aus dem Dotter austreten. An letzterem bemerkt man ein compacteres Zusammenhaften der Dotterkörner, welches durch eine Condensation ihres Bindemittels bedingt sein muss.

Fig. 10. Ein Ei über einen halben Zoll von dem Uterus-Ende des Eileiters. Es ist noch von ansehnlichen Resten des Discus umgeben, dessen Zellen indessen unter einander schon sehr verschmolzen sind. Man sieht die Zona deutlich durchscheinen, und auf ihr befinden sich zahlreiche Spermatozoiden. Der Dotter füllt die Zona nicht völlig aus und hat eine auffallende achteckige Form angenommen.

Fig. 11. Ein Ei derselben Hündin. Die Zellen des Discus sind von ihm noch mehr verschwunden; Spermatozoiden bedecken die Zona, der Dotter ist in zwei Hälften zerlegt und neben denselben befinden sich noch zwei kleine Körnchen oder Bläschen in der Zona.

Fig. 12. Ein Ei 4''' von dem Ostium uterinum im Eileiter. Die Zellen des Discus haben noch mehr abgenommen, Spermatozoiden bedecken die Zona, der Dotter erscheint in drei Kugeln zerlegt, neben denen sich noch ein kleineres Körnchen oder Bläschen innerhalb der Zona befindet.

Fig. 13. Ein Ei derselben Hündin, in welchem der Dotter in vier Kugeln zerlegt war. Neben ihnen wieder ein Bläschen innerhalb der Zona.

Fig. 13*. Dasselbe Ei auf dunkelem Grunde bei auffallendem Lichte.

Fig. 14. Ein Ei derselben Hündin, 24 Stunden später mit dem Eileiter ausgeschnitten, 3''' vom Ostium uterinum. Die Zellen des Discus sind jetzt fast ganz verschwunden. Spermatozoiden bedecken die Zona, 10 Kugeln des Dotters sind deutlich zu erkennen; neben ihnen zwei kleine Bläschen im Innern der Zona. —

Fig. 14*. Ein Ei auf dunkelem Grunde bei auffallendem Lichte, 2''' von dem Ost. uterinum im Eileiter, dessen Dotter in 8 Kugeln zerlegt war.

T a b u l a. II.

Fig. 15. Ein Ei 2''' von dem Ost. uterinum im Eileiter, fast ganz ohne die Zellen des Discus, mit Spermatozoiden bedeckt, der Dotter in 18 sichtbare Kugeln zerlegt.

Fig. 15*. Dasselbe Ei auf dunkelem Grunde bei auffallendem Lichte.

Fig. 16. Ein Ei 1½—2 Zoll im Uterus, der Discus ist ganz verschwunden. Das Ei ist gröfser, die Zona dicker geworden; auf letzterer befinden sich Spermatozoiden. Die Zahl der Dotterkugeln ist so grofs, und sie decken sich so, dass sie sich nicht mehr zählen lassen.

Fig. 17. Ein Ei aus dem unteren Ende des Eileiters, gesprengt und etwas gedrückt, so dass die Kugeln aus der Zona zum Theil austreten und nun in allen ein sehr heller Fleck oder Bläschen zum Vorschein kommt. Rechts ist ein solches Bläschen (a), welches nur mit wenigen Dotterkörnchen besetzt ist.

Fig. 18. Eine Partie der Exsudatkugeln und Zellen, aus denen der gelbe Körper sich bildet, mit der Camera lucida, 370mal vergröfsert, gezeichnet. Die Eier waren in diesem Falle eben in den Eileiter eingetreten.

Fig. 19. Ein Ei aus dem Anfange des Uterus. Die Zahl der Dotterkugeln hat sich vermehrt, in der Mitte fängt die von ihnen gebildete Masse an sich aufzuhellen, wahrscheinlich durch Aufnahme von Flüssigkeit in die einzelnen Kugeln und Expansion derselben dadurch.

Fig. 20. Ein Ei derselben Hündin. Die von den Dotterkugeln gebildete Masse ist unregelmäfsig gestaltet; eine der Dotterkugeln hat so viel Flüssigkeit in sich aufgenommen, dass dadurch die Dotterkörnchen derselben soweit von einander entfernt sind, dass das in ihrem Innern eingeschlossene helle Bläschen sichtbar wird und die einzelnen Dotterkörnchen in concentrischen Kreisen um dasselbe herumgestellt erscheinen.

Fig. 21. Ein etwas weiter entwickeltes Ei, in welchem der erwähnte Process sich in noch mehr Dotterkugeln ausgebildet hat. Ein grofser Theil der Dotterkugeln erscheint jedoch noch dunkel.

Fig. 22. Ein Ei, in welchem fast alle Dotterkugeln bis auf einige wenige die genannte Veränderung erlitten haben. An einer Stelle ist ein Haufen der Kugeln indessen unverändert geblieben und sie bilden den runden und gleichmäfsig dunkeln Fruchthof.

Fig. 23. Dasselbe Ei, nachdem es eine Zeit lang in Wasser gelegen. Die Dotterkörnchen sind wieder sämmtlich durch den Einfluss des Wassers zu einer dunkeln Masse zusammengetreten, indem sie ihre regelmäfsige Stellung in concentrischen Kreisen um das helle Centralbläschen herum verloren haben.

Fig. 24. Ein etwas älteres Ei, nachdem es eine kurze Zeit in Wasser gelegen. Hier zeigt es sich, dass diese Körnerringe alle in einer feinen Membran an der Innenfläche der Zona ausgebreitet waren, welche sich durch Endosmose von der Zona trennte. Die Körnerringe verloren dabei ihre regelmäfsige Stellung in concentrischen Ringen. Da in dieser zarten Membran auch der Fruchthof liegt, so nenne ich sie die Keimblase.

Fig. 25. Ein Stück der Keimblase eines Eies desselben Stadiums, mit der Camera lucida, System Nro. 7 von Oberhäuser, gezeichnet.

Fig. 26. Ein Stück der Keimblase desselben Eies, nachdem die Zona geöffnet und die Keimblase herausgenommen war. Man sieht, dass sie aus sehr zarten Zellen zusammengesetzt ist, in deren Innerem die Dotterkörnchen sich befinden.

T a b u l a   III.

Fig. 27. *A.* Ei aus der oberen Hälfte des Uterus in natürlicher Gröfse 0,3 P. L. grofs, wasserhell; an einer Stelle bemerkt man mit unbewaffnetem Auge einen kleinen weifsen Punkt.

Fig. 27. *B.* Dasselbe Ei, nachdem es einige Zeit in einer Flüssigkeit gelegen, bei 27maliger Vergröfserung mit der Camera lucida von Oberhäuser, gezeichnet. Die Zona pellucida hat sich zu einer einfachen feinen äufseren Eihülle ausgedehnt. Von derselben hat sich im Innern die Keimblase überall losgelöst und zusammengezogen. In derselben bemerkt man den Fruchthof als einen noch gleichmäfsig dunkeln runden Fleck. Ueber die ganze Oberfläche erscheinen die Dotterkörnchenringe als kleine Kreise verbreitet.

Fig. 27. *C.* Ein Theil der Keimblase desselben Eies stärker vergröfsert, mit der Camera lucida, Syst. Nro. 5, gezeichnet. Man sieht einen Theil des Fruchthofes, gebildet aus dunkelen Gruppen von Dotterkörnchen; aufserdem aber zerstreute Ringe von Dotterkörnchen um einen hellen Mittelpunkt. Die Zahl der Körnchen und Ringe um jeden hellen Fleck ist noch ziemlich ansehnlich. Die Gruppen derselben stehen aber so weit aus einander, dass hier offenbar noch eine Zwischensubstanz an der Bildung der Keimblase Antheil haben muss. Ein eigentlicher Zellenbau ist an dieser Keimblase nicht zu erkennen.

Fig. 28. *A.* Ein Ei aus dem Uterus, 24 Stunden älter als das vorige, ungefähr ⅔ P. L. grofs. Dasselbe bildet ebenfalls ein limpides Bläschen, an dem mit unbewaffnetem Auge ein weifses Pünktchen zu erkennen war.

Fig. 28. *B.* Dasselbe Ei, 10mal vergröfsert, nachdem es einige Zeit mit Flüssigkeit in Berührung gewesen. Die Keimblase hat sich überall stark von der äufseren Eiblase (Zona pellucida) getrennt und zusammengezogen. An der Keimblase bemerkt man den dunkeln Fruchthof als einen runden Fleck. Zugleich ist die Ausdehnung des vegetativen Blattes bis über den gröfsten Durchmesser der Keimblase hinaus deutlich zu bemerken.

Fig. 28. *C.* Ein Theil der Keimblase, stärker vergröfsert, mit der Camera lucida, Syst. Nro. 7, gezeichnet. Man sieht in der Mitte den Fruchthof, aus einer gleichmäfsig dunkeln Anhäufung von Molecülen gebildet; über die ganze Keimblase sieht man Körnerringe in einfacher Reihe um einen hellen Centralfleck herumgestellt verbreitet. Auch hier war ein Zellenbau im frischen Zustande nicht deutlich zu erkennen.

T a b u l a IV.

Fig. 29. *A* u. *B.* Zwei Eier aus dem Uterus, 1 und 1½ L. grofs, nicht mehr ganz rund, übrigens noch wasserhell mit einem weifsen, mit unbewaffnetem Auge erkennbaren Pünktchen, dem Fruchthofe.

Fig. 29. *C.* Eins dieser Eier, 10mal vergröfsert. Die Keimblase hat sich etwas von der Zona getrennt. In ersterer erscheint der Fruchthof noch gleichmäfsig dunkel und rund.

Fig. 29. *D.* Die Stelle der Keimblase mit dem Fruchthofe, mit der Camera lucida, Syst. Nro. 5, gezeichnet. Der Fruchthof erscheint bei dieser starken Vergröfserung nicht mehr ganz rund, und man bemerkt in ihm neben den kleineren Molecülen zahlreiche grofse und kleinere Fettbläschen. In der übrigen Ausdehnung der Keimblase sieht man noch dieselben hellen Flecke, wie früher. Die Körnerringe um dieselben sind aber gröfstentheils verschwunden und die hellen Flecke selbst erscheinen als Kerne von Zellen. Diese Zellen werden dann vorzüglich sichtbar, wenn man

Fig. 29. *E.* ein Stückchen der Keimblase mit etwas Wasser unter das Mikroskop bringt; ebenfalls mit der Camera lucida, Syst. Nro. 5, gezeichnet.

Fig. 30. *A.* Ein Ei derselben Hündin, 24 Stunden später, 2 L. grofs, etwas elliptisch, zwar noch wasserhell, aber doch schon für das unbewaffnete Auge an seiner Oberfläche mit sehr kleinen Pünktchen besetzt.

Fig. 30. *B.* Unter der Loupe, 10mal vergröfsert, erscheinen diese weifsen Pünktchen als die Anfänge der Zottenbildung auf der Zona. Die Keimblase hat sich von der Zona getrennt, in ihr bemerkt man den gleichmäfsig dunkeln Fruchthof.

Fig. 30. *C.* Ein Stück der Zona mit diesen Zottenanfängen, mit der Camera lucida, Syst. Nro. 7, gezeichnet.

Fig. 30. *D.* Das den Fruchthof enthaltende Stück der Keimblase en profil, mit der Camera lucida, Syst. Nro. 2, gezeichnet. Man sieht, dass der Fruchthof ziemlich stark convex über die Ebene der Keimblase hervorragt und erkennt in ihm die Contouren der beiden Blätter (animal. und vegetativ.). Man sieht ferner überall die Kerne der Zellen, aus denen die Keimblase zusammengesetzt ist, aufserdem aber sternförmige zerstreute Figuren, die ich für die Anfänge der Gefäfsbildung und des Gefäfsblattes zu halten geneigt bin.

Fig. 30. *E.* Ein Stück derselben Keimblase, stärker vergröfsert (Syst. Nro. 5), an welcher nun der Zellenbau und auch die sternförmigen Zellen sehr deutlich zu erkennen sind. Aufserdem sieht man drei kugelichte Gruppen von Molecülen.

Tabula V.

Fig. 31. *A.* Stück des Uterus einer Hündin, in dem sich das Ei befindet, leicht angeschwollen.

Fig. 31. *B.* Die Keimblase dieses Eies, an welcher der Fruchthof zu sehen ist.

Fig. 31. *C.* Das den Fruchthof enthaltende Stück der Keimblase, 10mal vergröfsert; der Fruchthof ist noch rund, aber nicht mehr gleichmäfsig dunkel, sondern seine Mitte etwas aufgehellt. (Area pellucida et Area opaca.)

Fig. 31. *D.* Dasselbe Stück der Keimblase, an welchem das vegetative Blatt in der Ausdehnung des Fruchthofes von dem animalen getrennt und zurückgeschlagen ist.

Fig. 31. *E.* Der Fruchthof eines Eies derselben Hündin, elliptisch, die Mitte etwas mehr aufgeklärt.

Fig. 31. *F.* Der Fruchthof eines nur wenig älteren Eies, birnförmig gestaltet. Die Mitte ist hell.

Fig. 31. *G.* Stück des vegetativen Blattes der Keimblase, aus deutlichen, kernhaltigen Zellen zusammengesetzt.

Fig. 31. *H.* Stück des animalen Blattes der Keimblase, ebenfalls aus Zellen zusammengesetzt, die aber schon mehr mit einander verschmolzen sind.

Tabula VI.

Fig. 32. *A.* Stück des Uterus, an welchem das Ei eine schon etwas stärkere Anschwellung bildet.

Fig. 32. *B.* Keimblase dieses Eies, citronenförmig gestaltet, in natürlicher Gröfse. Die birnförmige Gestalt des Fruchthofes mit unbewaffnetem Auge erkennbar.

Fig. 32. *C.* Das den Fruchthof enthaltende Stück dieser Keimblase, 10mal vergröfsert; der dunkele Fruchthof ist elliptisch, in dem durchsichtigen Fruchthofe ist eine birnförmige Figur entstanden, welche in ihrer Längenaxe von einem hellen Streifen (Primitivrinne) durchzogen wird; Embryonalanlage.

Fig. 33. *A.* Stück des Uterus, ein etwas älteres Ei enthaltend.

Fig. 33. *B.* Citronenförmige Keimblase dieses Eies mit dem birnförmigen Fruchthofe.

Fig. 33. *C.* Das den Fruchthof enthaltende Stück dieser Keimblase, 10mal vergröfsert. Der dunkele Fruchthof ist birnförmig. Die Embryonalanlage in dem durchsichtigen Fruchthofe ist ebenfalls birnförmig. Die Primitivrinne ist stärker entwickelt, nach oben, am Kopfende, abgerundet, nach unten, Schwanzende, lancettförmig, die Ränder der Primitivrinne, Rückenplatten, zeichnen sich durch stärkere Massenansammlung aus. Um das untere Ende der Embryonalanlage sieht man einen schmalen hellen Streifen.

Fig. 33. *D.* Profilansicht des Fruchthofes, wobei man bemerkt, dass die Primitivrinne eine offene Vertiefung zwischen den beiden Hälften der Embryonalanlage ist.

Fig. 34. *A.* Stärker angeschwollenes Stück des Uterus derselben Hündin, wie Fig. 32, aber 12 Stunden später ausgeschnitten.

Fig. 34. *B.* Keimblase des Eies aus diesem Stücke des Uterus; natürliche Gröfse; die bisquitförmige Gestalt (Guitarrenform) der Embryonalanlage schon mit blofsem Auge erkennbar.

Fig. 34. *C.* Stück der Keimblase dieses Eies mit dem Fruchthofe; 10mal vergröfsert. Der dunkele Fruchthof ist rund; in dem durchsichtigen Fruchthofe ist die Embryonalanlage bisquit- oder guitarrenförmig gestaltet und schärfer als früher markirt. Ebenso die Primitivrinne und zu ihren beiden Seiten die Rückenplatten stärker ausgebildet; erstere oben abgerundet, unten lancettförmig. Die Massenansammlung zu beiden Seiten (Rückenplatten) noch stärker entwickelt; die ganze Embryonalanlage ist von einem sehr hellen eiförmigen Hofe umgeben.

Fig. 34. *D*. Profilansicht des Fruchthofes dieses Eies. Die Primitivrinne steht noch offen, ihre Ränder sind schärfer und stärker erhoben.

Tabula VII.

Fig. 35. *A*. Stück der Keimblase mit der Embryonalanlage eines 24 Stunden älteren Eies als Fig. 33. Die Primitivrinne ist noch nicht geschlossen, aber bedeutend stärker, besonders in ihrem oberen Theile ausgebildet. Hier bemerkt man drei auf einander folgende Ausbuchtungen, die Anlagen der drei primitiven Hirnzellen. An dem unteren Ende ist die Rinne lancettförmig erweitert (Sinus rhomboidalis). Die Ränder der Primitivrinne sind von Nervensubstanz gebildet und zeichnen sich durch ihre helle glasartige Beschaffenheit aus. Im Grunde der Primitivrinne markirt sich ein zarter Streifen, vielleicht die Chorda dorsalis. Die Rückenplatten des Embryo sind stark von der äufseren Partie desselben (Bauchplatten) unterschieden. In ersteren bemerkt man die Anlage von 6 Wirbeln; um die letzteren herum die abgerissenen Fetzen des an der äufseren Eihaut sitzen gebliebenen animalen Blattes.

Fig. 35. *B*. Derselbe Embryo in der Seitenansicht, wobei das Offenstehen der Primitivrinne noch deutlicher hervortritt. Zugleich bemerkt man, dass der Kopf des Embryo sich schon ziemlich stark von allen Blättern der Keimblase abgeschnürt hat.

Fig. 36. *A*. Embryo derselben Hündin, 12 Stunden später. Die Primitivrinne hat sich in dem gröfsten Theile ihrer Ausdehnung geschlossen. Nach vorn sieht man mehrere auf einander folgende Ausbuchtungen; sie gehören den Hirnzellen an, sind aber mit Ausnahme der vordersten durch die Einwirkung der zugesetzten Flüssigkeit verändert. Die vorderste ist mit dem ganze Kopfende etwas nach unten umgebeugt, so dass man sie in der Rückenansicht nicht vollkommen übersieht. In den Rückenplatten haben sich gegen 10 Wirbelanlagen gebildet. Um den ganzen Embryo herum bemerkt man wieder die Fetzen des abgerissenen und an der äufseren Eihaut sitzen gebliebenen animalen Blattes. Ueber dem Kopfende bilden dieselben einige Falten, die wahrscheinlich dieses Kopfende als Amniosfalte überzogen. Das Schwanzende ist von einer solchen Falte wirklich bedeckt. Hinter dem vorderen Drittheile des Embryo, bis zu welcher Stelle derselbe von den Blättern der Keimblase abgeschnürt ist, sieht man zu beiden Seiten aus dem Körper des Embryo einen Streifen heraustreten, die beiden Schenkel des Herzkanales, welcher selbst in der Rückenansicht nicht sichtbar ist. Sie laufen in die Anlage eines Gefäfsnetzes aus, welches in der Peripherie des Embryo ausgebreitet ist.

Fig. 36. *B*. Derselbe Embryo von der Bauchseite aus gesehen. In dem vornüber gebogenen Ende des Embryo sieht man die vordere Hirnzelle. Ihr vorderer Rand ist in der Mitte zu einer Spitze ausgezogen; ihre Seitentheile blasenartig erweitert, erste Anlage der Augen. Hinter dem vornüber gebogenen Kopfe bemerkt man in der unteren Leibeswand den S-förmig gebogenen Herzkanal. Seine hinteren Schenkel (Venae omphalo-mesentericae) verlaufen in die Anlage eines Gefäfsnetzes um den Embryo herum; seine vorderen Schenkel (Aortenbogen) senken sich unter und hinter dem vornüber gebogenen Kopfende in die Tiefe. Bis dicht hinter das Herz ist das vordere Körperende von der Keimblase abgeschnürt. Hier ist der Eingang in den darin enthaltenen vorderen Theil der Visceralhöhle, Fovea cardiaca von Wolff. Das hintere Ende des Embryo ist flach ausgehöblt.

Fig. 37. *A*. Ei von 23 bis 24 Tagen, von einer grofsen Hündin, in natürlicher Gröfse. Die äufsere Eihaut ist mit zarten Zotten besetzt. Von ihr unterscheidet man die aus vegetativem und Gefäfsblatt gebildete innere Blase. In der Queraxe des Eies liegt der Embryo mit seiner Längenaxe. Ein elliptisches Stück seines Rückens, mit welchem er an dem Uterus festsafs, erscheint durch Zerreifsung der äufseren Eihaut unbedeckt.

Fig. 37. *B.* Der Embryo desselben Eies, 10mal vergröfsert, vom Rücken aus gesehen. Das Medullarrohr ist ganz geschlossen bis auf die drei hinter einander liegenden primitiven Hirnzellen. An der vordersten Hirnzelle haben sich die beiden Augenblasen stärker ausgebildet. Zu beiden Seiten neben der dritten Hirnzelle bemerkt man die beiden Ohrblasen, in keinem Zusammenhange mit dem Medullarrohr. Kopf- und Schwanzende des Embryo sind von der Amniosfalte bedeckt, welche dagegen in der Mitte über seinem Rücken sich noch nicht geschlossen hat; daher liegt der Embryo hier blofs und der peripherische Theil des animalen Blattes, seröse Hülle, ist in dem Umfange dieses nicht bedeckten Theiles des Rückens, wegen seiner Anheftung an die weggenommene äufsere Eihaut, abgerissen. Das peripherische Gefäfsnetz um den Embryo ist vollkommen ausgebildet.

Fig. 37. *C.* Derselbe Embryo, von der Bauchseite gesehen. Das vordere Kopfende ist stark vornüber gebogen, so dass man in ihm die vordere Hirnzelle mit den seitlich von ihr abgeschnürten Augenblasen sieht. Hinter und unter demselben bemerkt man zwei zapfenartige Hervorragungen, die vorderen Visceralbogen. Hinter diesen den S-förmigen Herzkanal. Seine hinteren Schenkel (Venae omphalo-mesentericae) laufen mit einem vorderen und hinteren Ast in das peripherische Gefäfsnetz über; seine vorderen Schenkel (Aortenbogen) sind in dem vorderen abgeschnürten Ende des Embryo nicht sichtbar; in dem hinteren kommen sie vor der Wirbelsäule, abwärts laufend, als hintere Wirbelarterien wieder zum Vorschein. Aus ihnen treten seitliche Aestchen, Arter. omphalo-mesentericae, in das peripherische Gefäfsnetz über.

Fig. 37. *D.* Derselbe Embryo von der Seite gesehen, nachdem er schon längere Zeit in Weingeist gelegen. Man sieht hier nur die beiden hinter und unter dem vornüber gebogenen Kopfende hervorsprossenden vordersten Visceralbogen und zugleich dieses vordere Kopfende von dem feinen Amnion überzogen.

T a b u l a VIII.

Fig. 38. *A.* Ein etwas älteres Ei einer kleineren Hündin. Das Chorion ist mit Zotten besetzt, mit Ausnahme seiner beiden Pole, welche von einem zarten grünen Ringe umfasst werden. Der Embryo ist von dem Chorion ganz bedeckt und mit seinem stark vornüber gebogenen vorderen Körpertheile in die vom Gefäfs- und vegetativen Blatt gebildete Blase eingedrängt.

Fig. 38. *B.* Dasselbe Ei, 5mal vergröfsert. Das mit Zotten besetzte Chorion ist von dem ganzen mittleren Theile des Eies weggenommen, wobei ein Fetzen desselben an einem Punkte des Rückens des Embryo, der Schlussstelle der Amniosfalte, sitzen geblieben ist. Der Embryo liegt nun mit seinem hinteren Körperende flach in der Ebene des Gefäfs- und vegetativen Blattes, mit seinem vorderen Körperende ist er in die von diesen Blättern gebildete Blase eingedrängt. Man sieht die an den Seitentheilen seines Körpers hervortretenden Arteriae und Venae omphalo-mesentericae. Diese gehen in ein Gefäfsnetz über, welches zuletzt in einem Kranze (Vena terminalis) die beiden Pole des Eies umzieht.

Fig. 38. *C.* Dasselbe Ei von der entgegengesetzten Seite, auch 5mal vergröfsert; um den ganzen Verlauf der Vena terminalis und die Ausbreitung des Gefäfsnetzes zu zeigen.

Fig. 38. *D.* Der Embryo desselben Eies mit der ihn umgebenden Partie des Gefäfs- und vegetativen Blattes, vom Inneren des Eies angesehen, in der Seitenansicht. Man sieht den Embryo mit seinem vorderen Körperende in die von Gefäfs- und vegetativem Blatte gebildete Blase hineingedrängt, vom Amnion umgeben, wobei derselbe aber noch einen sehr feinen Ueberzug von ersterer erhalten haben muss. In dem Kopfe des Embryo sieht man das Gehirn: *a* Vorderhirn, *b* Zwischenhirn, *c* Mittelhirn, *d* dritte ursprüngliche Hirnzelle, *e* Auge, *f* Ohr, noch in keiner Verbindung mit der dritten Hirnzelle. Es sind drei Visceralbogen (*ggg*) entwickelt. Das Herz (*h*) ist sehr stark S-förmig gebogen und seine Biegungen in einander geschoben. Der ganze hintere Theil des Embryo ist bedeckt von dem Gefäfs- und vegetativen

Blatte, welche in einer Rinne (Darmrinne) in seinen Körper übergehen. (Ich mache darauf aufmerksam, bei dieser Figur die von der Seite gesehene Darmrinne, in welche sich die einzelnen Arteriae omphalo-mesentericae hineinziehen, nicht für einen Gefäfsstamm, namentlich nicht für den unteren Ast der linken Vena omphalo-mesenterica zu halten, der bei dieser Ansicht gar nicht gesehen wird. Die Zeichnung ist in dieser Beziehung etwas undeutlich gehalten.)

Fig. 38. *E.* Derselbe Embryo von vorne gesehen. Der Kopf ist stark vornüber gebeugt, und man sieht in ihm die Hirnzellen, Ohren und Augen durchschimmern. Vorzüglich aber bemerkt man, wie der Körper des Embryo sich auch an den Seiten so vom Gefäfs- und vegetativen Blatte abgeschnürt hat, dass diese, nur in seiner Längenaxe an die Wirbelsäule befestigt, jetzt mit einer nach vorne offen stehenden Rinne, Darmrinne, in ihn übergehen; auch das untere Ende des Embryo hat sich bereits ansehnlich von dem Gefäfs- und vegetativen Blatte abgeschnürt.

Fig. 38. *F.* Ein Stück des Gefäfs- und vegetativen Blattes der Keimblase eines Eies dieses Stadiums ganz frisch ohne Zusatz, mit der Camera lucida, Syst. Nro. 7, gezeichnet. Der Unterschied und die Grenze beider Blätter ist sehr auffallend. Rechts das Gefäfsblatt erscheint aus lauter Zellen zusammengesetzt, in welchen aber nur selten ein Kern zu erkennen ist. Links das vegetative Blatt lässt den Zellenbau nicht mehr deutlich erkennen, und namentlich auch keine Kerne. Die Zellen scheinen wie durch Intercellulargänge von einander getrennt.

Eig. 38. *G.* Ein Stück des vegetativen Blattes desselben Eies, ebenfalls mit der Camera lucida gezeichnet, nachdem es länger mit verdünntem Eiweifse in Berührung gewesen. Das Ansehen hat sich sehr verändert. Von den Zellen und den Intercellulargängen ist nichts mehr zu sehen; dagegen sind nun die Kerne und Kernkörperchen in diesen sehr deutlich geworden.

Tabula IX.

Fig. 38. *H.* Ein Stück des Chorions dieses Eies mit den Zotten; mit der Camera lucida, Syst. Nro. 4, gezeichnet. Die Zotten erscheinen als verschieden gestaltete hohle Auswüchse des Chorions, daher mit doppelten dunkelen Rändern.

Fig. 38. *I.* Einige dieser Zotten mit der Camera lucida, Syst. Nro. 7, gezeichnet. Sie erscheinen hierbei aus lauter verschieden grofsen Bläschen zusammengesetzt, in denen ich keinen Kern erkennen konnte. —

Fig. 39. *A.* Das untere Körperende eines wenige Stunden älteren Embryo, 10mal vergröfsert. Man sieht hier in den unteren Theil der Visceralhöhle hinein. Das vegetative und Gefäfsblatt sind nach oben zurückgeschlagen und man sieht, wie sie in der Visceralhöhle das untere Stück des Darmrohres, den Enddarm (*a*), zu bilden anfangen. Zugleich bemerkt man an der vorderen Wand dieses unteren Körperendes zwei kleine Hervorragungen (*bb*), die Anfänge der Allantois.

Fig. 39. *B.* Das untere Körperende eines gleich alten Embryo, gleich stark vergröfsert. Gefäfs- und vegetatives Blatt sind in dem oberen Theile von ihrer Befestigung an der Wirbelsäule gelöst und nach unten zurückgeschlagen; dadurch kommen zwei Reihen von kleinen Schläuchen zum Vorschein, welche bei der Trennung jener Blätter von der Wirbelsäule an diesen sitzen bleiben, die Wolff'schen Körper (*aa*); Wirbelrudimente (*b*), Rückenmark (*c*), unterer Eingang in den Darm (*d*).

Fig 40. *A.* Unteres Ende eines 12 Stunden älteren Embryo derselben Hündin, 10mal vergröfsert. Man sieht die Allantois (*a*) schon als Blase gestaltet. Ihre Verschmelzung aus zwei Hälften ist aber noch an der oberen Einbiegung und an der Spalte in ihrer Mitte zu erkennen.

Fig. 40. *B.* Dasselbe untere Ende des Embryo. Die Allantois (*a*) ist nach abwärts zurückgelegt. Man sieht in das untere Stück der Visceralhöhle hinein, in welcher der Enddarm (*b*) schon mehr entwickelt ist. Er hängt nach unten unmittelbar mit der Allantois zusammen, nach oben geht er in das auf die linke Seite umgelegte Gefäfs- und vegetative Blatt über. Neben dem Darme vor der Wirbelsäule laufen die unteren Wirbelarterien (*cc*) nach abwärts, welche sich zuletzt auf der Allantois als Nabelgefäfse verzweigen. Die das Blut wieder zurückführenden Venen (*dd*) laufen in den beiden Rändern des Körpers des Embryo und heifsen jetzt Cardinalvenen.

Tabula X.

Fig. 41. *A.* Ein 12 Stunden älteres Ei derselben Hündin in natürlicher Gröfse. Das mit Zotten besetzte Chorion (*a*) ist gerade über dem Embryo entfernt. Man sieht letzteren mit seinem hinteren Körperende auf, mit dem vorderen in der vom Gefäfs- und vegetativen Blatt gebildeten Blase (*b*) liegen. Das vordere Ende ist stark vornüber gebeugt und in die genannte Blase eingedrängt. Das hintere Ende ist nach rechts um seine Längenaxe gedreht. Aus diesem heraus kommt die Allantois (*c*) als eine kleine gestielte runde Blase, die sich mit ihrer Basis eben an das Chorion angelegt hat.

Fig. 41. *B.* Der Embryo desselben Eies, 5mal vergröfsert, vom Inneren der vom Gefäfs- und vegetativen Blatt gebildeten Blase angesehen. Der obere Körpertheil erscheint auch hier, vom Amnion umkleidet, in dieselbe eingedrängt. In dem Kopfe bemerkt man die Hirnzellen. An der Vorderhirnzelle sieht man das Auge als einen hellen elliptischen Ring, in welchem ein sehr heller Punkt dadurch erscheint, dass man hier in die Höhle des Gehirns hineinsieht. Das Ohrbläschen neben der dritten ursprünglichen Hirnzelle zeigt eine zapfenartige Verlängerung nach dieser hin. Es sind vier Visceralbogen gebildet. An der Basis des ersten derselben bemerkt man seinen vorderen Fortsatz, welcher bestimmt ist, sich längs dem unteren Rande der Hirnkapsel hinziehend, die Oberkiefergebilde darzustellen. An dem Herzen sind die einzelnen Abtheilungen, Herzkammern und Ohren stärker entwickelt. Die obere Extremität ist in Form eines kleinen Zapfens ungefähr in der Mitte des Körpers hervorgebrochen. Der Darm steht im ganzen mittleren Theile in einer Rinne offen; hier haben sich das Gefäfs- und vegetative Blatt noch nicht geschlossen. Aus dem unteren Ende des Embryo sieht die kleine Allantois hervor.

Fig. 41. *C.* Derselbe Embryo, an welchem Gefäfs- und vegetatives Blatt über den vorderen Körpertheil in die Höhe gelegt sind, so dass der hintere Körpertheil frei erscheint. Man sieht daher nun in die Visceralhöhle hinein und erkennt in dem Grunde derselben die Schläuche der Wolff'schen Körper, ferner den Enddarm, in welchen Gefäfs- und vegetatives Blatt übergehen. Aus dem unteren Ende sieht die Allantois hervor.

Fig. 41. *D.* Obere Ansicht des Gehirns dieses Embryo. *α* Vorderhirn; *b* Zwischenhirn; *c* Mittelhirn.

Fig. 41. *E.* Hintere Ansicht des Gehirns. *a* Mittelhirn; *b* dritte ursprüngliche Hirnzelle, welche in ihrem oberen Theile noch ganz offen steht; *c* Rückenmark.

Fig. 41. *F.* Seitenansicht des aus der Hirnkapsel herausgenommenen Gehirns. *a* Vorderhirn; *b* Zwischenhirn; *c* Stelle, wo die aus dem Zwischenhirn hervorgetriebene Augenblase abgerissen ist; *d* Trichter (Infundibulum); *e* Mittelhirn; *f* hintere Hirnzelle.

Fig. 41. *G.* Senkrechter Durchschnitt des Schädels und Gehirns. *a* Vorderhirn; *b* Höhle desselben; *c* Zwischenhirn; *d* an der Basis desselben, am Eingange in die Augenblase, liegender Wulst, Sehhügel; *e* Mittelhirn; *f* dritte Hirnzelle; *g* Balken des Schädels, um welchen das Medullarrohr herumgebogen ist; *h* Visceralbogen und Visceralspalten.

Fig. 41. *H.* Kopfende des Embryo, von vorn gesehen. *a* Vorderhirn; *b* Augen; *c* Zwischenhirn; *d* erster Visceralbogen; *e* vorderer Fortsatz desselben; *f, f'-, f-''* zweiter, dritter und vierter Visceralbogen; *g* rechtes, *h* linkes Herzohr; *i* linke, *k* rechte Herzkammer; *l* Aortenstamm mit den Aortenbogen.

Fig. 41. *I.* Das Herz, von hinten gesehen. *a* gemeinschaftlicher Venenstamm; *b* linkes, *c* rechtes Herzohr; *d* mittlerer Raum zwischen beiden, zukünftige Vorhöfe; *e* Canalis auricularis; *f* linke, *g* rechte Herzkammer; *h* Aortenstamm.

Fig. 41. *K.* Faserzellen des Herzens, mit Kernen, gezeichnet mit der Camera lucida, bei 280maliger Vergröfserung.

Fig. 41. *L.* Darmsystem dieses Embryo. *a* Visceralbogen; *b* Raum des Schlundes und Kehlkopfes; *c* Lungen; *d* Magen; *f* Leber; *g* Lappen des Gefäfs- und vegetativen Blattes, in welche sich die Wände des offenen Theiles des Darmrohres fortsetzen; *h* Enddarm.

Fig. 41. *M.* Seitenansicht desselben Darmsystems. *a* Lunge; *b* Magen; *c* Leber; *d* Gefäfs- und vegetatives Blatt; *e* Enddarm.

Tabula XI.

Fig. 42. *A.* Ei, 25 Tage nach der letzten Begattung, 2mal vergröfsert. Das Chorion (*a*) ist geöffnet. Der stark gekrümmte Embryo ist mit seinem Kopfe noch in die auf seiner linken Seite liegende Nabelblase (*b*) eingedrängt. Aus seinem unteren Ende kommt die auf seiner rechten Seite liegende Allantois (*c*) hervor. Obere und untere Extremitäten sind angelegt. Auf der Nabelblase verzweigen sich die Vasa omphalo-mesenterica, auf der Allantois die umbilicalia.

Fig. 42. *B.* Der Embryo desselben Eies, 5mal vergröfsert, von der Seite gesehen. *a* Vorderhirn; *b* Zwischenhirn; *c* Mittelhirn; *d* hintere Hirnzelle (dritte primitive); *e* Auge; *f* Ohr; *g* erster Visceralbogen; *h* vorderer Fortsatz desselben, für die Oberkiefergebilde; *i* zweiter Visceralbogen; *k* rechtes Herzohr; *l* rechte Herzkammer; *m* linke Herzkammer; *n* Aortenstamm; *o* Herzbeutel; *p* Leber; *q* Darmschlinge, welche in den Stiel (*r*) der Nabelblase (*s*) oder Ductus omphalo-mesentericus (*r*) übergeht; *t* Allantois; *u* Amnion; *v* vordere, *x* hintere Extremität; *z* Nase.

Fig. 42. *C.* Derselbe Embryo, gestreckt und von vorne gesehen. *a* Nasengruben; *b* Augen; *c* erster Visceralbogen (Unterkiefer); *d* zweiter Visceralbogen; *e* rechtes, *f* linkes Herzohr; *g* rechte, *h* linke Herzkammer; *i* Aorta; *k* Leber, zwischen deren beiden Lappen man das Lumen der abgeschnittenen Vena omphalo-mesenterica sieht; *l* Magen; *m* Darmschlinge, welche in den Stiel der Nabelblase (*n*) übergeht; *o* Wolff'sche Körper; *p* Allantois; *q* obere, *r* untere Extremitäten.

Fig. 42. *D.* Oberer Theil des Darmsystems desselben Embryo, 10mal vergröfsert. *a* erster Visceralbogen (Unterkiefer); *b* zweiter Visceralbogen; *c* Luftröhre; *d* rechte, *e* linke Lunge; *f* Speiseröhre; *g* Magen; *h* Leber; *i* Lumen der abgeschnittenen Vena omphalo-mesenterica. An Luftröhre, Lungen, Speiseröhre und Magen sind die beiden vom Gefäfs- und vegetativen Blatt herrührenden Lagen, erstere dunkel, letztere hell, deutlich zu erkennen.

Tabula XII.

Fig. 43. Ein etwas älteres Ei, so gelegt, dass die Nabelblase nach oben gewandt ist. Das Chorion (*a*) ist geöffnet, hierauf auch die Nabelblase (*b*), so dass man den auf der Allantois (*c*) aufliegenden Embryo durch die hintere Wand der Nabelblase durchschimmern sieht. An dieser sieht man nun die Stelle (*d*), an welcher der Embryo mit seinem Kopfe in die Nabelblase eingedrängt war, welche aber hier kein Loch besitzt, sondern durch ein feines Blatt geschlossen ist.

Fig. 44. Ein etwas älteres Ei, 2mal vergröfsert. Das Chorion ist geöffnet. Der Embryo hat sich mit dem Kopfe wieder ganz aus der Nabelblase (*a*) herausgezogen und liegt auf dem Rücken, stark gekrümmt, zwischen Allantois (*b*) und Nabelblase. Auf diesen verbreiten sich die betreffenden Gefäfse. Der Embryo ist überdies in sein Amnion (*c*) eingehüllt. In der Mitte seines Körpers sieht man das Herz.

Fig. 45. *A.* Ein etwa vier Wochen altes Ei, 2mal vergröfsert. Die äufsere Eihaut (*a*) mit den mit ihr vereinigten Lagen der Allantois, jetzt Chorion genannt, ist geöffnet, so dass man in die Höhle der Allantois hineinsieht und Nabelblase (*b*), Amnion (*c*) und der in diesem enthaltene Embryo im Grunde des Eies von der Allantois überzogen erscheinen. Das vegetative, innere Blatt (*e*) der Allantois, welches keine Gefäfse besitzt, ist in einem Theile seiner Ausdehnung über Amnion (und Embryo) und Nabelblase aufgehoben und zurückgelegt, wodurch hier das Gefäfsblatt (*d*) der Allantois mit den Gefäfsen deutlicher hervortritt. Der Embryo in seinem Amnion liegt auf der Nabelblase; *g* äufseres Ohr, entstanden aus dem hinteren Theile der ersten Visceralspalte.

T a b u l a XIII.

Fig. 45. *B.* Embryo des letzten Eies, 5mal vergröfsert. *a* Luft- und Speiseröhre; *b* Thymusdrüse; *c* rechte, *d* linke Vorkammer; *e* rechte, *f* linke Herzkammer; *g* rechte, *h* linke Aorta; *i* drei Leberlappen; *k* Magen; *l* Darmschlinge, welche noch durch einen Faden (*m*), den früheren Duct. omphalomesentericus, mit der Nabelblase (*n*) in Verbindung steht; *o* Wolff'sche Körper.

Fig. 45. *C.* Gehirn dieses Embryo in der Seitenansicht, 5mal vergröfsert. *a* Vorderhirn, Hemisphären, welche das Zwischenhirn schon so überwölbt haben, so dass nur noch dessen unterer Theil, der Trichter (*b*) in dieser Ansicht gesehen wird; *c* Mittelhirn (Vier-Hügel); *d* Hinterhirn (kleines Gehirn); *e* Nachhirn (Medulla oblongata); *f* Trigeminus mit seinem Ganglion; *g* sogenannter Nackenhöcker; *h* Rückenmark.

Fig. 45. *D.* Dasselbe Gehirn von oben, 5mal vergröfsert. *a* Vorderhirnblasen, Hemisphären; *b* Zwischenhirn, dessen Decke sich gespalten hat und eingesunken ist, so dass die Vorderhirnblasen über seinen vorderen Theil herüberrücken; *c* Mittelhirn.

Fig. 45. *E.* Dieselbe Ansicht von oben; alle Höhlen sind geöffnet, man sieht also zuvörderst in die Höhlen der Vorderhirnblase (*a*) und auf deren Grunde die gestreiften Hügel (*b*); die Höhle des Zwischenhirns (*c*) ist fast ganz ausgefüllt, indem seine beiden Seitentheile zu den Sehhügeln werden; die Höhle des Mittelhirns, Aquaeductus Sylvii (*d*), ist noch ansehnlich; aus ihr gelangt man in der Tiefe in den vierten Ventrikel.

Fig. 45. *F.* Senkrechter Durchschnitt des Kopfes und Gehirns eines Embryo desselben Alters. *a* Vorderhirn, Hemisphären, *b* gestreifter Hügel an der Basis derselben; *c* Zwischenhirn, Sehhügel; *d* Infundibulum; *e* Mittelhirn; *f* Höhle desselben, Aquaeductus Sylvii; *g* Hirnschenkel, welcher sich um den Balken des Schädels (*h*) herumschlägt; *i* Hinterhirn, kleines Gehirn; *k* Nachhirn, Medulla oblongata.

Fig. 45. *G.* Ansicht des Gehirns von hinten. *a* Vorderhirn; *b* Mittelhirn; *c* dessen Höhle, welche sich nach vorne (*d*) in die Höhle des Zwischenhirns (dritter Ventrikel) und von hier aus in die Höhle des Vorderhirns fortsetzt; *e* Hinterhirn, kleines Gehirn; *f* Nachhirn, Medulla oblongata, an seiner hinteren Fläche offen als vierter Ventrikel (*g*), *h* Rückenmark.

Fig. 45. *H.* Gleichaltriger Embryo, nachdem Herz, Darm und Leber entfernt sind. *a* Luftröhre und Lunge so gezeichnet, als wenn sie bei durchfallendem Lichte gesehen würden; *b* Enddarm; *c* rechter Wolf'scher Körper; *d* dessen Ausführungsgang; *e* Hoden oder Eierstock; *f* linke Niere, welche erst sichtbar wird, nachdem man *c* und *e* entfernt hat; *g* Nebenniere; *h* Stiel der Allantois (Harnblase).

T a b u l a XIV.

Fig. 46. *A.* Senkrechter Durchschnitt der Uterinschleimhaut des Hundes, 10mal vergröfsert. *a* einfache Schleimkrypten; *b* eigentliche Uterindrüsen, Glandulae utriculares.

Fig. 46. *B.* Zwei dieser Uterindrüsen mit der Camera lucida, Syst. Nro. 4, gezeichnet.

Fig. 46. *C.* Ein kleines Stückchen solcher Drüse mit der Camera lucida, Syst. Nro. 7, gezeichnet.

Fig. 47. Ansicht der Uterinschleimhaut des Hundes, von oben, 10mal vergröfsert. Man sieht die Eingänge in die Uterindrüsen und Krypten.

Fig. 48. *A.* Stück des Uterus einer ungefähr 24 Tage trächtigen Hündin, 10mal vergröfsert, aufgeschnitten an der Stelle, wo sich ein Ei befand und die Placenta in ihrer Bildung begriffen ist. Die äufsere Eihaut ist mit ihren Zotten von der an dieser Stelle stark angeschwollenen Unterinschleimhaut zum Theil losgelöst und zurückgeschlagen, wobei man sieht, dass die Zotten der ersteren in die Mündungen der Drüsen der letzteren eingesenkt waren.

Fig. 48. *B.* Senkrechter Durchschnitt der Uterinschleimhaut an der Stelle ihrer Placentaranschwellung, 10mal vergröfsert. Man sieht, dass sowohl die Krypten (*a*) sich durch Ausstülpung ihren Wandungen vergröfsert haben, als namentlich auch die Uterindrüsen (*c*) sich in ihrem Anfangstheil (*b*) sehr bedeutend erweitert haben.

Tabula XV.

Tafel der schematischen Durchschnitte.

In allen Figuren ist der Uterus braun, die Zona pellucida blau, das animale Blatt der Keimblase schwarz, das vegetative gelb, das Gefäfsblatt ziegelroth, die Allantois carminroth gemalt.

Fig. 1 — 8 Querdurchschnitte des Uterus und Eies, 9 — 14 Längendurchschnitte derselben.

Fig. 1. Das aus Zona und animalem Blatte der Keimblase bestehende Ei liegt noch frei im Uterus.

Fig. 2. Ebenso, allein auch das vegetative Blatt hat sich gebildet.

Fig. 3. Die Zona hat sich an den Uterus angelegt. Die Keimblase ist noch frei, dass Gefäfsblatt hat sich in ihr entwickelt.

Fig. 4. Das animale Blatt der Keimblase hat sich im gröfsten Theile seiner Ausdehnung an die Zona und somit auch den Uterus angelegt und fängt dadurch an, den Embryo mit der Amnionfalte zu überziehen.

Fig. 5. Der vorbeschriebene Process hat sich weiter entwickelt; der Embryo ist dadurch ganz in das Amnion eingeschlossen, und der peripherische Theil des animalen Blattes (seröse Hülle) steht nur noch an einem Punkte (über dem Rücken des Embryo) mit dem Amnion in Verbindung. Aus dem unteren Ende des Embryo ist die Allantois hervorgebrochen und hat sich hier an die von seröser Hülle und Zona bekleidete Uterinschleimhaut angelegt, welche sich hier zur Placenta zu entwickeln angefangen hat.

Fig. 6. Letzterer Vorgang ist durch stärkeres Wachsthum der Allantois weiter ausgebildet.

Fig. 7. Die Allantois ist noch weiter über den Rücken des Embyro herüber in dem Eie herumgewachsen und drängt daher den vom Gefäfs- und vegetativen Blatt gebildeten Theil der Keimblase (Nabelblase) nach der entgegengesetzten Seite des Eies.

Fig. 8. Die Allantois ist endlich so stark gewachsen, dass sie um den Embryo, Amnion und Nabelblase herumreicht und sich ihre Enden fast berühren.

Fig. 9. wie Fig. 2.
Fig. 10. » Fig. 3.
Fig. 11. » Fig. 4.
Fig. 12. » Fig. 5.
Fig. 13. » Fig. 6.
Fig. 14. » Fig. 7.

Verbessernugen.

S. 1 Z. 4 v. u. lies: Mammifères statt Mammifères.
» 7 » 15 » » » Zeugung statt Erzeugung.
» 8 » 12 » ob. » Dottermasse st. Dottermaasse.
» 8 » 21 » u. » ihn statt sie.
» 8 » 18 » » » ihn statt sie.
» 8 » 1 » » » feinen statt freien.
» 18 » 9 » ob. fehlt vor ihnen — in.
» 18 » 18 » u. lies: die statt den.
» 21 » 12 » » » dass eins statt das eins.
» 23 » 4 » » » Mémoire statt Mémoir.
» 29 » 2 » ob. » vésicules statt vesicules.
» 29 » 4 » » » s'opère statt s'opére.
» 37 » 17 » » » wann statt wenn.
» 39 » 11 » » fehlt vor Eierstock — linken.
» 39 » 11 » u. lies: seine statt ihre.
» 43 » 18 » ob. » quellen statt quillen.
» 45 » 3 » » fehlt hinter können der Punkt.
» 45 » 18 » u. lies: nun statt nur.
» 47 » 1 » ob. fehlt vor in das Komma.
» 47 » 4 » » lies: Stufe statt Stufet.
» 48 » 11 » » » d'écusson statt d'ecusson.
» 48 » 11 » » » épais statt epais.
» 59 » 11 » u. » Linse statt Loupe.

S. 63 Z. 10 v. u. lies: Kreises eine statt Kreise seine.
» 66 » 17 » ob. » Allgemeinen statt Allgemeine.
» 66 » 6 » u. » wasserhellem st. wasserhellen.
» 72 » 7 » » » cette statt celle.
» 73 » 1 » ob. » pris statt près.
» 77 » 10 » » » Pole statt Poole.
» 81 » 17 » u. » in statt und.
» 84 » 13 » ob. » 1ste, 2te, 3te primitive Hirnblase statt Vorderhirn, Mittelhirn,
Hinterhirn.
» 86 » 6 » » müssen vor unter die Worte indem
es sich fortfallen.
» 86 » 6 » » fehlt hinter sogenannte — seröse.
» 86 » 7 » » fehlt vor Eihaut — äufseren.
» 86 » 6 » u. lies: diesem statt diesen.
» 92 » 11 » » » gehörige statt gehörigen.
» 99 » 21 » » » Tagen statt Thgen.
» 101 » 3 » » » rechts statt links.
» 102 » 10 » » fehlt hinter lang das Komma.
» 119 » 6 » ob. lies: entwickelt sich, statt entwickelt, sich.
» 134 » 3 » » lies: Uterinschleimhaut statt Unterinschleimhaut.

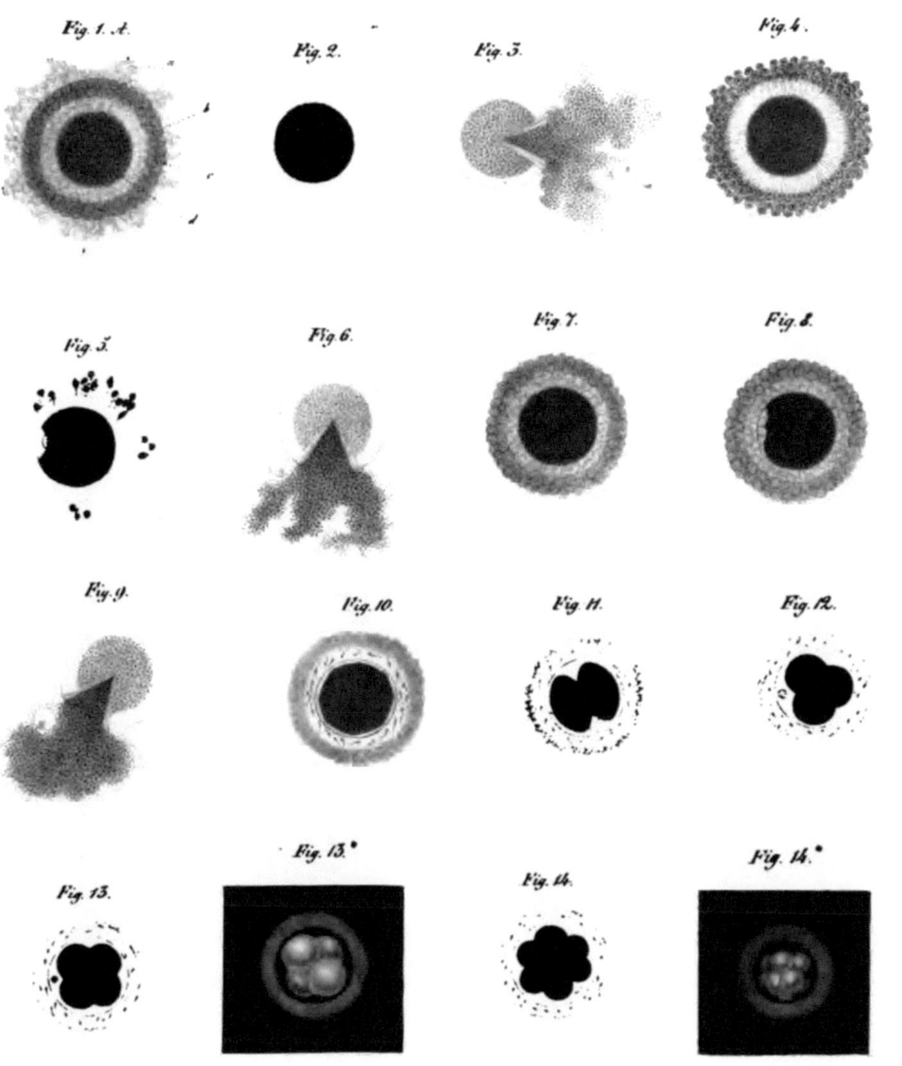

Tab. 1.
Fig. 1. A.
Fig. 2.
Fig. 3.
Fig. 4.
Fig. 5.
Fig. 6.
Fig. 7.
Fig. 8.
Fig. 9.
Fig. 10.
Fig. 11.
Fig. 12.
Fig. 13.
Fig. 13.*
Fig. 14.
Fig. 14.*
A. Schuster lith.

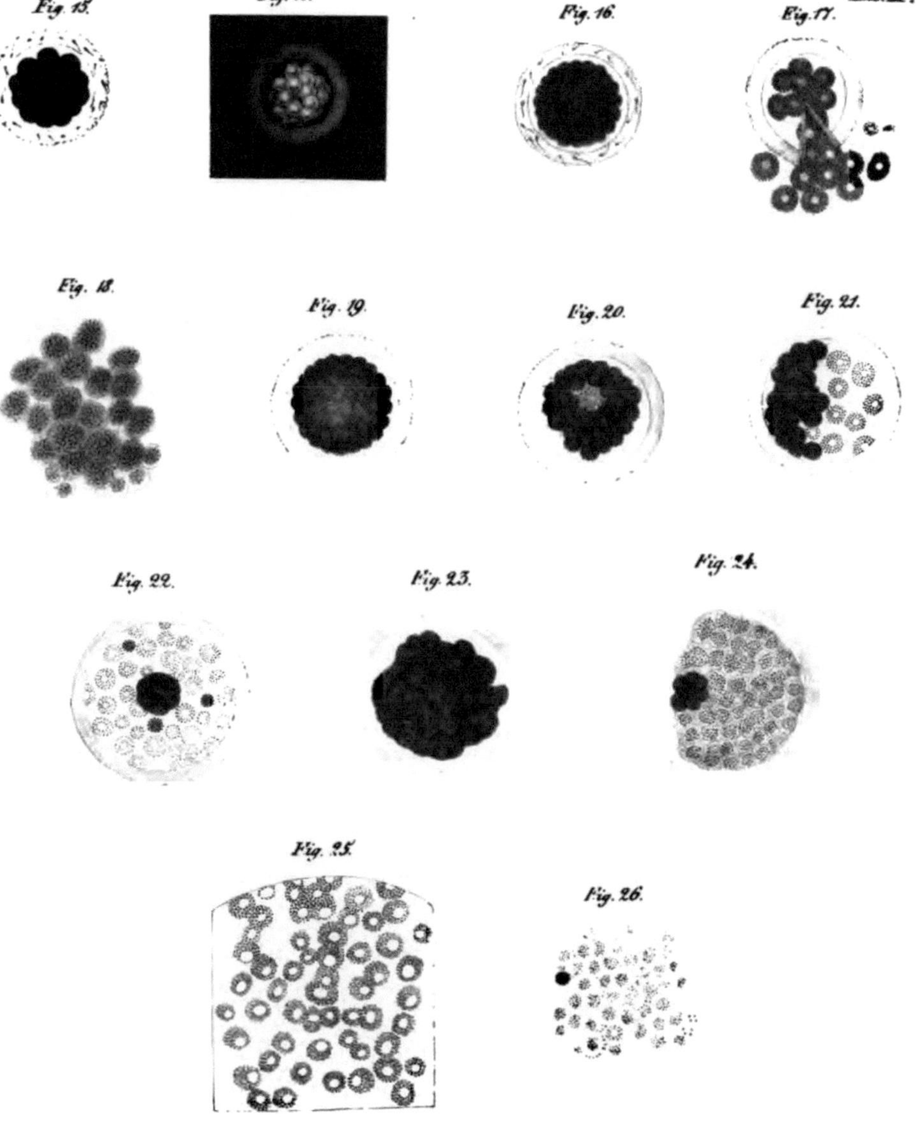

Fig. 15.
Fig. 15.*
Fig. 16.
Fig. 17.
Tab. II.
Fig. 18.
Fig. 19.
Fig. 20.
Fig. 21.
Fig. 22.
Fig. 23.
Fig. 24.
Fig. 25.
Fig. 26.
A. Schultze lith.
Druck v. Henry & Cohen, Bonn.

Fig. 28. A.

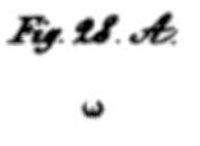

Fig. 28. B.

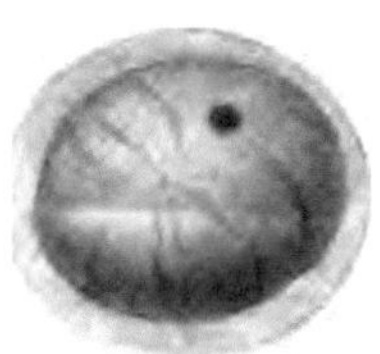

Fig. 27. A.

Fig. 27. B.

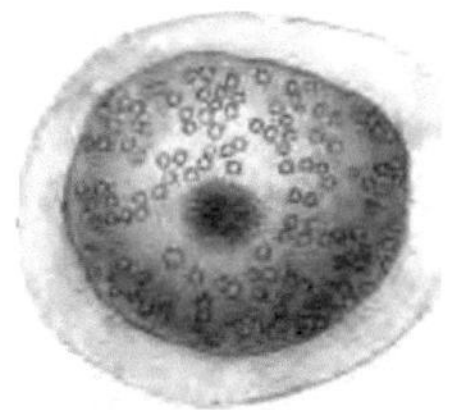

Fig. 28. C.

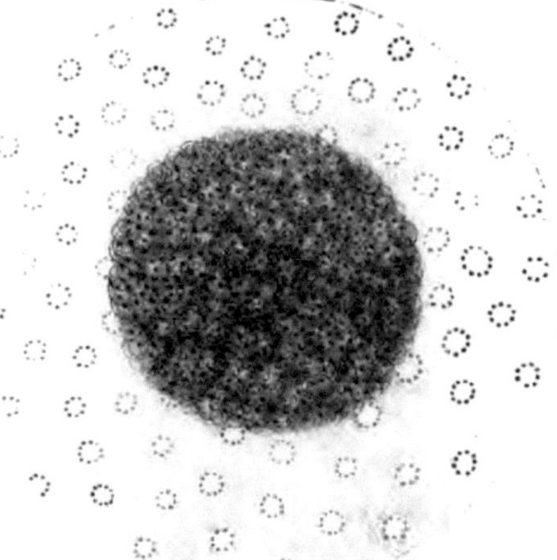

Fig. 27. C.

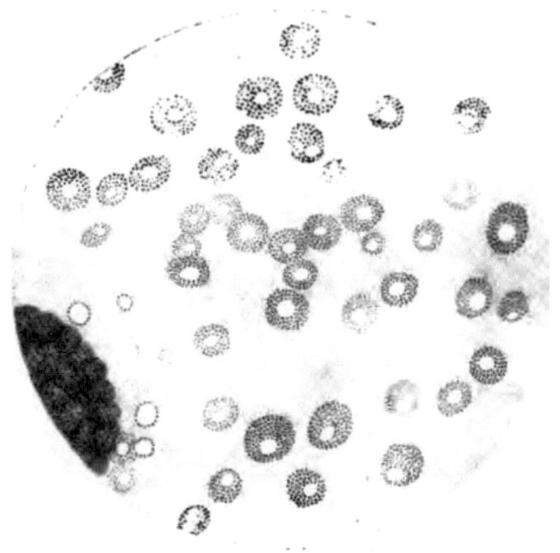

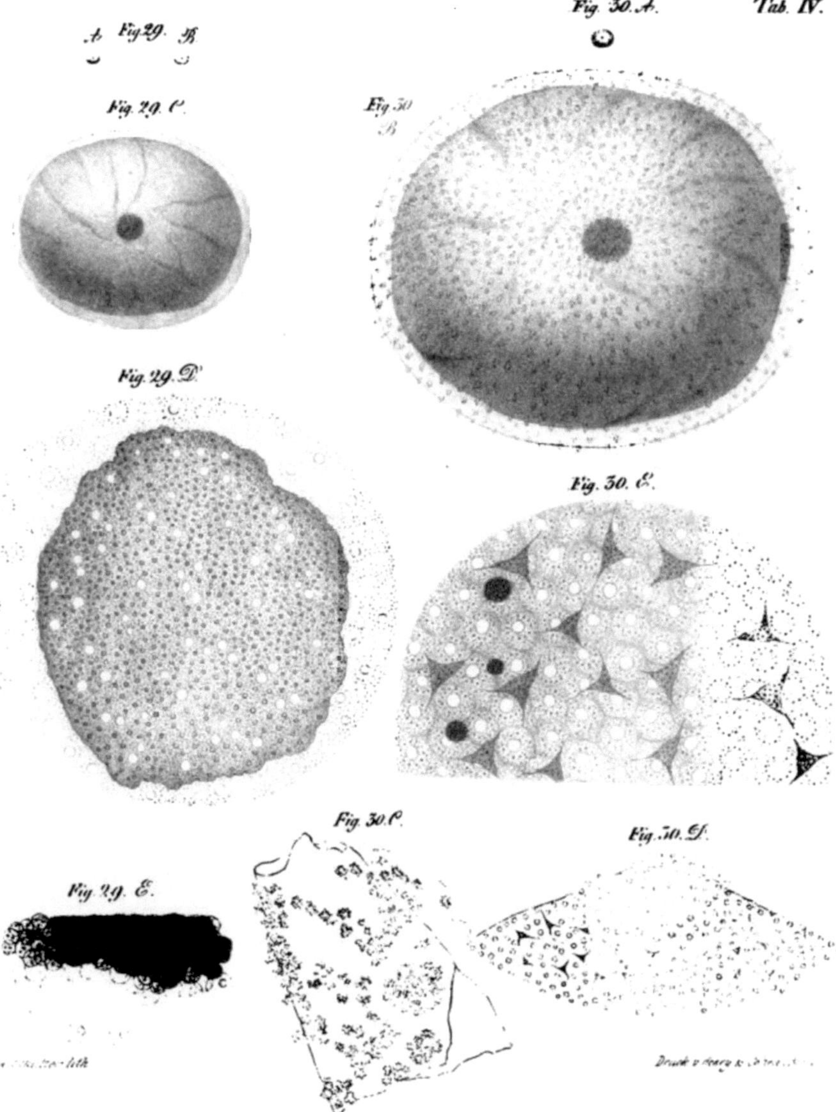

A. Fig. 29. B.

Fig. 29. C.

Fig. 29. D.

Fig. 29. E.

Fig. 30. A.

Fig. 30. B.

Fig. 30. E.

Fig. 30. C.

Fig. 30. D.

Tab. IV.

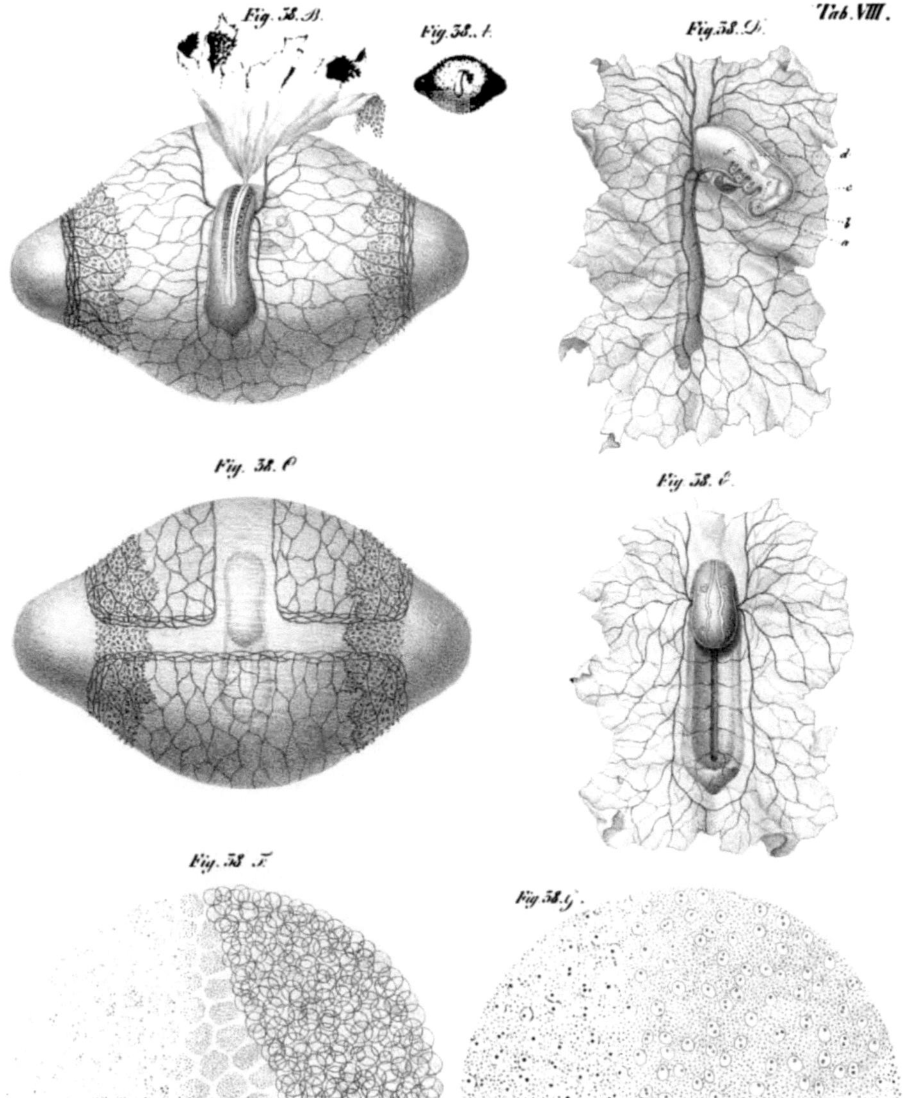

Fig. 38. B.
Fig. 38. A.
Fig. 38. D.
Tab. VIII.
Fig. 38. C.
Fig. 38. E.
Fig. 38. F.
Fig. 38. G.

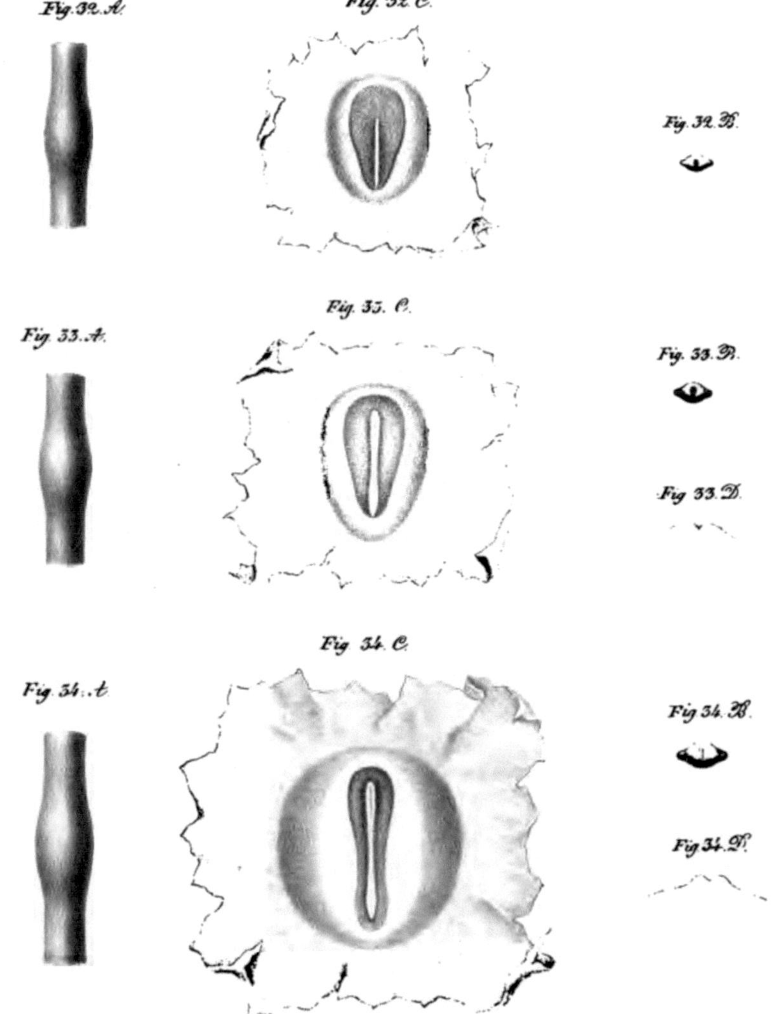

Druck v. Henry & Cohen, Bonn

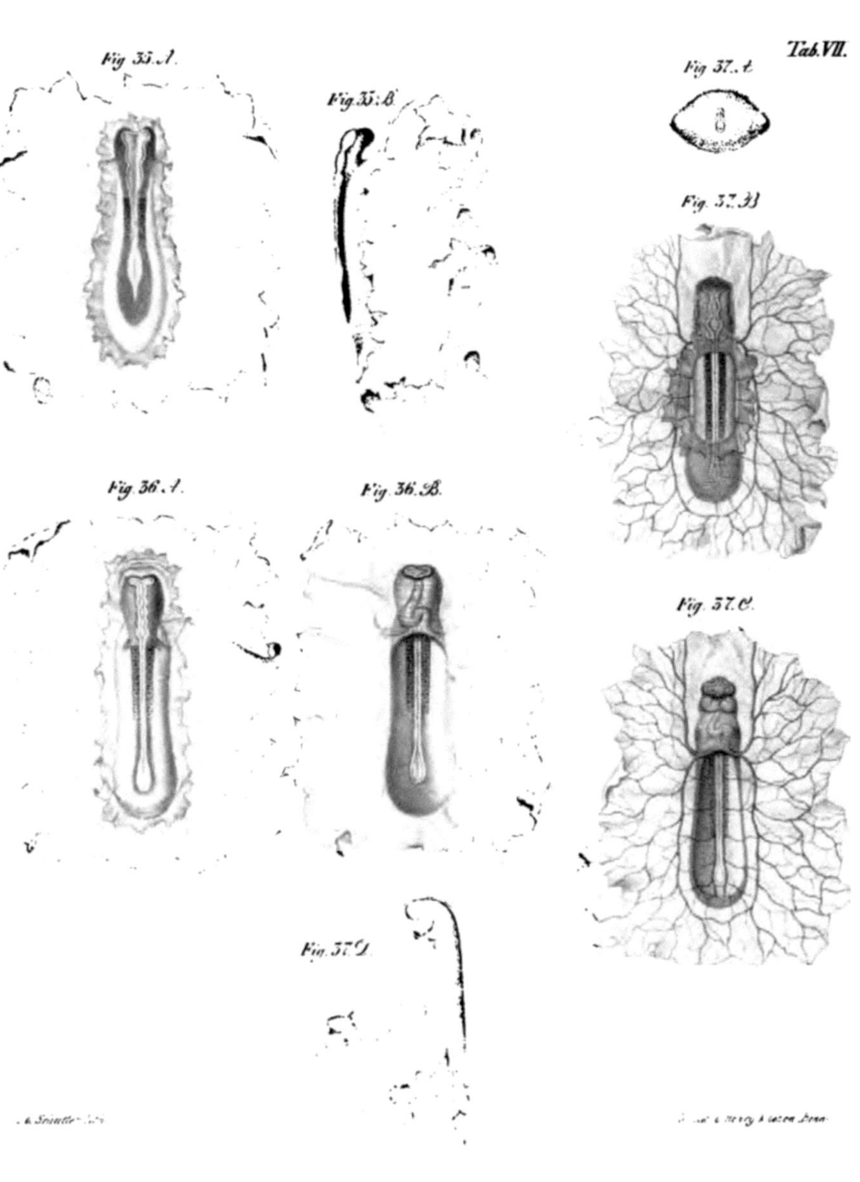

Fig. 35. A.

Fig. 35. B.

Fig. 37. A.

Tab. VII.

Fig. 37. B.

Fig. 36. A.

Fig. 36. B.

Fig. 37. C.

Fig. 37. D.

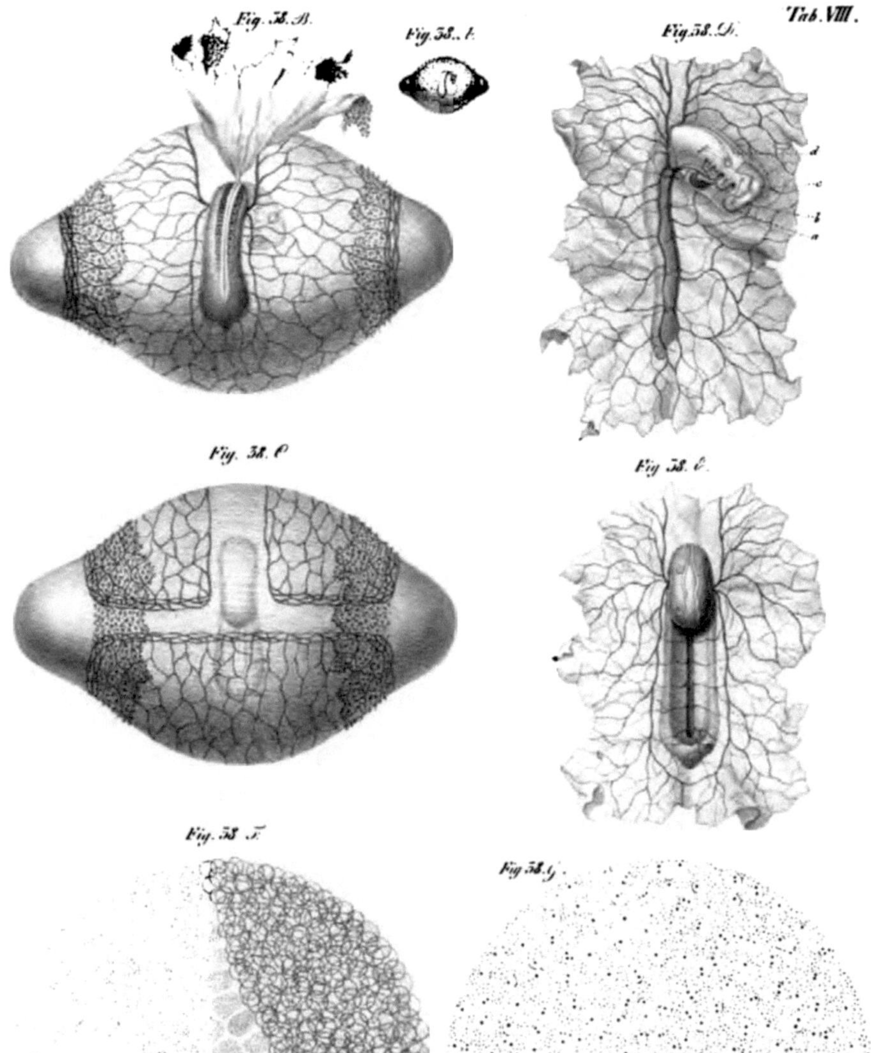

Fig. 38. B.
Fig. 38. A.
Fig. 38. D.
Tab. VIII.
Fig. 38. C.
Fig. 38. E.
Fig. 38. F.
Fig. 38. G.

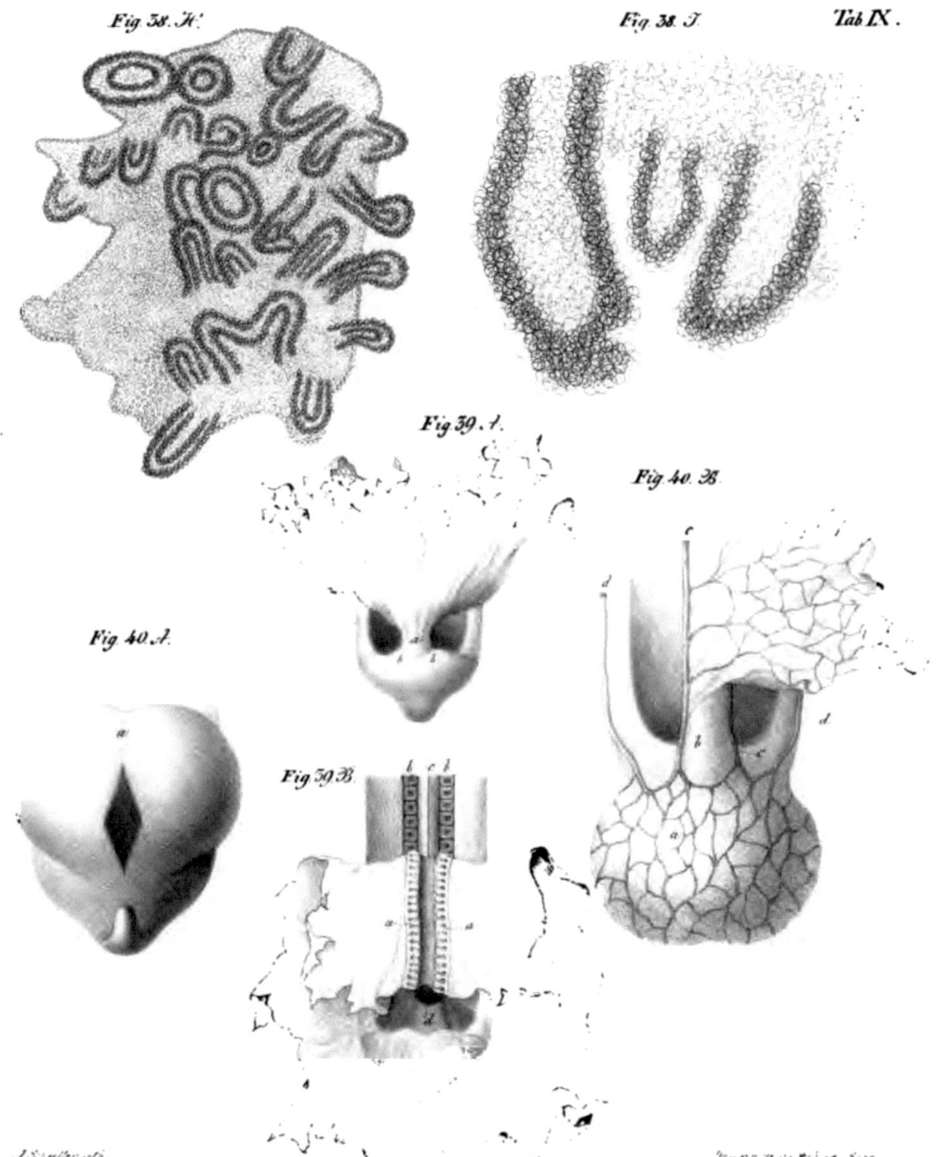

Fig. 38. H.
Fig. 38. I.
Tab IX.
Fig. 39. A.
Fig. 40. B.
Fig. 40. A.
Fig. 39. B.

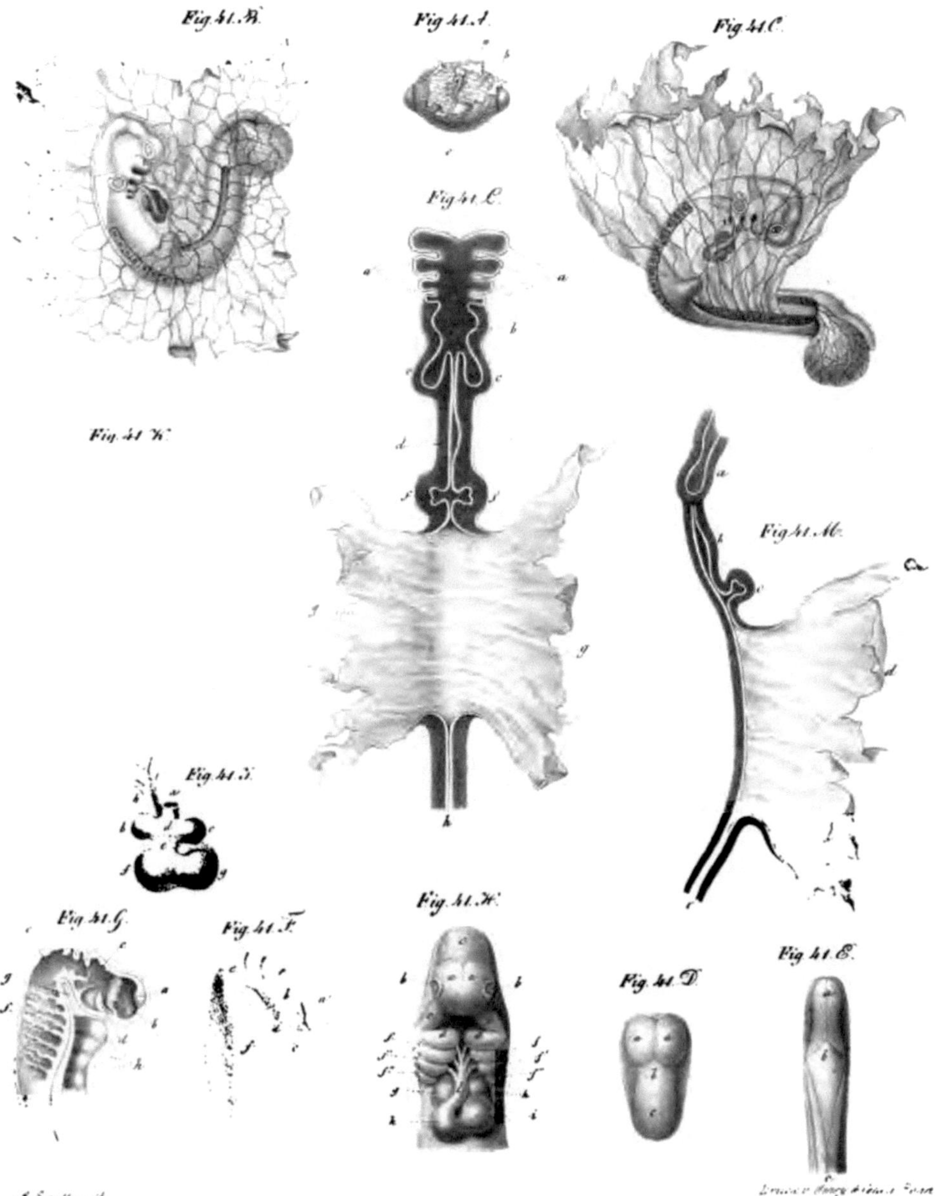

Fig. 41. B.
Fig. 41. A.
Fig. 41. C.
Fig. 41. E.
Fig. 41. K.
Fig. 41. Ab.
Fig. 41. I.
Fig. 41. G.
Fig. 41. F.
Fig. 41. H.
Fig. 41. D.
Fig. 41. E.

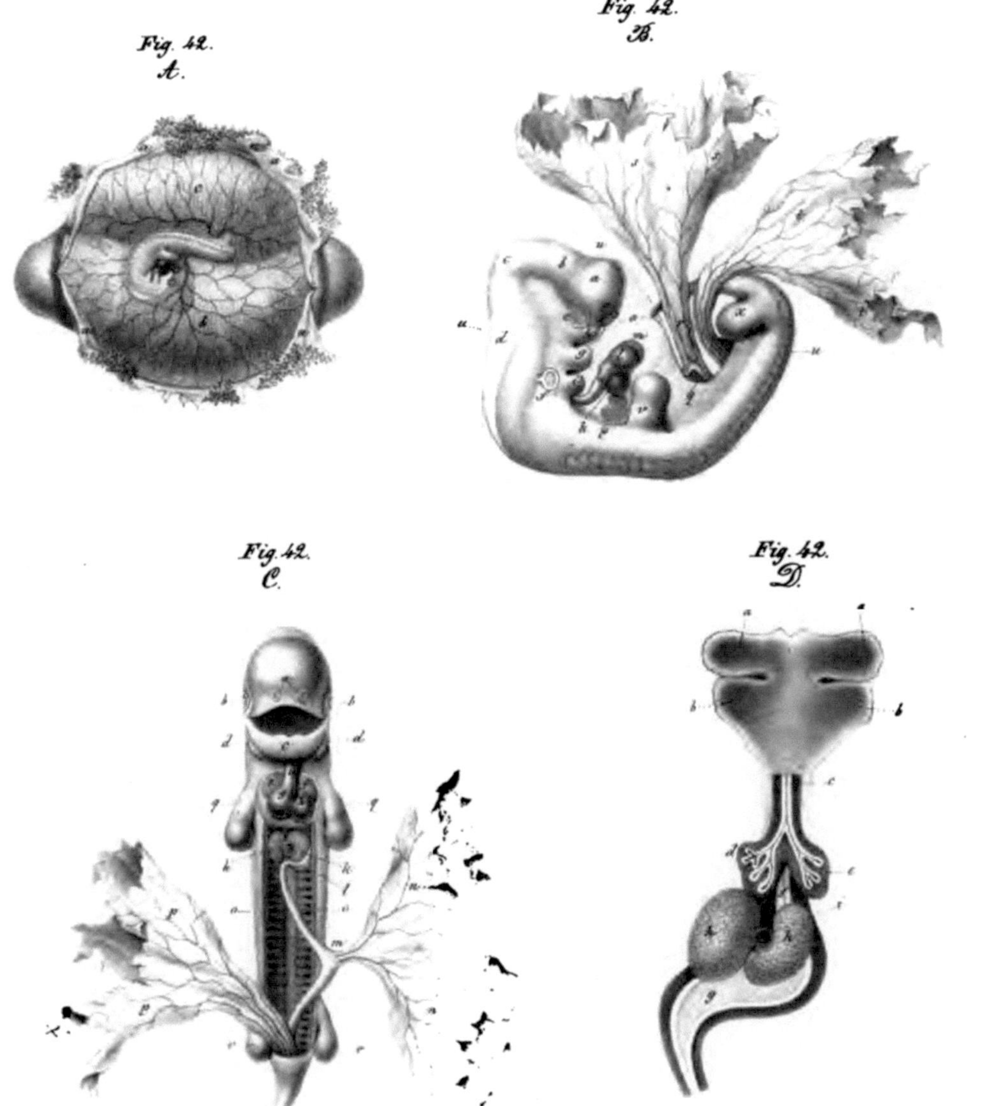

Fig. 42.
A.

Fig. 42.
B.

Fig. 42.
C.

Fig. 42.
D.

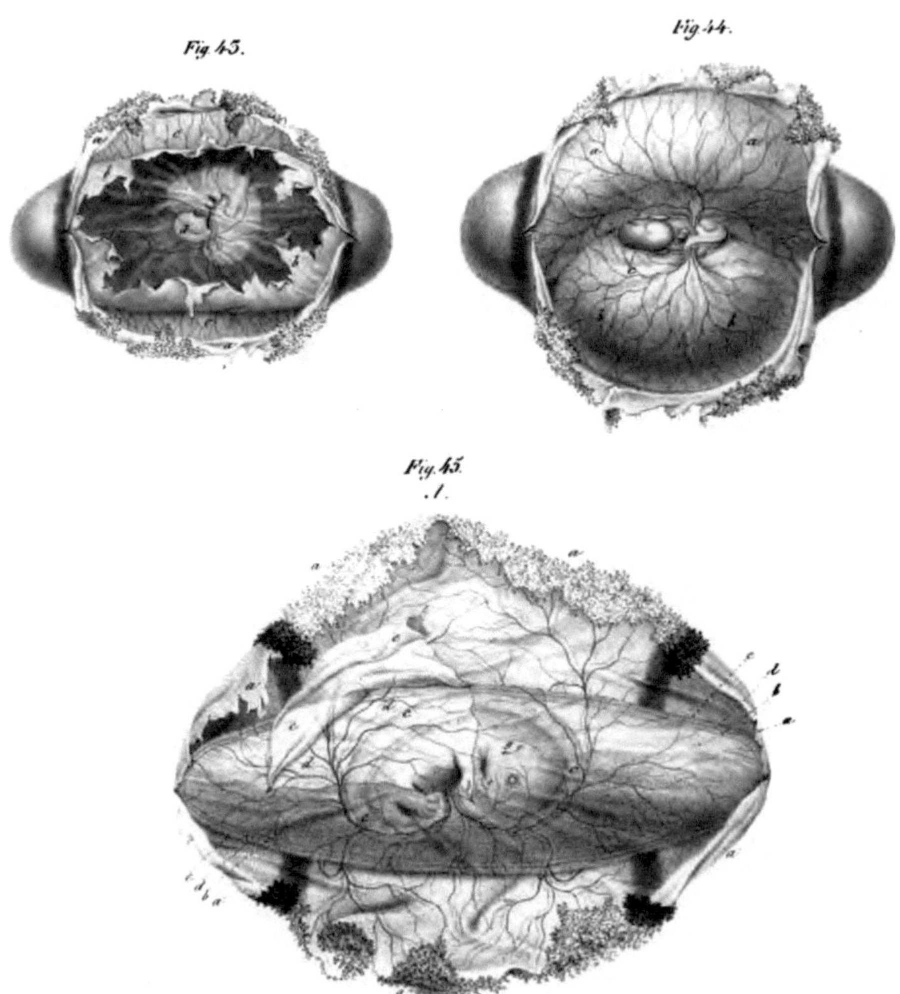

Fig. 43.

Fig. 44.

Fig. 45.
.I.

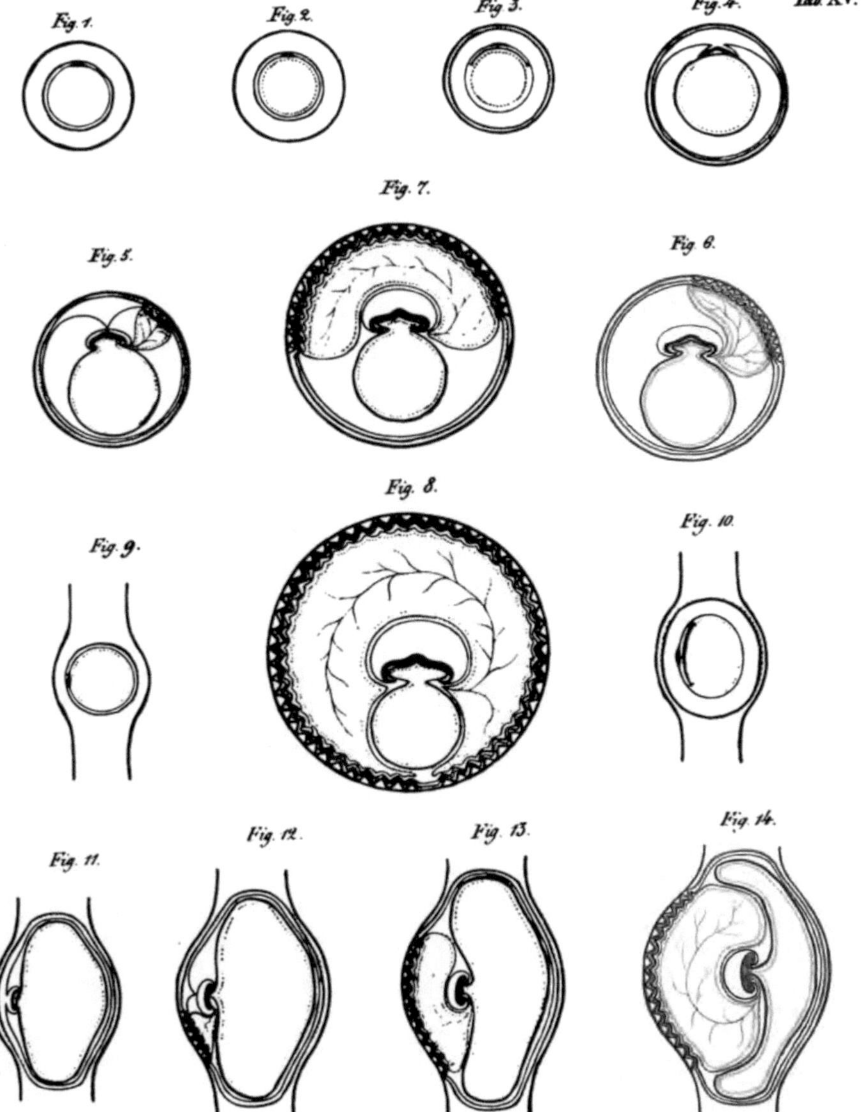

Tab. XV.
Fig. 1.
Fig. 2.
Fig. 3.
Fig. 4.
Fig. 5.
Fig. 6.
Fig. 7.
Fig. 8.
Fig. 9.
Fig. 10.
Fig. 11.
Fig. 12.
Fig. 13.
Fig. 14.